计算机系列教材

李　岩　侯菡萏　主　编
徐宏伟　张玉芬　赵立波　副主编

SQL Server 2019
实用教程（升级版·微课版）

清华大学出版社
北京

内 容 简 介

本书是根据教育部提出的高等学校计算机基础教学三层次要求组织编写的，主要讲述大型数据库管理系统 SQL Server 2019 的功能、操作和实用开发技术。

全书以 SQL Server 2019 为平台，通过一个贯穿全书的实例详细讲解了数据库基础，SQL Server 2019 概述，SQL Server 数据库，SQL Server 数据表的管理，数据库的查询和视图，索引及其应用，事务处理与锁，T-SQL 程序设计基础，存储过程，数据完整性与触发器，备份、恢复与导入、导出，SQL Server 的安全管理。本书除最后一章外，每章后均配有实训内容，以强化学生的实践能力。本书第 13 章介绍了 SQL Server 开发与编程，将全书所学内容与.NET 编程语言相结合，进行了系统化、整体化的提升，并利用 Visual C# 与 SQL Server 2019 开发设计了学生选课系统，供学生学习和参考。

本书具有由浅入深、理论联系实际的特点，在保证教材系统性和科学性的同时，注重实践性和操作性。

本书既可作为高等学校计算机及相关专业的教材和参考书，也可作为数据库应用系统开发人员的参考书。

图书在版编目（CIP）数据

SQL Server 2019 实用教程：升级版：微课版/李岩，侯菡苕主编. —北京：清华大学出版社，2022.1
计算机系列教材
ISBN 978-7-302-59511-3

Ⅰ. ①S…　Ⅱ. ①李…②侯…　Ⅲ. ①关系数据库系统－高等学校－教材　Ⅳ. ①TP311.132.3

中国版本图书馆 CIP 数据核字（2021）第 230500 号

责任编辑：白立军　杨　帆
封面设计：傅瑞学
责任校对：李建庄
责任印制：沈　露

出版发行：清华大学出版社
　　　网　　　址：http://www.tup.com.cn，http://www.wqbook.com
　　　地　　　址：北京清华大学学研大厦 A 座　　　　　邮　　编：100084
　　　社 总 机：010-62770175　　　　　　　　　　　邮　　购：010-83470235
　　　投稿与读者服务：010-62776969，c-service@tup.tsinghua.edu.cn
　　　质量反馈：010-62772015，zhiliang@tup.tsinghua.edu.cn
　　　课件下载：http://www.tup.com.cn，010-83470236
印 装 者：三河市龙大印装有限公司
经　　销：全国新华书店
开　　本：185mm×260mm　　　　　印　　张：25.5　　　　字　　数：592 千字
版　　次：2022 年 2 月第 1 版　　　　印　　次：2022 年 2 月第 1 次印刷
定　　价：72.00 元

产品编号：090394-01

前　言

数据库技术是计算机技术领域中发展最快的技术之一,也是应用最广泛的技术之一,它已经成为计算机信息系统的核心技术和重要基础。

微软公司的 SQL Server 是一个功能完备的数据库管理系统,SQL Server 作为微软公司在 Windows 系列平台上开发的数据库,一经推出就以其易用性得到了很多用户的青睐,它使用 Transact-SQL 在客户机与服务器之间发送请求。SQL Server 2019 是微软公司于 2019 年继 SQL Server 2016 之后发布的版本。从 SQL Server 2016 到 SQL Server 2019,不仅仅使数据库系统具有更高的性能、更强的处理能力,新版本的系统还带来了许多新的、在旧版本中从未出现的特性。SQL Server 2019 作为已经为云技术和智能化做好准备的信息平台,能够快速构建相应的解决方案来实现本地和公有云之间的数据扩展。

目前,我国技能型人才短缺,技能型人才的培养核心是实践能力,学生应该从在校期间就开始接受实践能力的培养,以便在毕业后能很快适应社会的需求。为了满足当前高等教育人才培养的要求和当今社会对人才的需求,很多院校的相关专业均开设了有关数据库技术的课程,而在众多数据库系统中,SQL Server 以其兼具对大型数据库技术的要求和易于实现等特点,被许多院校列为必修课程。本书正是结合这一实际需要以及最新的数据库技术知识在《SQL Server 2012 实用教程》基础上升级完成的。

本书由浅入深地介绍了 SQL Server 的基本管理与操作方法。全书共 13 章,第 1 章主要介绍数据库的相关知识;第 2 章介绍 SQL Server 2019 的安装和配置;第 3、4 章介绍 SQL Server 数据库和数据表的管理;第 5 章介绍数据库的查询和视图;第 6 章介绍索引及其应用;第 7 章介绍事务处理与锁;第 8 章介绍 T-SQL 程序设计基础;第 9 章介绍存储过程;第 10 章介绍数据完整性与触发器;第 11 章介绍数据库的备份、恢复与导入、导出;第 12 章介绍 SQL Server 的安全管理;第 13 章介绍 SQL Server 开发与编程。本书除最后一章外,每章后都配有实训内容,所有实训内容均围绕一个大的实例完成,具有系统性和整体性,在项目开发中采用了先进的基于.NET 的技术,有助于读者对新知识、新技术的了解和学习。

为了方便读者自学,编者尽可能详细地讲解 SQL Server 2019 和各主要部分内容,并附有大量的屏幕图例供读者学习参考,使读者有身临其境的感觉。同时,本书录制了微课视频,供读者使用,以期能更好地实现对知识和技能的掌握与运用。本书概念清晰、叙述准确、重点突出,图文并茂,提供了丰富的实例,理论与实践紧密结合,注重对操作技能的培养。

本书由李岩、侯菡萏任主编,徐宏伟、张玉芬、赵立波任副主编。第1~4章由侯菡萏编写;第5~7章由李岩编写;第8、9章由徐宏伟编写;第10、11章由张玉芬编写;第12、13章由赵立波编写;全书由李岩统稿。

本书既可作为高等学校计算机及相关专业的教材和参考书,也可作为数据库应用系统开发人员的参考书。

由于编者水平有限,加之时间仓促,书中不免有疏漏与错误之处,恳切希望广大读者多提宝贵意见。

编　者

2021 年 12 月

目　　录

第 1 章　数据库基础 ·· 1

1.1　数据库系统概述 ··· 1

  1.1.1　数据库的基本概念 ··· 1

  1.1.2　数据管理技术的产生和发展 ··· 3

  1.1.3　数据库系统的特点 ··· 5

1.2　数据模型 ·· 7

  1.2.1　两类模型 ··· 8

  1.2.2　数据模型的组成要素 ··· 9

  1.2.3　概念模型 ·· 10

  1.2.4　常用的数据模型 ·· 13

1.3　关系数据库的基本原理 ··· 16

  1.3.1　关系模型 ·· 16

  1.3.2　关系运算 ·· 18

  1.3.3　关系数据库的标准语言 ·· 21

  1.3.4　关系模型的规范化 ·· 23

1.4　实训项目：数据库基础 ··· 30

本章小结 ··· 30

习题 ··· 31

第 2 章　SQL Server 2019 概述 ·· 33

2.1　SQL Server 2019 简介 ·· 33

  2.1.1　SQL Server 2019 的基本服务 ·· 33

  2.1.2　SQL Server 2019 的亮点 ·· 35

  2.1.3　SQL Server 2019 的应用场景 ·· 35

  2.1.4　SQL Server 2019 的版本比较 ·· 36

2.2　SQL Server 2019 的安装 ·· 37

  2.2.1　SQL Server 2019 安装环境的配置 ···································· 37

  2.2.2　SQL Server 2019 的安装过程 ·· 38

2.3　SQL Server 2019 常用工具 ·· 49

  2.3.1　SQL Server 2019 配置工具 ·· 49

  2.3.2　SQL Server 2019 管理平台 ·· 50

  2.3.3　启动、停止、暂停和重新启动 SQL Server 服务 ···················· 51

　　　　2.3.4　注册服务器 ··· 53

　2.4　实训项目：SQL Server 2019 的安装及基本使用 ····················· 55

　本章小结 ··· 55

　习题 ·· 56

第 3 章　SQL Server 数据库 ··· 57

　3.1　SQL Server 数据库概述 ··· 57

　　　　3.1.1　数据库文件 ··· 57

　　　　3.1.2　数据库文件组 ·· 58

　　　　3.1.3　数据库对象 ··· 59

　　　　3.1.4　系统数据库 ··· 60

　3.2　创建数据库 ·· 61

　　　　3.2.1　使用对象资源管理器创建数据库 ···························· 62

　　　　3.2.2　使用 T-SQL 语句创建数据库 ······························· 64

　　　　3.2.3　事务日志 ··· 67

　3.3　管理和维护数据库 ··· 68

　　　　3.3.1　打开或切换数据库 ··· 69

　　　　3.3.2　查看数据库信息 ·· 69

　　　　3.3.3　修改数据库配置 ·· 70

　　　　3.3.4　分离与附加数据库 ··· 72

　　　　3.3.5　删除数据库 ··· 75

　3.4　实训项目：数据库基本操作 ·· 76

　本章小结 ··· 79

　习题 ·· 79

第 4 章　SQL Server 数据表的管理 ··· 81

　4.1　创建表 ·· 81

　　　　4.1.1　表的设计 ··· 81

　　　　4.1.2　数据类型 ··· 82

　　　　4.1.3　使用对象资源管理器创建表 ·································· 85

　　　　4.1.4　使用 T-SQL 语句创建表 ······································ 87

　4.2　表的管理和维护 ·· 89

　　　　4.2.1　查看表的属性 ·· 89

　　　　4.2.2　修改表结构 ··· 91

　　　　4.2.3　删除数据表 ··· 93

　4.3　表数据的操作 ··· 95

　　　　4.3.1　使用对象资源管理器操作表数据 ····························· 95

　　　　4.3.2　使用 INSERT 语句向表中添加数据 ························ 96

4.3.3　使用 UPDATE 语句修改表中的数据 ………………………………… 96

4.3.4　使用 DELETE 或 TRUNCATE TABLE 语句删除表中的数据 …… 97

4.3.5　常用系统表 …………………………………………………………… 98

4.4　实训项目：数据表的操作 ……………………………………………………… 99

本章小结 …………………………………………………………………………… 101

习题 ………………………………………………………………………………… 102

第 5 章　数据库的查询和视图 ……………………………………………………… 103

5.1　简单 SELECT 语句 …………………………………………………………… 105

5.1.1　SELECT 语句概述 …………………………………………………… 105

5.1.2　完整的 SELECT 语句的基本语法格式 ……………………………… 105

5.1.3　基本的 SELECT 语句 ………………………………………………… 106

5.1.4　INTO 子句 …………………………………………………………… 111

5.1.5　WHERE 子句 ………………………………………………………… 112

5.1.6　ORDER BY 子句 ……………………………………………………… 117

5.2　SELECT 语句的统计功能 ……………………………………………………… 118

5.2.1　集合函数 ……………………………………………………………… 118

5.2.2　GROUP BY 子句 ……………………………………………………… 120

5.3　SELECT 语句中的多表连接 …………………………………………………… 121

5.3.1　交叉连接 ……………………………………………………………… 122

5.3.2　内连接 ………………………………………………………………… 122

5.3.3　外连接 ………………………………………………………………… 123

5.3.4　自连接 ………………………………………………………………… 125

5.3.5　合并查询 ……………………………………………………………… 126

5.4　子查询 …………………………………………………………………………… 127

5.4.1　嵌套子查询 …………………………………………………………… 127

5.4.2　相关子查询 …………………………………………………………… 130

5.4.3　使用子查询向表中添加多条记录 …………………………………… 131

5.5　数据库的视图 …………………………………………………………………… 132

5.5.1　视图的概述 …………………………………………………………… 132

5.5.2　视图的创建 …………………………………………………………… 134

5.5.3　修改和查看视图 ……………………………………………………… 137

5.5.4　使用视图 ……………………………………………………………… 139

5.5.5　删除视图 ……………………………………………………………… 143

5.6　实训项目：数据查询和视图的应用 …………………………………………… 144

本章小结 …………………………………………………………………………… 145

习题 ………………………………………………………………………………… 146

第 6 章　索引及其应用 ………………………………………………………… 147

6.1　索引概述 ……………………………………………………………… 147

6.1.1　索引的功能 …………………………………………………… 147

6.1.2　创建索引的原则 ……………………………………………… 148

6.1.3　索引的分类 …………………………………………………… 149

6.2　创建索引 ……………………………………………………………… 151

6.2.1　系统自动创建索引 …………………………………………… 151

6.2.2　使用对象资源管理器创建索引 ……………………………… 151

6.2.3　使用 T-SQL 语句创建索引 ………………………………… 154

6.3　管理和维护索引 ……………………………………………………… 156

6.3.1　查看和维护索引信息 ………………………………………… 156

6.3.2　更改索引标识 ………………………………………………… 156

6.3.3　删除索引 ……………………………………………………… 157

6.3.4　索引的分析与维护 …………………………………………… 157

6.4　全文索引 ……………………………………………………………… 162

6.4.1　使用对象资源管理器创建全文索引 ………………………… 162

6.4.2　使用 T-SQL 语句创建全文索引 …………………………… 169

6.5　实训项目：索引的创建及操作 ……………………………………… 172

本章小结 …………………………………………………………………… 172

习题 ………………………………………………………………………… 173

第 7 章　事务处理与锁 ………………………………………………………… 174

7.1　事务概述 ……………………………………………………………… 174

7.1.1　事务的概念 …………………………………………………… 174

7.1.2　事务的特征 …………………………………………………… 175

7.2　事务处理 ……………………………………………………………… 175

7.3　锁简介 ………………………………………………………………… 178

7.3.1　SQL Server 锁的模式 ……………………………………… 179

7.3.2　SQL Server 中锁的查看 …………………………………… 180

7.4　死锁及其排除简介 …………………………………………………… 182

7.5　实训项目：事务处理与锁的应用 …………………………………… 184

本章小结 …………………………………………………………………… 185

习题 ………………………………………………………………………… 185

第 8 章　T-SQL 程序设计基础 ………………………………………………… 186

8.1　批处理、脚本和注释 ………………………………………………… 186

8.1.1　批处理 ………………………………………………………… 186

8.1.2　脚本 …………………………………………………………… 188

8.1.3　注释 ··· 188

8.2　常量、变量和表达式 ·· 189

8.2.1　常量 ·· 189

8.2.2　变量 ·· 190

8.2.3　运算符与表达式 ··· 195

8.3　流程控制语句 ·· 199

8.3.1　BEGIN…END 语句 ··· 199

8.3.2　IF…ELSE…语句 ·· 199

8.3.3　CASE 表达式 ··· 201

8.3.4　无条件转移语句 GOTO ·· 203

8.3.5　WAITFOR 语句 ·· 203

8.3.6　WHILE 语句 ··· 203

8.3.7　RETURN 语句 ··· 205

8.4　系统内置函数 ·· 205

8.4.1　行集函数 ·· 206

8.4.2　聚合函数 ·· 206

8.4.3　标量函数 ·· 207

8.5　用户自定义函数 ··· 218

8.5.1　用户自定义函数的创建与调用 ································· 219

8.5.2　查看与修改用户自定义函数 ···································· 225

8.5.3　删除用户自定义函数 ··· 229

8.6　游标及其使用 ·· 229

8.6.1　游标概述 ·· 229

8.6.2　游标的定义与使用 ·· 231

8.7　实训项目：T-SQL 程序设计 ·· 238

本章小结 ·· 238

习题 ··· 239

第 9 章　存储过程 ·· 240

9.1　存储过程概述 ·· 240

9.1.1　存储过程的分类 ··· 240

9.1.2　存储过程的优点 ··· 242

9.2　创建和执行存储过程 ·· 243

9.2.1　系统表 sysobjects ··· 243

9.2.2　创建存储过程 ·· 244

9.2.3　创建不带参数的存储过程 ······································ 246

9.2.4　存储过程的执行 ··· 247

9.2.5　带输入参数的存储过程 ··· 249

9.2.6 带输出参数的存储过程 ································ 251

9.3 存储过程的管理与维护 ································ 254

9.3.1 查看存储过程的定义信息 ························ 254

9.3.2 存储过程的修改 ································ 256

9.3.3 存储过程的重新编译 ························ 258

9.3.4 删除存储过程 ································ 259

9.4 实训项目：存储过程的使用 ································ 260

本章小结 ································ 261

习题 ································ 261

第 10 章 数据完整性与触发器 ································ 262

10.1 数据完整性的概念 ································ 262

10.2 数据完整性的分类 ································ 263

10.3 实体完整性的实现 ································ 264

10.3.1 创建 PRIMARY KEY 约束和 UNIQUE 约束 ·············· 264

10.3.2 删除 PRIMARY KEY 约束和 UNIQUE 约束 ·············· 267

10.4 域完整性的实现 ································ 268

10.4.1 CHECK 约束的定义与删除 ························ 268

10.4.2 规则对象的定义、使用与删除 ···················· 272

10.4.3 默认值约束的定义与删除 ························ 274

10.4.4 默认值对象的定义、使用与删除 ·················· 275

10.5 参照完整性 ································ 277

10.5.1 参照完整性的实现 ································ 277

10.5.2 参照完整性的删除 ································ 279

10.5.3 使用 T-SQL 语句管理参照完整性 ·················· 279

10.6 标识列 ································ 281

10.7 用户自定义数据类型 ································ 282

10.7.1 创建用户自定义数据类型 ························ 283

10.7.2 删除用户自定义数据类型 ························ 284

10.8 触发器概述 ································ 285

10.8.1 触发器的优点 ································ 285

10.8.2 触发器的种类 ································ 285

10.8.3 使用触发器的限制 ································ 286

10.9 创建触发器 ································ 287

10.9.1 DML 触发器的工作原理 ························ 287

10.9.2 创建 DML 触发器 ································ 287

10.9.3 创建 DDL 触发器 ································ 293

10.10 触发器的管理 ································ 294

        10.10.1 触发器的查看 ·· 294
        10.10.2 触发器的修改与删除 ·· 295
        10.10.3 触发器的禁用和启用 ·· 297
    10.11 实训项目：数据完整性和触发器 ······································ 298
    本章小结 ·· 299
    习题 ··· 300

第 11 章 备份、恢复与导入、导出 ·· 301
    11.1 备份与恢复的基本概念 ··· 301
        11.1.1 备份与恢复的需求分析 ·· 301
        11.1.2 备份数据库的基本概念 ·· 302
        11.1.3 数据库恢复的概念 ·· 304
    11.2 备份数据库 ··· 305
        11.2.1 使用对象资源管理器备份数据库 ······························ 305
        11.2.2 创建备份设备 ·· 307
        11.2.3 使用 T-SQL 语句备份数据库 ··································· 308
    11.3 恢复数据库 ··· 310
        11.3.1 恢复数据库前的准备 ·· 310
        11.3.2 使用对象资源管理器恢复数据库 ······························ 313
        11.3.3 使用 T-SQL 语句恢复数据库 ··································· 315
    11.4 导入与导出 ··· 317
    11.5 实训项目：备份、恢复与导入、导出 ······························· 325
    本章小结 ·· 325
    习题 ··· 325

第 12 章 SQL Server 的安全管理 ·· 326
    12.1 SQL Server 的安全模型 ·· 326
        12.1.1 SQL Server 访问控制 ·· 326
        12.1.2 SQL Server 身份验证模式 ······································ 327
    12.2 服务器的安全性 ··· 328
        12.2.1 创建和修改登录账户 ·· 328
        12.2.2 禁止和删除登录账户 ·· 334
        12.2.3 服务器角色 ·· 336
    12.3 数据库的安全性 ··· 337
        12.3.1 添加数据库用户 ·· 337
        12.3.2 修改数据库用户 ·· 339
        12.3.3 删除数据库用户 ·· 340
    12.4 数据库用户角色 ··· 340

12.4.1 固定数据库角色 ······ 340

12.4.2 用户自定义的数据库角色 ······ 341

12.4.3 增加和删除数据库角色成员 ······ 343

12.5 权限 ······ 344

12.5.1 权限概述 ······ 344

12.5.2 权限的管理 ······ 345

12.6 实训项目：SQL Server 的安全管理 ······ 348

本章小结 ······ 350

习题 ······ 350

第 13 章 SQL Server 开发与编程 ······ 351

13.1 ADO.NET 简介 ······ 351

13.1.1 ADO.NET 对象模型 ······ 351

13.1.2 .NET 数据提供程序 ······ 352

13.1.3 数据集 ······ 354

13.1.4 数据集的核心对象 ······ 355

13.2 访问数据 ······ 356

13.2.1 SqlConnection 类 ······ 356

13.2.2 SqlDataAdapter 类 ······ 358

13.2.3 DataGrid 控件 ······ 359

13.2.4 DataGridView 控件 ······ 360

13.3 学生选课系统 ······ 361

13.3.1 学生选课系统简介 ······ 361

13.3.2 数据库设计 ······ 361

13.3.3 创建数据库和表 ······ 363

13.3.4 公共类 ······ 363

13.3.5 系统登录与主窗体 ······ 366

本章小结 ······ 394

第 1 章　数据库基础

数据库是数据管理的最新技术，是计算机科学的重要分支。今天，信息资源已成为各个领域的重要财富和资源，建立一个满足各级信息处理要求的行之有效的信息系统已成为一个企业或组织生存和发展的重要条件。因此，作为信息系统核心和基础的数据库技术得到越来越广泛的应用，从小型单项事务处理系统到大型信息系统，从联机事务处理到联机分析，从一般企业管理到计算机辅助设计制造、计算机集成制造系统、电子政务、电子商务地理信息系统等，越来越多新的应用领域采用数据库技术存储和处理信息资源。

本章介绍数据库的基本概念、数据管理技术的产生和发展、数据库系统的特点，以及数据模型和关系数据库的基本原理。本章是后面各章学习的准备和基础。通过学习本章，读者应掌握以下内容：

- 数据库的基本概念及数据库系统；
- 数据模型；
- 关系数据库的基本原理及关系运算。

1.1　数据库系统概述

数据库系统概述

在系统地介绍数据库的基本概念之前，这里首先介绍一些数据库最常用的术语和基本概念。

1.1.1　数据库的基本概念

数据、数据库、数据库管理系统和数据库系统是与数据库技术密切相关的 4 个基本概念。

1. 数据

数据是数据库中存储的基本对象。数据在大多数人的头脑中的第一个反应就是数字，如 23、100.34、−338、¥880 等。其实，数字只是最简单的一种数据，是数据的一种传统和狭义的理解。如果广义的理解，数据的种类很多，文本、图形、图像、音频、视频等都是数据。

综上所述，可以对数据（Data）做如下定义：描述事物的符号记录称为数据。数据是描述客观事物的符号记录，可以是数字、文字、图形、图像、声音、语言等，经过数字化后存入计算机。事物可以是可触及的对象（一个人、一棵树、一个零件等），也可以是抽象事件（一次球赛、一次演出等），还可以是事物之间的联系（一张借书卡、订货单等）。

在现代计算机系统中，数据的概念是广义的。早期的计算机系统主要用于科学计算，处理的数据是数值型数据。现在计算机存储和处理的对象十分广泛,表示这些对象的数据也越来越复杂了。

数据的表现形式还不能完全表达其内容,需要经过解释,数据和关于数据的解释是不可分的。例如,93 是一个数据,可以是一个同学某门课程的成绩,也可以是某个人的体重,还可以是计算机系的学生人数等。数据的解释是指对数据含义的说明,数据的含义称为数据的语义,数据与其语义是不可分的。

在日常生活中,人们可以直接用自然语言描述事物。例如,可以这样描述某校计算机系一个同学的基本情况:张明同学,男,1994 年 5 月生,广东省广州市人,2012 年入学。在计算机中常常这样来描述:

(张明,男,199405,广东省广州市,计算机系,2012)

即把学生的姓名、性别、出生时间、出生地、所在院系、入学时间组织在一起,组成一个记录。这里的学生记录就是描述学生的数据,这样的数据是有结构的。记录是计算机中表示和存储数据的一种格式或方法。

2. 数据库

数据库(DataBase,DB)是存放数据的"仓库",是长期存储在计算机内的、有组织的、可共享的数据集合。在数据库中集中存放了一个有组织的、完整的、有价值的数据资源,如学生管理、人事管理、图书管理等。它可以供各种用户共享,有最小冗余度、较高的数据独立性和易扩展性。

人们在收集并抽取出一个应用所需要的大量数据之后应将其保存起来,以供进一步加工并抽取有用的信息。在科学技术飞速发展的今天,人们的视野越来越广,数据量急剧增加。过去人们把数据存放在文件柜里,现在人们借助计算机和数据库技术科学地保存和管理大量的、复杂的数据,以便能方便且充分地利用这些宝贵的信息资源。

严格地讲,数据库是长期存储在计算机内、有组织的、可共享的大量数据的集合。数据库中的数据按一定的数据模型组织、描述和存储,具有较小的冗余度、较高的数据独立性和易扩展性,并可被各种用户共享。

概括地讲,数据库数据具有永久性、有组织和可共享 3 个基本特点。

3. 数据库管理系统

数据库管理系统(DataBase Management System,DBMS)是指位于用户与操作系统之间的一层数据管理系统软件。数据库管理系统和操作系统一样是计算机的基础软件,也是一个大型的、复杂的软件系统。它的主要功能包括以下 6 方面。

1)数据定义功能

DBMS 提供数据定义语言(Data Definition Language,DDL),用户通过它可以方便地对数据库中的数据对象进行定义。

2)数据的组织、存储和管理

DBMS 要分类组织、存储和管理各种数据,包括数据字典、用户数据、数据的存取路径等。用户要确定以何种文件结构和存取方式在存储级上组织这些数据,如何实现数据之间的联系。数据组织和存储的基本目标是提高存储空间的利用率,方便存取,提供多种存取方法(如索引查找、Hash 查找、顺序查找等)以提高存取效率。

3)数据操纵功能

DBMS 还提供了数据操纵语言(Data Manipulation Language,DML),用户可以使用DML 操纵数据,实现对数据库中数据的基本操作,如查询、插入、删除、修改等。

4)数据库的事务管理和运行管理

数据库在建立、运用和维护时由数据库管理系统统一管理、统一控制,以保证数据的安全性、完整性,以及多用户对数据的并发使用和发生故障后的系统恢复。

5)数据库的建立和维护功能

数据库的建立和维护功能包括数据库初始数据的输入、转换功能,数据库的转储、恢复功能,数据库的重组织功能和性能监视、分析功能等,这些功能通常是由一些实用程序或管理工具完成的。

6)其他功能

DBMS 还具有其他功能,包括 DBMS 与网络中其他软件系统的通信功能;一个DBMS 与另一个 DBMS 或文件系统的数据转换功能;异构数据库之间的互访和互操作功能等。

数据库管理系统是数据库系统的一个重要组成部分。

4. 数据库系统

数据库系统(DataBase System,DBS)是指在计算机系统中引入数据库后的系统构成,一般由数据、数据库管理系统(及其开发工具)、应用系统、数据库管理员和用户构成。应当指出的是,数据库的建立、使用和维护等工作只靠一个 DBMS 是远远不够的,还需要专门的人员来完成,这些人被称为数据库管理员。

数据库管理员(DataBase Administrator,DBA)是负责数据库的建立、使用和维护的专门人员。

用户使用数据库是有目的的,数据库管理系统是帮助用户达到这一目的的工具和手段。

1.1.2 数据管理技术的产生和发展

数据库技术是应数据管理任务的需要而产生的。数据管理则是指对数据进行分类、组织、编码、存储、检索和维护,它是数据处理的核心问题。数据的处理是指对各种数据进行收集、存储、加工和传播的一系列活动的总和。

在应用需求的推动下,在计算机硬件、软件发展的基础上,数据管理技术经历了人工管理、文件系统、数据库系统 3 个阶段。

1. 人工管理阶段

20 世纪 50 年代中期以前，计算机主要用于科学计算。当时的硬件状况是，外存只有纸带、卡片、磁带，没有磁盘等直接存取的存储设备；软件状况是，没有操作系统，没有管理数据的专门软件；数据处理方式是批处理。

人工管理数据具有以下特点。

1）数据不保存

由于当时计算机主要用于科学计算，一般不需要将数据长期保存，只是在计算某一题时将数据输入，用完就撤走。其实，不仅对用户数据如此，对系统软件有时也这样。

2）应用程序管理数据

数据需要由应用程序自己设计、说明和管理，没有相应的软件系统负责数据的管理工作。在应用程序中不仅要规定数据的逻辑结构，而且要设计物理结构，包括存储结构、存取方法、输入方式等，因此程序员的负担很重。

3）数据不共享

数据是面向应用程序的，一组数据只能对应一个程序。当多个应用程序涉及某些相同的数据时，必须各自定义，无法互相利用、互相参照，因此程序与程序之间有大量的冗余数据。

4）数据不具有独立性

数据的逻辑结构或物理结构发生变化后，必须对应用程序做相应的修改，这就加重了程序员的负担。

人工管理阶段应用程序与数据之间的对应关系可用图 1.1 表示。

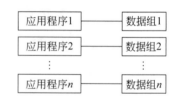

图 1.1　人工管理阶段应用程序与
数据之间的对应关系

2. 文件系统阶段

从 20 世纪 50 年代后期到 60 年代中期，硬件方面已经有了磁盘、磁鼓等直接存取的存储设备；软件方面，操作系统中已经有了专门的数据管理软件，一般称为文件系统；处理方式上不仅有了批处理，而且能够联机实时处理。

文件系统管理数据具有以下特点。

1）数据可以长期保存

由于计算机大量用于数据处理，数据需要长期保留在外存上反复进行查询、修改、插入和删除等操作。

2）由文件系统管理数据

由专门的软件（即文件系统）进行数据管理，文件系统把数据组织成相互独立的数据文件，利用"按文件名访问，按记录进行存取"的管理技术可以对文件进行修改、插入和删除操作。文件系统实现了记录内的结构性，但整体无结构。程序和数据之间由文件系统提供存取方法进行转换，使应用程序和数据之间有了一定的独立性，程序员可以不必过多地考虑物理细节，将精力集中于算法，而且数据在存储上的改变不一定反映在程序上，大大节省了维护程序的工作量。

但是文件系统仍存在以下缺点。

1) 数据共享性差,冗余度大

在文件系统中,一个(或一组)文件基本上对应于一个应用程序,即文件仍然是面向应用的。当不同的应用程序具有部分相同的数据时,也必须建立各自的文件,但不能共享相同的数据,因此数据的冗余度大,浪费存储空间。同时,由于相同数据的重复存储、各自管理,容易造成数据的不一致性,给数据的修改和维护带来困难。

2) 数据独立性差

文件系统中的文件是为某一特定应用服务的,文件的逻辑结构对该应用程序来说是优化的,因此要想给现有的数据再增加一些新的应用会很困难,系统不容易扩充。

一旦数据的逻辑结构改变,必须修改应用程序,修改文件结构的定义。应用程序的改变,例如应用程序改用不同的高级语言编写,也将引起文件数据结构的改变。因此,数据与程序之间仍缺乏独立性。可见,文件系统仍然是一个不具有弹性的、无结构的数据集合,即文件之间是孤立的,不能反映现实世界中事物之间的内在联系。

文件系统阶段应用程序与数据之间的对应关系如图 1.2 所示。

3. 数据库系统阶段

自 20 世纪 60 年代后期以来,计算机管理的对象规模越来越大,应用范围越来越广,数据量急剧增加,同时多种应用、多种语言互相覆盖地共享数据集合的要求越来越强烈。

这时硬件已有大容量磁盘,硬件价格下降;软件则价格上升,为编制和维护系统软件及应用程序所需的成本相对增加;在处理方式上,联机实时处理要求更多,并开始提出和考虑分布处理。在这种背景下,以文件系统作为数据管理手段已经不能满足应用的需求,为解决多用户、多应用共享数据的需求,使数据为尽可能多的应用服务,数据库技术应运而生,出现了统一管理数据的专门软件系统——数据库管理系统。

数据库系统阶段应用程序与数据之间的对应关系如图 1.3 所示。

图 1.2　文件系统阶段应用程序与
数据之间的对应关系

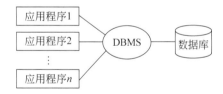

图 1.3　数据库系统阶段应用程序与
数据之间的对应关系

用数据库系统来管理数据比用文件系统具有明显的优点,从文件系统到数据库系统,标志着数据管理技术的飞跃。下面详细讨论数据库系统的特点。

1.1.3　数据库系统的特点

与人工管理和文件系统相比,数据库系统的特点主要有以下 4 方面。

1. 数据的结构化

数据库系统实现整体数据的结构化,这是数据库的主要特征之一,也是数据库系统与文件系统的本质区别。

整体结构化是指数据库中的数据不再仅针对某一个应用,而是面向全组织;不仅数据内部是结构化的,而且整体是结构化的,数据之间是具有联系的。也就是说,描述数据时不仅要描述数据本身,还要描述数据之间的联系。整个数据库按一定的结构形式构成,数据在记录内部和记录类型之间相互关联,用户可通过不同的路径存取数据。数据库系统主要实现整体数据的结构化。

2. 数据的共享性高、冗余度低、易扩充

数据库系统从整体角度看待和描述数据,数据不再面向某个应用而是面向整个系统,因此数据可以被多个用户、多个应用共享使用。每个用户只与库中的一部分数据发生联系;数据可以重叠,用户可以同时存取数据且互不影响,大大提高了数据库的使用效率,同时数据共享可以大大减少冗余度、节约存储空间;数据共享还能避免数据之间的不一致性。

数据的不一致性是指同一数据不同副本的值不一样。采用人工管理或文件系统管理时,由于数据被重复存储,当不同的应用使用和修改不同副本时会很容易造成数据的不一致。在数据库中共享数据,减少了由于数据冗余造成的不一致现象。

由于数据面向整个系统,是有结构的数据,不仅可以被多个应用共享使用,而且容易增加新的应用,这就使得数据库系统弹性大,易于扩充,可以适应各种用户的要求。用户可以选取整体数据的各种子集用于不同的应用系统,当应用需求改变或增加时,只要重新选取不同的子集或加上一部分数据就可以满足新的需求。

3. 数据的独立性高

数据独立性是数据库领域中的一个常用术语和重要概念,包括数据的物理独立性和数据的逻辑独立性。

从物理独立性角度来讲,用户的应用程序与存储在磁盘上的数据库是相互独立的。也就是说,数据在磁盘上的数据库中怎样存储是由 DBMS 管理的,用户不需要了解,应用程序要处理的只是数据的逻辑结构,这样当数据的存储结构(或物理结构)改变时,可以保持数据的逻辑结构不变,从而应用程序也不必改变。

从逻辑独立性角度来讲,用户的应用程序与数据库的逻辑结构是相互独立的,应用程序是依据数据的局部逻辑结构编写的,即使数据的逻辑结构改变了,应用程序也不必修改。

数据独立性是由 DBMS 的二级映像功能来保证的。数据与程序独立,把数据的定义从程序中分离出去,加上存取数据的方法由 DBMS 负责提供,从而简化了应用程序的编制,大大减少了应用程序的维护和修改。

4. 数据由 DBMS 统一管理和控制

数据库的共享是并发的共享,即多个用户可以同时存取数据库中的数据甚至可以同时存取数据库中的同一个数据,为此,DBMS 必须提供以下 4 方面的数据控制功能。

1) 数据的安全性保护

数据的安全性(Security)是指保护数据,以防止不合法使用造成数据的泄密和破坏,使每个用户只能按规定对某些数据以某些方式进行使用和处理。

2) 数据的完整性检查

数据的完整性是指数据的正确性、有效性、相容性和一致性。完整性(Integrity)检查是指将数据控制在有效的范围内,或保证数据之间满足一定的关系。

3) 并发控制

当多个用户的并发(Concurrency)进程同时存取、修改数据库时,可能会发生相互干扰而得到错误的结果或使数据库的完整性和一致性遭到破坏,因此必须对多用户的并发操作加以控制和协调。

4) 数据库的恢复

当计算机系统遭到硬件故障、软件故障、操作员误操作或恶意破坏时,可能会导致数据错误或数据全部、部分丢失,DBMS 必须具有将数据库从错误状态恢复(Recovery)到某一已知的正确状态(也称完整状态或一致状态)的功能,这就是数据库的恢复功能。

综上所述,数据库是长期存储在计算机内的、有组织的、大量的共享数据集合,可以供各种用户共享,具有最小的冗余和较高的数据独立性。DBMS 在数据库建立、运用和维护时对数据库进行统一控制,以保证数据的完整性、安全性,并在多用户同时使用数据库时进行并发控制,在发生故障后对数据库进行恢复。

数据库系统的出现使信息系统从以加工数据的程序为中心转向围绕共享的数据库为中心的新阶段,这样既便于数据库的集中管理,又有利于应用程序的研制和维护,提高了数据的利用率和相容性,提高了决策的可靠性。

目前,数据库已经成为现代信息系统的重要组成,具有数百吉字节、数百太字节甚至数百拍字节的数据库已经普遍存在于科学技术、工业、农业、商业、服务业和政府部门的信息系统中。

数据库技术是计算机领域中发展最快的技术之一,数据库技术的发展是沿着数据模型的主线展开的。

1.2 数据模型

数据模型

对于模型,人们并不陌生。一张地图、一组建筑设计沙盘、一架精致的航模飞机都是具体的模型,一眼望去就会使人联想到真实生活中的事物。模型是对现实世界中某个对象特征的模拟和抽象。

数据模型(Data Model)也是一种模型,它是对现实世界数据特征的抽象。也就是说,数据模型是用来描述数据、组织数据和对数据进行操作的。

由于计算机不可能直接处理现实世界中的具体事物,所以人们必须事先把具体事物转换成计算机能够处理的数据。也就是首先要数字化,把现实世界中具体的人、物、活动、概念用数据模型这个工具来抽象、表示和处理。可以把这一过程划分成 3 个主要阶段,即现实世界阶段、信息世界阶段和计算机世界阶段。

现有的数据库系统均是基于某种数据模型的,数据模型是数据库系统的核心和基础。现实世界中的数据经过人们的认识和抽象,形成信息世界;在信息世界中用概念模型描述数据及其联系,概念模型按用户的观点对数据和信息进行建模,独立于具体的计算机和DBMS;根据所使用的具体计算机和 DBMS,需要对概念模型做进一步转换,形成在具体计算机环境下可以实现的数据模型。

数据库是按照一定的数据模型组织、存储在一起的数据集合。数据模型是对现实世界的模拟,它反映现实世界中的客观事物以及这些客观事物之间的联系。因此,了解数据模型的基本概念是学习数据库的基础。

1.2.1　两类模型

数据模型应满足 3 方面的要求:一是能比较真实地模拟现实世界;二是容易被人理解;三是便于在计算机上实现。一种数据模型很好地、全面地满足这 3 方面的要求在目前尚且很难。因此,在数据库系统中针对不同的使用对象和应用目的采用不同的数据模型。

如同在建筑设计和施工的不同阶段需要不同的图样一样,在开发实施数据库应用系统中也需要使用不同的数据模型,即概念模型、逻辑模型和物理模型。

根据模型应用的不同目的,可以将这些模型划分为两类,它们分别属于两个不同的层次。第一类是概念模型,第二类是逻辑模型和物理模型。

第一类概念模型也称信息模型,它是按用户的观点对数据和信息建模,主要用于数据库设计。

第二类中的逻辑模型主要包括层次模型、网状模型、关系模型、面向对象模型和对象关系模型等,它是按计算机系统的观点对数据建模,主要用于 DBMS 的实现。

第二类中的物理模型是对数据库最底层的抽象,它描述数据在系统内部的表示方式和存取方法,在磁盘或磁带上的存储方式和存取方法,是面向计算机系统的。物理模型的具体实现是 DBMS 的任务,数据库设计人员要了解和选择物理模型,一般用户不必考虑物理级的细节。

数据模型是数据库系统的核心和基础,各种机器上实现的 DBMS 软件都是基于某种数据模型(或者说是支持某种数据模型)的。

为了把现实世界中的具体事物抽象、组织为某一 DBMS 支持的数据模型,人们常常首先将现实世界抽象为信息世界,然后将信息世界转换为计算机世界。也就是说,首先把现实世界中的客观对象抽象为某一种信息结构,这种信息结构并不依赖于具体的计算机系统,不是某一个 DBMS 支持的数据模型,而是概念模型;然后再把概念模型转换为计算机上某一 DBMS 支持的数据模型,这一过程如图 1.4 所示。

从现实世界到概念模型的转换是由数据库设计人员完成的,从概念模型到逻辑模型

图 1.4 数据模型的形成

的转换可以由数据库设计人员完成,也可以用数据库设计工具协助设计人员完成,从逻辑模型到物理模型的转换一般是由 DBMS 完成的。

下面首先介绍数据模型的共性,即数据模型的组成要素,然后分别介绍两类不同的数据模型——概念模型和逻辑模型。

1.2.2 数据模型的组成要素

一般来讲,数据模型是严格定义的一组概念的集合,这些概念精确地描述了系统的静态特性、动态特性和完整性约束条件,因此数据模型通常由数据结构、数据操作和数据的完整性约束条件 3 部分组成。

1. 数据结构

数据结构描述数据库的组成对象以及对象之间的联系。也就是说,数据结构描述的内容有两类:一类是与对象的类型、内容、性质有关的,例如,网状模型中的数据项、记录,关系模型中的域、属性、关系等;另一类是与数据之间联系有关的对象。

数据结构是刻画一个数据模型性质最重要的方面,因此在数据库系统中人们通常按照数据结构的类型命名数据模型,例如层次结构、网状结构和关系结构的数据模型分别被命名为层次模型、网状模型和关系模型。

总之,数据结构是所描述的对象类型的集合,是对系统静态特性的描述。

2. 数据操作

数据操作是指对数据库中各种对象的实例允许执行的操作的集合,包括操作及有关的操作规则。

数据库主要有查询和更新(包括插入、删除、修改)两大类操作。数据模型必须定义这些操作的确切含义、操作符号、操作规则以及实现操作的语言。

数据操作是对系统动态特性的描述。

3. 数据的完整性约束条件

数据的完整性约束条件是一组完整性规则的集合。完整性规则是给定的数据模型中数据及其联系所具有的制约和依存规则,用于限定符合数据模型的数据库状态以及状态的变化,以保证数据的正确、有效、相容。

数据模型应反映和规定本数据模型必须遵守的、基本的、通用的完整性约束条件。例如关系模型中,任何关系必须满足实体完整性和参照完整性两个条件。数据的完整性约束是指在给定的数据模型中数据及其数据关联所遵守的一组规则,用于保证数据库中数据的正确性和一致性。

此外，数据模型还应该提供定义完整性约束条件的机制，以反映具体应用所涉及的数据必须遵守的特定的语义约束条件。例如，在某大学的数据库中规定学生成绩如果有6门以上不及格将不能授予学士学位，男职工的退休年龄是 60 周岁，女职工的退休年龄是 55 周岁等。

1.2.3　概念模型

概念模型实际上是现实世界到计算机世界的一个中间层次。

概念模型用于信息世界的建模，是现实世界到信息世界的第一层抽象，是数据库设计人员进行数据库设计的有力工具，也是数据库设计人员和用户之间进行交流的语言。因此，概念模型一方面应该具有较强的语义表达能力，能够方便、直接地表达应用中的各种语义知识；另一方面它还应该简单、清晰、易于用户理解。

1. 信息世界中的基本概念

信息世界涉及的主要概念如下。

1）实体

客观存在并可相互区别的事物称为实体（Entity）。实体既可以是具体的人、物、事，也可以是抽象的概念或联系。例如，学生、课程、一次网上购物、老师与院系的工作关系等都是实体。

2）属性

属性（Attribute）就是实体所具有的某一特性，一个实体可以用若干属性描述。例如，用学号、姓名、性别、出生时间等描述学生实体，它们就是学生的属性；而课程的属性可以包括课程号、课程名、学分等。

3）域

域（Domain）是一组具有相同数据类型的值的集合，属性的取值范围来自某个域。例如学生的性别只能取"男"或"女"，学生年龄的域为整数等。

4）实体型

具有相同属性的实体必然具有共同的特征和性质，用实体名及其属性名集合来抽象和刻画同类实体称为实体型（Entity Type）。例如，学生（学号，姓名，性别，出生时间，专业，入学时间）就是一个实体型。

5）实体集

同一类型实体的集合称为实体集（Entity Set）。例如全体学生。

6）码

码（Key）能够唯一地标识出一个实体集中每个实体的属性或属性组合，码也称关键字或键。例如学生的学号，每个学号唯一地对应一个学生，没有两个学号相同的学生，也不会有在籍学生没有学号。

7）联系

在现实世界中,事物内部以及事物之间是有联系的,这些联系(Relationship)在信息世界中反映为实体(型)内部的联系和实体(型)之间的联系。实体内部的联系通常是指组成实体的各属性之间的联系;实体之间的联系通常是指不同实体集之间的联系。

2. 两个实体型之间的联系

两个实体型之间的联系可以分为以下 3 种。

1）一对一联系(1∶1)

如果对于实体集 A 中的每个实体,实体集 B 中有且仅有一个(可以没有)与之相对应;相反地,对于实体集 B 中的一个实体,实体集 A 中同样有且仅有一个实体与之相对应,则称实体集 A 与实体集 B 具有一对一联系,记作 1∶1,如图 1.5(a)所示。例如飞机票和乘客的关系。

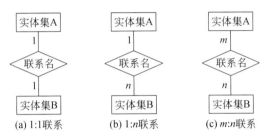

图 1.5 实体之间的 3 种联系

2）一对多联系(1∶n)

如果对于实体集 A 中的每个实体,实体集 B 中有多个实体($n \geqslant 0$)与之相对应;反过来,实体集 B 中的每个实体,实体集 A 中最多只有一个实体与之相对应,则称实体集 A 与实体集 B 具有一对多联系,记作 1∶n,如图 1.5(b)所示。例如辅导员和班级的关系。

3）多对多联系($m∶n$)

如果对于实体集 A 中的每个实体,实体集 B 中有多个实体($n \geqslant 0$)与之相对应;反过来,实体集 B 中的每个实体,实体集 A 中也有多个实体($m \geqslant 0$)与之相对应,则称实体集 A 与实体集 B 具有多对多联系,记作 $m∶n$,如图 1.5(c)所示。例如老师和学生的关系。

3. 单个实体型内的联系

同一个实体集内的各实体之间也可以存在一对一、一对多、多对多的联系。例如,职工实体型内部具有领导与被领导的联系,即某一职工"领导"若干职工,而一个职工仅被另外一个职工直接领导,因此这是一对多的联系。

4. 概念模型的一种表示方法

概念模型是对信息世界建模,所以概念模型应该能够方便、准确地表达出上述信息世界中的常用概念。概念模型的表示方法很多,其中最为著名、最为常用的是 1976 年 P.P.S.Chen 提出的实体-联系方法。该方法用 E-R(Entity-Relationship)图描述现实世界的概念模型,E-R 方法也称 E-R 模型。

一个 E-R 图由实体型、属性和联系 3 个基本要素组成。

(1) 实体型:现实世界中存在的、可以相互区别的人或事物。一个实体集合对应数据库中的一个表,一个实体对应表中的一行。实体用矩形表示,在矩形内标注实体名。

(2) 属性:表示实体或联系的某种特征。一个属性对应数据表中的一列,也称一个字段。通常用椭圆表示属性,椭圆内标注属性名,并用连线与实体连接起来。

(3) 联系:即实体之间的联系。在 E-R 图中用菱形表示,菱形内注明联系名称,并用连线将菱形框分别与相关实体相连,且在连线上注明联系类型,类型包括 $1:1$、$1:n$ 和 $m:n$ 这 3 种。

下面用 E-R 图表示学校教师授课情况的概念模型,如图 1.6 所示。

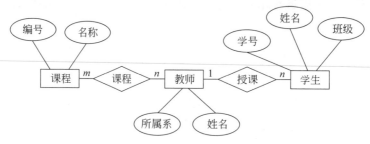

图 1.6　教师授课情况的 E-R 图

① 教师的属性有所属系、姓名等。

② 课程的属性有编号、名称等。

③ 学生的属性有学号、姓名、班级等。

E-R 图直观易懂,是系统开发人员和客户之间很好的沟通媒介。对于客户(系统应用方)来讲,它概括了设计过程、设计方式和各种联系;对于开发人员来讲,它从概念上描述了一个应用系统数据库的信息组织。所以,如果能准确地画出应用系统的 E-R 图,就意味着彻底搞清了问题,以后就可以根据 E-R 图结合具体的 DBMS 类型把它演变为该 DBMS 所支持的结构化数据模型了,这种逐步推进的方法如今已经普遍用于数据库设计中,画出 E-R 图已经成为数据库设计中的一个重要步骤。

【例 1.1】　为某百货公司设计一个 E-R 模型。

百货公司管辖若干连锁商店,每家商店经营若干商品,每家商店有若干职工,但每个职工服务于一家商店。

商店的属性包括编号、店名、店址、店经理。

商品的属性包括编号、商品名、单价、产地。

职工的属性包括编号、职工姓名、性别、工资。

在联系中应反映出职工参加工作的时间、商店销售商品的月销售量等。某百货公司的商店、商品及职工构成的 E-R 图如图 1.7 所示。

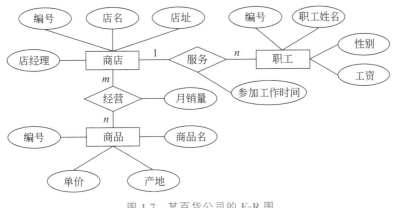

图 1.7 某百货公司的 E-R 图

1.2.4 常用的数据模型

常用的数据
模型

目前,应用在数据库技术中的数据模型有层次模型、网状模型、关系模型、面向对象模型和对象关系模型,其中层次模型和网状模型称为格式化模型。

格式化模型的数据库系统在 20 世纪 70 年代至 80 年代初非常流行,在数据库系统产品中占据主导地位,现在已逐渐被关系模型的数据库取代,但在美国、欧洲等一些国家,由于早期开发的应用系统都是基于层次数据库或网状数据库系统的,因此目前仍有不少层次数据库或网状数据库系统在继续使用。

自 20 世纪 80 年代以来,面向对象的方法和技术在计算机的各个领域,包括程序设计语言、软件工程、信息系统设计、计算机硬件设计等方面都产生了深远的影响,也促进了数据库中面向对象模型的研究和发展。许多关系数据库厂商为了支持面向对象模型,对关系模型做了扩展,从而产生了对象关系模型。

这里主要介绍层次模型、网状模型和关系模型。

数据结构、数据操作和数据的完整性约束条件 3 方面的内容完整地描述了一个数据模型,其中数据结构是刻画模型性质的最基本的方面。相对于不同的数据模型,数据库分为不同的类型。与层次模型相对应的数据库称为层次数据库;与网状模型相对应的数据库称为网状数据库;与关系模型相对应的数据库称为关系数据库;与面向对象模型相对应的数据库称为面向对象数据库。

在格式化模型中,实体用记录表示,实体的属性对应记录的数据项(或字段),实体之间的联系在格式化模型中转换成记录之间的两两联系。

1. 层次模型

在层次模型中,每个结点表示一个记录类型,记录(类型)之间的联系用结点之间的连线(有向边)表示,这种联系是父子之间的一对多的联系。层次数据库系统只能处理一对多的实体联系。

层次模型的一个基本特点是,任何一个给定的记录值只有按其路径查看时才能显示出它的全部意义，没有一个子女记录值能够脱离双亲记录值独立存在，如图 1.8 所示。

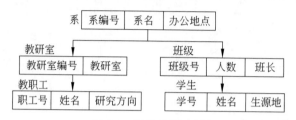

图 1.8　层次模型示例

层次模型反映实体间的一对多的联系。层次模型的优点是层次分明、结构清晰，适于描述客观事物中有主目、细目之分的结构关系；缺点是不能直接反映事物间多对多的联系，查询效率低。

2. 网状模型

现实世界中事物之间的联系更多的是非层次关系的，用层次模型表示这种关系很不直观，网状模型克服了这一弊端，可以清晰地表示这种非层次关系。

网状模型取消了层次模型的两个限制，两个或两个以上的结点都可以有多个双亲结点，此时有向树变成了有向图，该有向图描述了网状模型。

例如学生、课程、教室和教师之间的关系。一个学生可以选修多门课程，一门课程可以由多个学生选修。图 1.9 为网状模型示例。

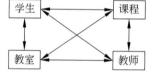

网状模型的优点是表达能力强，能更直接地反映现实世界中事物之间的多对多联系；缺点是在概念上、结构上和使用上都比较复杂，数据独立性较差。

图 1.9　网状模型示例

3. 关系模型

关系模型是由 IBM 公司的 E.F.Codd 于 1970 年首次提出的以关系模型为基础的数据库管理系统，称为关系数据库管理系统（RDBMS），目前被广泛使用。

关系模型是建立在数学概念上的，与层次模型、网状模型相比，关系模型是一种最重要的数据模型。它主要由关系数据结构、关系操作集合、关系的完整性约束条件 3 部分组成。实际上，关系模型可以理解为用二维表结构表示实体及实体之间联系的模型，表格的列表示关系的属性，表格的行表示关系中的元组。

在日常生活中，我们经常会碰到花名册、工资单和成绩单等二维表，这些二维表的共同特点是由许多行和列组成，列有列名，行有行号。

关系中的每行称为一个元组。例如，在表 1.1 中，"1801010101,秦建兴,男,2000/5/5,…"是一个元组。

关系中的每列称为一个属性。例如，在表 1.1 中，"学号"列是一个属性，"姓名"列也是一个属性。

关系中能够唯一确定一个元组的属性或属性组合称为关键字。例如，在表 1.1 中每个学生的学号各不相同，学号可以唯一确定一个元组，因此，学号就是该关系的关键字，也就是主键。

表 1.1 学生情况表

学 号	姓 名	性别	出生时间	出生地	电 话	学 分
1801010101	秦建兴	男	2000/5/5	北京市	18401101456	13
1801010102	张吉哲	男	2000/12/5	上海市	13802104456	13
1801010103	王胜男	女	1999/11/8	广州市	18624164512	13
1801010104	李楠楠	女	2000/8/25	重庆市	13902211423	4
1801010105	耿明	男	2000/7/15	北京市	18501174581	13
1801020101	贾志强	男	2000/4/29	天津市	15621010025	13
1801020102	朱凡	男	2000/5/1	石家庄市	13896308457	0
1801020103	沈柯辛	女	1999/12/31	哈尔滨市	15004511439	13
1801020104	牛不文	女	2000/2/14	长沙市	13316544789	13
1801020105	王东东	男	2000/3/5	北京市	18810111256	13
1902030101	耿娇	女	2001/5/25	广州市	15621014488	10
1902030102	王向阳	男	2001/3/15	北京市	18810101014	10
1902030103	郭波	女	2001/10/5	重庆市	18940110111	10
1902030104	李红	女	2001/9/5	上海市	13802101458	3
1902030105	王光伟	男	2001/1/25	哈尔滨市	18945103256	10

对关系的描述一般表示为关系名(属性 1,属性 2,…,属性 n),称为关系模式。例如学生(学号,姓名,性别,出生时间,专业)。

关系模型数据结构简单、概念清楚,符合人们的思维习惯,表达能力强,能直接反映实体间的 3 种联系,并且建立在严格的数学理论基础之上。因此,关系模型是目前使用最广泛的一种数据模型,以关系模型为基础建立的关系数据库是当前市场上最流行的数据库。

4. 面向对象模型

面向对象模型是建立在面向对象程序设计中所支持的对象语义的逻辑数据模型,它是持久的和共享的对象集合,具有模拟整个解决方案的能力。面向对象模型把实体表示为类,一个类描述了对象属性和实体行为。例如 CUSTOMER 类,它不仅含有客户的属性(如客户编号、客户姓名和客户地址等),还包含模仿客户行为(如修改订单)的过程。类对象的实例对应于客户个体,在对象内部,类的属性用特殊值区分每个客户(对象),但所有对象都属于类,共享类的行为模式。面向对象库通过逻辑包含(Logical Containment)来维护联系。

面向对象数据库把数据和与对象相关的代码封装成单一组件,从外面看不到里面的内容。因此,面向对象模型强调对象(由数据和代码组成)而不是单独的数据,这主要是从面向对象程序设计语言继承而来的。在面向对象程序设计语言中,程序员可以定义包含其自身的内部结构、特征和行为的新类型或对象类。

1.3 关系数据库的基本原理

关系数据库是以关系模型为数据模型的数据库。关系模型建立在严格的数学理论基础之上,它将用户数据的逻辑结构归纳为满足一定条件的二维表的形式。关系数据库的建立,关键在于构造、设计合适的关系模型。

1.3.1 关系模型

关系模型

前面对关系模型做了直观的描述,关系模型是建立在数学概念上的,与层次模型、网状模型相比,关系模型是一种最重要的数据模型。它主要由关系数据结构、关系操作集合和关系的完整性约束条件 3 部分组成。

1. 关系模型的基本概念

一个关系对应于一张二维表,这个二维表是指包含有限个不重复行的二维表。在对 E-R 模型的抽象上,每个实体集和实体间的联系在这里都转化为关系(或称二维表),而 E-R 模型中的属性在这里转化为二维表的列,也可称为属性,每个属性的名称称为属性名,也可称为列名。每个属性的取值范围称为该属性的域。二维表中每个属性或列取值后的一行数据称为该二维表的一个元组。实际上,关系模型可以理解为用二维表结构来表示实体及实体之间联系的模型,表格的列表示关系的属性,表格的行表示关系中的元组。

关系模型允许定义 4 类完整性约束,即实体完整性、域完整性、参照完整性和用户自定义的完整性。实体完整性和参照完整性是关系模型必须满足的完整性约束条件,域完整性是关系中的列必须满足的某种特定的数据类型或约束,用户自定义的完整性是应用领域需要遵循的约束条件。

2. 关系的性质

关系是一种规范化了的二维表中行的集合。为了使相应的数据操作简化,在关系模型中对关系进行了限制,因此关系具有以下 6 个性质。

(1) 列是同质的,即每列中的分量是同一类型的数据,来自同一个域。

(2) 关系中的任意两个元组不能相同。

(3) 关系中不同的列应该来自不同的域,每列有不同的属性名。

(4) 关系中列的顺序可以任意互换,不会改变关系的意义。

(5) 关系中行的次序和列的次序一样,也可以任意交换。

(6) 关系中的每个分量都必须是不可分的数据项,属性和元组分量具有原子性。

3. 关系模型的操作与完整性约束条件

关系模型的操作主要包括查询、插入、删除和更新数据,这些操作必须满足关系的完整性约束条件。关系的完整性约束条件包括 4 类,即实体完整性、参照完整性、域完整性和用户自定义的完整性。

关系模型中的数据操作是集合操作,操作对象和操作结果都是关系,即若干元组的集合,而不像格式化模型中那样是单记录的操作方式。另外,关系模型把存取路径向用户隐蔽起来,用户只要指出"干什么"或"找什么",不必详细地说明"怎么干"或"怎么找",从而大大地提高了数据的独立性。

在阐述各类完整性之前,首先介绍下面 4 个术语。

- 候选键(Candidate Key):如果关系中的某一属性或属性组的值能唯一地标识一个元组,则称该属性或属性组为候选键。
- 主键(Primary Key):若一个关系中有多个候选键,则选定一个为主键。主键也称主码。
- 主属性(Primary Attribute):主键的属性称为主属性。
- 外键(Foreign Key):设 F 是基本关系 R 的一个属性或属性组合,但不是 R 的键(主键或候选键),如果 F 与基本关系 S 的主键 K 相对应,则称 F 是 R 的外键,并称 R 为参照关系,S 为被参照关系。外键也称外码。

1) 实体完整性

实体完整性规则是指若属性 A 是基本关系 R 的主属性,则属性 A 不能取空值,并且是唯一的。实体完整性规则规定基本关系的所有主属性项都不能取空值(NULL),而不仅仅是主属性整体不能取空值,并且具有唯一性。空值就是"不知道"或"无意义"。

【例 1.2】 有以下关系模式。

(1) 学生(学号,姓名,性别,出生时间,专业,总学分,照片,备注),其中学号属性为主码,不能取空值,并且所有学生的学号值必须各不相同。

(2) 成绩(学号,课程号,成绩),其中学号、课程号属性组合为主码,两者都不能取空值。

2) 参照完整性

现实世界中的实体之间往往存在某种联系,在关系模型中,实体及实体间的联系都是用关系来描述的,这样就自然存在着关系与关系间的引用,先来看下面的例子。

【例 1.3】 在学生管理关系数据库中包括学生关系 xs、课程关系 kc 和成绩关系 cj,这 3 个关系分别如下:

xs(学号,姓名,性别,出生时间,专业,总学分,照片,备注)

kc(课程号,课程名,学分,学时数)

cj(学号,课程号,成绩)

这 3 个关系之间也存在着属性的引用,即成绩关系引用了学生关系的主码"学号"和课程关系的主码"课程号"。显然,成绩关系中的学号值必须是确实存在的学生的学号,即学生关系中有该学生的记录;成绩关系中的课程号值也必须是确实存在的课程的课程号,即课程关系中有该课程的记录。换句话说,成绩关系中学号和课程号属性的取值必须参照其他两个关系的相应属性的取值。

参照完整性规则定义了一个关系数据库中不同表中列之间的关系,即外码与主码之间的引用规则,要求外码属性值只能取主表中的主码属性值或为空值,不能引用主码表中不存在的属性值,同时,如果一个主码属性值发生更改,则整个数据库中对该值的所有引用都要进行更改。

3) 域完整性

域完整性是指关系中的列必须满足某种特定的数据类型或约束,可以使用域完整性强制实现域完整性限制类型、限制格式或限制值的范围等。例如限定性别列,只能取值"男"或"女"。

4) 用户自定义的完整性

用户自定义的完整性就是用户按照实际的数据库应用系统运行环境的要求,针对某一具体关系数据库的约束条件。例如,属性"成绩"的取值必须为 0~100。用户自定义的完整性可以反映某一具体应用所涉及的数据必须满足的语义要求,保证数据库中数据的取值的合理性。

4. 关系模型的存储结构

在关系模型中,实体及实体之间的联系都用关系表示。在关系数据库的物理组织中,有的 DBMS 一个表对应一个操作系统文件,有的 DBMS 从操作系统获得若干大的文件,自己设计表、索引等存储结构。

5. 关系模型的优点和缺点

关系模型具有下列优点。

(1) 关系与格式化模型不同,它是建立在严格的数学概念基础之上的。

(2) 关系模型的概念单一,无论实体还是实体之间的联系都用关系来表示,对数据的检索和更新结果也是关系。所以其数据结构简单清晰,用户易懂易用。

(3) 关系模型的存取路径对用户透明,从而具有更高的数据独立性、更好的安全保密性,也简化了程序员的工作和数据库开发建立的工作。

由于以上优点,关系模型自诞生以来发展迅速,深受用户喜爱。

当然,关系模型也有缺点,其中最主要的缺点是,由于存取路径对用户透明,查询效率往往不如格式化数据模型。因此,为了提高性能,DBMS 必须对用户的查询请求进行优化,所以增加了开发 DBMS 的难度。不过,用户不必考虑这些系统内部的优化技术细节。

关系运算

1.3.2 关系运算

1. 传统的集合运算

传统的集合运算包括并、交、差、广义笛卡儿积 4 种运算。设关系 R 和关系 S 具有相同的目 n(即两个关系都具有 n 个属性),且相应的属性取自同一个域,如图 1.10 所示,则4 种运算定义如下。

1) 并

关系 R 与关系 S 的并由属于 R 或属于 S 的元组组成,其结果关系仍为 n 目关系,记

A	B	C
a_1	b_1	c_1
a_1	b_2	c_2
a_2	b_2	c_1

关系R

A	B	C
a_1	b_2	c_2
a_1	b_3	c_2
a_2	b_2	c_1

关系S

图 1.10　关系 R 和关系 S

作 $R \cup S$。

2）交

关系 R 与关系 S 的交由既属于 R 又属于 S 的元组组成,其结果关系仍为 n 目关系,记作 $R \cap S$。

3）差

关系 R 与关系 S 的差由属于 R 但不属于 S 的所有元组组成,其结果关系仍为 n 目关系,记作 $R - S$。

4）广义笛卡儿积

两个分别为 n 目和 m 目的关系 R 和 S 的广义笛卡儿积是一个$(n+m)$列的元组的集合。元组的前 n 列是关系 R 的一个元组,后 m 列是关系 S 的一个元组。若 R 有 A_1 个元组,S 有 A_2 个元组,则关系 R 和关系 S 的广义笛卡儿积有 $A_1 \times A_2$ 个元组,记作 $R \times S$。

【例 1.4】　已知关系 R 和关系 S,如图 1.10 所示,求 $R \cup S$、$R \cap S$、$R - S$、$R \times S$,结果如图 1.11 和图 1.12 所示。

A	B	C
a_1	b_1	c_1
a_1	b_2	c_2
a_2	b_2	c_1
a_1	b_3	c_2

$R \cup S$

A	B	C
a_1	b_2	c_2
a_2	b_2	c_1

$R \cap S$

A	B	C
a_1	b_1	c_1

$R-S$

图 1.11　关系的并、交、差运算

RA	RB	RC	SA	SB	SC
a_1	b_1	c_1	a_1	b_2	c_2
a_1	b_1	c_1	a_1	b_3	c_2
a_1	b_1	c_1	a_2	b_2	c_1
a_1	b_2	c_2	a_1	b_2	c_2
a_1	b_2	c_2	a_1	b_3	c_2
a_1	b_2	c_2	a_2	b_2	c_1
a_2	b_2	c_1	a_1	b_2	c_2
a_2	b_2	c_1	a_1	b_3	c_2
a_2	b_2	c_1	a_2	b_2	c_1

图 1.12　关系的广义笛卡儿积 $R \times S$

2. 专门的关系运算

专门的关系运算包括选择、投影、连接、除等。

1) 选择运算

选择运算是指在关系 R 中选择满足给定条件的诸元组,这是从行的角度进行的运算。

图 1.13 为从关系 R 中选出所有性别为男的同学。

关系 R 选择结果关系 S

学号	姓名	性别
1801010101	秦建兴	男
1801010102	张吉哲	男
1801010103	王胜男	女

性别"男"
进行选择 →

学号	姓名	性别
1801010101	秦建兴	男
1801010102	张吉哲	男

图 1.13　选择运算

2) 投影运算

关系 R 上的投影是指从 R 中选出若干属性列组成新的关系,投影操作是从列的角度进行的运算。

图 1.14 为从关系 R 中选出所有学生的"姓名"和"性别"列。

关系 R 投影后的关系 S

学号	姓名	性别	出生时间
1801010101	秦建兴	男	2000/5/5
1801010102	张吉哲	男	2000/12/5
1801010103	王胜男	女	1999/11/8

姓名, 性别
进行投影 →

姓名	性别
秦建兴	男
张吉哲	男
王胜男	女

图 1.14　投影运算

因为投影运算的属性表不一定包含主键,经投影后,结果关系中很可能出现重复元组,消除重复元组后所得关系的元组数将小于原关系的元组数。如果属性表中包含主键,就不会出现重复元组,投影后所得关系的元组数与原关系的一样。

3) 连接运算

连接运算是二元关系运算,是从两个关系元组的所有组合中选取满足一定条件的元组,由这些元组形成连接运算的结果关系。其中,条件表达式涉及两个关系中属性的比较,该表达式的取值为逻辑真或假。连接运算中最常用的是等值连接和自然连接。等值连接是指对关系 R 和 S 中按相同属性的等值进行的连接运算,而自然连接是在等值连接中去掉重复列的连接运算。

4) 除运算

给定关系 $R(X,Y)$ 和 $S(Y,Z)$,其中 X、Y、Z 为属性组。R 中的 Y 和 S 中的 Y 可以有不同的属性名,但必须出自相同的域集。R 与 S 的除运算得到一个新的关系 $P(X)$,P

是 R 中满足下列条件的元组在 X 属性列上的投影：元组在 X 上的分量值 x 的像集 Y_x 包含 S 在 Y 上投影的集合，即元组在 X 上的分量值所对应的 Y 值应包含关系 S 在 Y 上的值。

除运算是二元操作，并且关系 R 和 S 的除运算必须满足以下两个条件。

（1）关系 R 中的属性包含关系 S 中的所有属性。

（2）关系 R 中有一些属性不出现在关系 S 中。

除运算的运算步骤如下。

（1）将被除关系的属性分为像集属性和结果属性两部分；与除关系相同的属性属于像集属性；不同的属性属于结果属性。

（2）在除关系中，对与被除关系相同的属性进行投影，得到除目标数据集。

（3）将被除关系分组，结果属性值一样的分为一组。

（4）逐一考察每组，如果它的像集属性值中包括除目标数据集，则对应的结果属性值应属于该除运算结果集。

【例 1.5】　设有关系 R 和 S，如图 1.15 所示，求 $R \div S$ 的值。

第一步，确定结果属性：A，B

第二步，确定目标数据集：$\{(c,d)\ (e,f)\}$

第三步，确定结果属性像集：

$$(a,b)：\{(c,d)\ (e,f)\ (h,k)\}$$
$$(b,d)：\{(e,f)\ (d,l)\}$$
$$(c,k)：\{(c,d)\ (e,f)\ \}$$

第四步，确定结果：$(a,b)\ (c,k)$，如图 1.16 所示。

R

A	B	C	D
a	b	c	d
a	b	e	f
a	b	h	k
b	d	e	f
b	d	d	l
c	k	c	d
c	k	e	f

S

C	D
c	d
e	f

A	B
a	b
c	k

图 1.15　关系 R 和 S　　　　图 1.16　关系 R 和 S 除运算结果

1.3.3　关系数据库的标准语言

使用数据库就要对数据库进行各种各样的操作，因此，DBMS 必须为用户提供相应的命令和语言。关系数据库都配有说明性的关系数据库语言，即用户只需说明需要什么数据，而不必表示如何获得这些数据，系统就会自动完成。目前，最成功、应用最广的关系数据库语言首推结构化查询语言，它已成为关系数据库语言的国际标准。

关系数据库的标准语言和关系模型的规范化

1. SQL 的产生与发展

结构化查询语言(Structured Query Language,SQL)是于 1974 年由 IBM 公司的 San Jose 实验室推出的,1987 年,国际标准化组织(International Standards Organization, ISO)将其批准为国际标准。经过增补和修订,ISO 先后推出了 SQL89 和 SQL92(即 SQL2)标准,增加了面向对象功能的 SQL3(即 SQL99)标准也已发布。SQL4 标准目前正在研发。

由于 SQL 具有功能丰富、简洁易学、使用灵活等突出优点,备受计算机工业界和计算机用户欢迎。但是,不同的数据库管理系统厂商开发的 SQL 并不完全相同。这些不同类型的 SQL 一方面遵循了标准 SQL 规定的基本操作;另一方面又在标准 SQL 的基础上进行了扩展,增强了功能。不同厂商的 SQL 有不同的名称,例如 Oracle 产品中的 SQL 称为 PL/SQL,Microsoft SQL Server 产品中的 SQL 称为 Transact-SQL(可简写为 T-SQL)。

2. SQL 的特点

SQL 之所以能够被用户和业界所接受,并成为国际标准,是因为它是一个综合的、功能极强同时又简洁易学的语言。其主要特点如下:

1) 综合统一

数据库系统的主要功能是通过数据库支持的数据语言实现的。SQL 集数据定义语言(Data Definition Language,DDL)、数据操纵语言(Data Manipulation Language,DML)、数据控制语言(Data Control Language,DCL)的功能于一体,语言风格可以独立完成数据库生命周期中的全部,为数据库应用系统的开发提供了良好的环境。特别是用户在数据库系统投入运行后,还可根据需要随时地、逐步地修改模式,且不影响数据库的运行,从而使系统具有良好的可扩展性。

另外,在关系模型中实体和实体间的联系均用关系表示,这种数据结构的单一性带来了数据操作符的统一性,查找、插入、删除、更新等每种操作都只需一种操作符,从而克服了非关系系统由于信息表示方式的多样性带来的操作复杂性。

2) 高度非过程化

非关系模型的数据操纵语言是"面向过程"的语言,用"过程化"语言完成某项请求,必须指定存取路径。而用 SQL 进行数据操作,只要提出"做什么",而无须指明"怎么做",因此无须了解存取路径。存取路径的选择以及 SQL 的操作过程由系统自动完成,这不仅大大减轻了用户负担,而且有利于提高数据独立性。

3) 面向集合的操作方式

非关系模型采用的是面向记录的操作方式,操作对象是一条记录。例如查询所有成绩在 80 分以上的学生姓名,用户必须一条一条地把满足条件的学生记录找出来(通常要说明具体操作过程,即按照哪条路径、如何循环等)。而 SQL 采用集合操作方式,不仅操作对象、查找结果可以是元组的集合,而且一次插入、删除、更新操作的对象也可以是元组的集合。

4）以同一种语法结构提供多种使用方式

SQL 既是独立的语言,也是嵌入式语言。

作为独立的语言,它能够独立地用于联机交互的使用方式,用户可以在终端键盘上直接输入 SQL 命令对数据库进行操作;作为嵌入式语言,SQL 语句能够嵌入高级语言程序中,供程序员设计程序时使用。在两种不同的使用方式下,SQL 的语法结构基本上是一致的。这种以统一的语法结构提供多种不同使用方式的做法具有极大的灵活性与方便性。

5）语言简洁,易学易用

SQL 功能极强,但由于设计巧妙,语言十分简洁,完成核心功能只用了 9 个动词,并且 SQL 接近英语口语,因此容易学习,也容易使用。

3. SQL 的组成

按照功能,SQL 可分为以下 4 部分。

(1) 数据定义语言(DDL):用于定义、删除和修改数据模式,如定义基本表、视图、索引等操作,包括的命令动词有 CREATE、DROP、ALTER。

(2) 查询语言(Query Language,QL):用于查询数据,包括的命令动词有 SELECT。

(3) 数据操纵语言(DML):用于增加、删除、修改数据,包括的命令动词有 INSERT、UPDATE、DELETE。

(4) 数据控制语言(DCL):用于数据访问权限的控制,包括的命令动词有 GRANT、REVOKE。

SQL 是非过程化的关系数据库的通用语言,它可用于所有用户的数据库活动类型,包括系统管理员、数据库管理员、应用程序员、决策支持系统人员和其他类型的终端用户,用 SQL 编写的程序可以很方便地进行移植。

SQL 是本书的重点内容之一,在以后的章节中将以 SQL Server 中的实际应用为背景进行详细讨论。

1.3.4　关系模型的规范化

1. 问题的提出

前面已经讨论了数据库系统的一般概念,介绍了关系数据库的基本概念、关系模型的 3 部分以及关系数据库的标准语言 SQL,但是还有一个很基本的问题尚未涉及,就是针对一个具体问题应该如何构造一个适合它的数据模式,即应该构造几个关系模式,每个关系由哪些属性组成等。这是数据库设计的问题,确切地讲是关系数据库的逻辑设计的问题。

实际上,设计任何一种数据库应用系统,不论是层次的、网状的还是关系的,都会遇到如何构造合适的数据模式(即逻辑结构)的问题。由于关系模型有严格的数学理论基础,并且可以向其他数据模型转换,因此,人们以关系模型为背景讨论这个问题,形成了数据库逻辑设计的一个有力工具——关系规范化理论。关系规范化理论虽然是以关系模型为背景的,但是它对于一般的数据库逻辑设计同样具有理论上的意义。

例如,现在建立一个描述学校教务的数据库,该数据库涉及的对象有学生的学号(Sno)、学生姓名(Sname)、所在系(Sdept)、系主任姓名(Mname)、课程号(Cno)、课程名(Course)和成绩(Grade)。假设用一个关系模式 Student 来表示,则该关系模式的属性集合如下:

$$U=\{Sno,Sname,Sdept,Mname,Cno,Course,Grade\}$$

但是,这个关系模式存在以下问题。

1) 数据冗余太大

例如,每个系的系主任姓名重复出现,重复次数与该系所有学生的所有课程成绩出现的次数相同,这就浪费了大量的存储空间。

2) 更新异常

由于数据冗余,当更新数据库中的数据时,系统要付出很大的代价维护数据库的完整性,否则会面临数据不一致的危险。例如,某系更换系主任后,必须修改与该系学生有关的每个元组。

3) 插入异常

如果一个系刚成立,尚无法把这个系及其系主任的信息存入数据库。

4) 删除异常

如果某个系的学生全部毕业了,在删除该系学生信息的同时,把这个系及其系主任的信息也丢掉了。

鉴于存在以上种种问题,我们可以得出这样的结论:Student 关系模式不是一个好的模式。一个"好"的模式应该不会发生插入异常、删除异常、更新异常,数据冗余应可能少。

为什么会发生这些问题呢?这是因为这个模式中的函数依赖存在某些不好的性质,假如把这个单一的模式改造一下,分成 4 个关系模式:

$$S(Sno,Sname,Sdept)$$
$$SC(Sno,Cno,Grade)$$
$$C(Cno,Course)$$
$$DEPT(Sdept,Mname)$$

这 4 个模式都不会发生插入异常、删除异常的毛病,数据冗余也得到了控制。

一个模式的数据依赖会有哪些不好的性质,如何改造一个不好的模式,这就是规范化理论要讨论的内容。

2. 函数依赖的基本概念

定义 1.1　函数依赖:设 $R(U)$ 是一个关系模式,U 是 R 的属性集合,X 和 Y 是 U 的子集。对于 $R(U)$ 的任意一个可能的关系 r,如果 r 中不存在两个元组,它们在 X 上的属性值相同,而在 Y 上的属性值不同,则称"X 函数确定 Y"或"Y 函数依赖于 X",记作 $X \rightarrow Y$。

函数依赖和其他数据依赖一样是语义范畴的概念,只能根据语义确定一个函数依赖。例如"姓名→年龄"这个函数依赖只有在该部门没有同名的人的条件下成立。如果允许有同名的人,则年龄就不再函数依赖于姓名了。

需要特别注意的是,函数依赖不是指关系模式 R 中某个或某些关系满足的约束条件,而是指 R 的一切关系均需满足的约束条件。函数依赖可以分为以下 3 种基本情形。

1) 平凡函数依赖与非平凡函数依赖

定义 1.2 在关系模式 $R(U)$ 中,对于 U 的子集 X 和 Y,如果 $X \rightarrow Y$,但 Y 不是 X 的子集,则称 $X \rightarrow Y$ 是非平凡函数依赖。若 Y 是 X 的子集,则称 $X \rightarrow Y$ 是平凡函数依赖。

对于任一关系模式,平凡函数依赖都是必然成立的,它不反映新语义,因此,若不特别声明,本书总是讨论非平凡函数依赖。

2) 完全函数依赖与部分函数依赖

定义 1.3 在关系模式 $R(U)$ 中,如果 $X \rightarrow Y$,并且对于 X 的任何一个真子集 X' 都有 $X' \nrightarrow Y$,即 $X' \rightarrow Y$ 不成立,则称 Y 完全函数依赖于 X,记作 $X \xrightarrow{f} Y$。若 $X \rightarrow Y$,但 Y 不完全函数依赖于 X,称 Y 部分函数依赖于 X,记作 $X \xrightarrow{p} Y$。

例如,在关系 SC(Sno,Cno,Grade) 中,(Sno,Cno)$\rightarrow$Grade,且 Sno$\nrightarrow$Grade,Cno$\nrightarrow$Grade,因此(Sno,Cno)$\xrightarrow{f}$Grade。又例如,关系 Student(Sno,Sname,Sdept,Mname,Cno,Course,Tname,Grade)中,(Sno,Cno)是码,(Sno,Cno)$\rightarrow$Sdept,且 Sno$\rightarrow$Sdept,因此(Sno,Cno)$\xrightarrow{p}$Sdept。

如果 Y 对 X 部分函数依赖,X 中的"部分"就可以确定对 Y 的关联,从数据依赖的观点来看,X 存在冗余。

在 1.3.1 节已经给出了有关码的若干定义,这里用函数依赖的概念来定义码。设 K 为 $R<U,F>$ 中的属性或属性组合,若 $K \xrightarrow{f} U$,则 K 为 R 的候选码。若候选码多于一个,则选定其中一个为主码。包含在任何一个候选码中的属性称为主属性,不包含在任何码中的属性为非主属性或非码属性。最简单的情况是单个属性是码,例如 S(Sno,Sname,Sdept),即有 Sno$\xrightarrow{f}S$;而对于关系模式 SC(Sno,Cno,Grade),则属于属性组合为码,即(Sno,Cno)$\xrightarrow{f}$SC。

3) 传递函数依赖

定义 1.4 在关系模式 $R(U)$ 中,如果 $X \rightarrow Y$,$Y \rightarrow Z$,且 $Y \rightarrow X$ 不成立,则称 Z 传递函数依赖于 X。

在传递函数依赖定义中之所以加上条件 $Y \rightarrow X$ 不成立,是因为如果 $Y \rightarrow X$,则 X 与 Y 存在互为函数依赖的关系,这实际上是 Z 直接依赖于 X,而不是传递函数依赖了。例如在关系 Student(Sno,Sname,Sdept,Mname,Cno,Course,Grade)中,Sno$\rightarrow$Sdept,Sdept$\rightarrow$Mname,因此有 Sno$\rightarrow$Mname,此时称 Mname 传递函数依赖于 Sno。

按照函数依赖的定义可以知道,如果 Z 传递依赖于 X,则 Z 必然函数依赖于 X;同时 Z 又函数依赖于 Y,说明 Z 是间接依赖于 X,从而表明 X 和 Z 之间的关联较弱,表现出间接的弱数据依赖,因此也是产生数据冗余的原因之一。

3. 范式

关系数据库中的关系是要满足一定的要求的,满足不同程度要求的为不同范式。根据一个关系满足数据依赖的程度不同,可规范化为第一范式(1NF)、第二范式(2NF)、第三范式(3NF)、BC 范式(BCNF)、第四范式(4NF)和第五范式(5NF)。

"第几范式"表示关系的某一种级别,所以经常称某一关系模式 R 为第几范式。现在把范式这个概念理解成符合某一种级别的关系模式的集合,则 R 为第几范式就可以写成 $R \in x$NF。

各种范式呈递次规范,越高的范式数据库冗余越小。一个低一级范式的关系模式通过模式分解可以转换为若干高一级范式的关系模式的集合,这种过程称为规范化。

1) 第一范式

定义 1.5 如果关系 R 的每个属性均为简单属性,即每个属性都是不可再分解的数据项,则称 R 满足第一范式,简称 1NF,记为 $R \in 1$NF。

第一范式是对关系模式的一个最低的要求。不满足第一范式的数据库模式不能称为关系数据库,不满足第一范式的关系称为非规范关系,如表 1.2 所示。

表 1.2　非规范关系

课　　程	学　　时	
	理论时数	实践时数
计算机基础	32	32
C 语言	40	32
数据结构	40	32

满足 1NF 的关系模式还会存在插入异常、删除异常、更新异常等现象,并不一定是一个好的关系模式,例如 Student(Sno,Sname,Sdept,Mname,Cno,Course,Grade)。如果要消除这些异常,还要满足更高层次的规范化要求。

2) 第二范式

定义 1.6 如果关系 R 满足第一范式,且每个非主属性完全函数依赖于 R 的任意候选码,则称 R 满足第二范式,记为 $R \in 2$NF。

第二范式要求实体属性完全依赖于候选码。完全依赖是指不能存在仅依赖候选码一部分的属性,如果存在,那么这个属性和候选码的这一部分应该分离出来形成一个新的实体,所以第二范式的主要任务就是在满足第一范式的前提下消除部分函数依赖。

由教务管理中的关系 Student(Sno,Sname,Sdept,Mname,Cno,Course,Grade)可以判断出 Student 满足第一范式的定义。由于属性集(Sno,Cno)是候选码,即是主属性,其他的属性如 Sname、Sdept、Mname、Course、Grade 是非主属性。由语义可得

$$(Sno,Cno) \rightarrow Sdept$$

$$Sno \rightarrow Sdept$$

$$Cno \rightarrow Course$$

即候选码的子集也能函数决定 Sdept、Course 等非主属性,所以当前的关系 Student 中存在部分函数依赖,所以 Student 不满足第二范式的要求。因此,需要将关系 Student 进行分解得到以下关系:

$$S(\text{Sno}, \text{Sname}, \text{Sdept}, \text{Mname})$$
$$SC(\text{Sno}, \text{Cno}, \text{Grade})$$
$$C(\text{Cno}, \text{Course})$$

将一个 1NF 关系分解为几个 2NF 关系,可以改善数据冗余和各种异常情况,但并不一定能够完全消除这些问题,即属于 2NF 的关系并不一定是一个好的关系。问题的原因在于,将关系 R 分解后只消除了关系中的部分函数依赖,并没有消除其中的传递函数依赖,因此需要进一步对关系 R 进行规范化,将其分解为几个满足更高级别范式的关系。

3)第三范式

定义 1.7 如果关系 R 满足第二范式,且每个非主属性既不部分函数依赖于主码,也不传递函数依赖于任何候选码,则称 R 满足第三范式,记为 $R \in 3\text{NF}$。

对于关系 $S(\text{Sno}, \text{Sname}, \text{Sdept}, \text{Mname})$,由于属性 Sno 是候选码,由语义得出:

$$\text{Sno} \rightarrow \text{Sdept}$$

通常情况下一个系只有一个系主任,因此存在 Sdept→Mname,即非主属性 Mname 传递函数依赖于候选码 Sno,因此关系 R 不满足第三范式。

4)BC 范式

定义 1.8 关系模式 $R \in 1\text{NF}$,对于 R 的任何非平凡函数依赖 $X \rightarrow Y$,若 Y 不属于 X,X 必含有候选码,则 R 满足 BC 范式,记为 $R \in \text{BCNF}$。

BC 范式是由 Boyce 和 Codd 于 1974 年提出的。BCNF 是从 1NF 直接定义而成的,可以证明如果 $R \in \text{BCNF}$,则 $R \in 3\text{NF}$。通常认为 BCNF 是修正的第三范式,有时也称扩展的第三范式。

由 BCNF 的定义可以看到,每个 BCNF 的关系模式都具有以下 3 个性质:

* 所有非主属性都完全函数依赖于每个候选码;
* 所有主属性也都完全函数依赖于每个不包含它的候选码;
* 没有任何属性完全函数依赖于非码的任何一组属性。

如果关系模式 $R \in \text{BCNF}$,由定义可知,R 中不存在任何属性传递函数依赖于或部分函数依赖于任何候选码,所以必定有 $R \in 3\text{NF}$。但是如果 $R \in 3\text{NF}$,R 未必属于 BCNF。

3NF 和 BCNF 是以函数依赖为基础的关系规范化程度的测度。如果一个关系数据库中的所有关系模式都属于 BCNF,那么在函数依赖范畴内,它已实现了模式的彻底分解,达到了最高的规范化程度,消除了插入异常和删除异常。

4. 关系规范化

规范化的基本思想是逐步消除数据依赖中不合适的使模式中的各关系模式达到某种程度的"分离",即"一事一地"的模式设计原则。让一个关系描述一个概念、一个实体或实体间的联系,若多于一个概念就把它"分离"出去。因此规范化实质上就是概念的单一化。

关系规范化是通过对关系模式的分解实现的,把低一级的关系模式分解为若干高一级的关系模式。这种分解不是唯一的,对于一个模式的分解是多种多样的,但是分解后产生的模式应与原模式等价。人们从不同角度去观察问题,对"等价"概念形成了下面 3 种不同的定义:

- 分解具有无损连接性;
- 分解要保持函数依赖;
- 分解既要保持函数依赖,又要具有无损连接性。

如果对分解后的关系进行自然连接得到的元组的集合与原关系完全一致,则称为无损连接。无损连接能够保证不丢失信息。

Heath 定理:假设有一个关系 $R\{A,B,C\}$,A、B 和 C 是属性集。如果函数依赖 $A \rightarrow B$,并且 $A \rightarrow C$,则 R 和投影 $\Pi\{A,B\}$、$\Pi\{A,C\}$ 的连接等价。

由 Heath 定理可知,只要将关系 R 的某个候选码分解到每个子关系中,就会同时保持连接不失真和依赖不失真。

1) $R \in 1NF$,R 不满足 2NF,分解使其满足 2NF

R 不满足 2NF 条件,根据定义,R 中一定存在候选码和非主属性 X,使得 X 部分函数依赖于 S,因此,候选码 S 一定是一个属性组合。设 $S = (S_1, S_2)$,并且 $S_1 \rightarrow X$ 是 R 中的函数依赖关系。

$R = (S_1, S_2, X_1, X_2)$

Primary Key(S_1, $S2$)　　/＊(S_1, S_2)组合是候选码,X_1、X_2 是非主属性 ＊/

$S_1 \rightarrow X_1$　　　　　　　/＊(S_1, S_2)组合是候选码,非主属性 X_1 部分函数依赖于候选码 ＊/

将 R 分解成 R_1 和 R_2 两个关系。

关系 $R_1(S_1, S_2, X_2)$

Primary Key(S_1, S_2)　　/＊(S_1, S_2)组合是关系 R_1 的候选码 ＊/

关系 $R_2(S_1, X_1)$

Primary Key(S_1)　　　　/＊ 属性 S_1 是关系 R_2 的候选码 ＊/

如果 R_1、R_2 不满足 2NF 条件,可以继续上述分解过程,直到分解后的每个关系模式都满足 2NF。

再回过头来看教务管理中的关系 Student(Sno, Sname, Sdept, Mname, Cno, Course, Grade)是如何分解的。已经判定该关系的候选码为(Sno, Cno)组合,对该关系进行分解,产生以下两个关系:

关系 R_1(Sno, Cno, Grade)

关系 R_2(Sno, Sname, Sdept, Mname, Cno, Course)

很显然,关系 R_1 已经满足 2NF 了,关系 R_2 不满足还需要继续分解成关系 R_{21} 和 R_{22}。

关系 R_{21}(Sno, Sname, Sdept, Mname)

关系 R_{22}(Cno, Course)

关系 R_1、R_{21}、R_{22} 均满足 2NF。经过这样的处理后,上述冗余与异常问题基本解决了。但从关系 R_{21} 中还可以看出:如果一个新建系没有招生,那么这个系就无法插入,仍存在插入异常,同时 R_{21} 也存在比较大的数据冗余。下面继续介绍关系 R_{21} 的分解。

2）$R \in$ 2NF，R 不满足 3NF，分解使其满足 3NF

对于关系 R_{21}（Sno，Sname，Sdept，Mname），由语义可以得出，Sno→Sdept，Sdept→Mname，关系 R_{21} 中存在传递函数依赖。R 满足 2NF，但不符合 3NF 条件，说明 R 中的所有非主属性对 R 中的任何候选码都是完全函数依赖的，但是至少存在一个属性是传递函数依赖的。因此存在 R 中的非主属性间的依赖作为传递依赖的过渡属性，即

$R(S, X_1, X_2)$

Primary Key(S)　　／＊S 是关系 R 的候选码 ＊／

$X_1 \rightarrow X_2$　　　　　／＊非主属性通过 X_1 传递函数依赖于 S ＊／

将 R 分解成 R_1 和 R_2 两个关系。

关系 $R_1(S, X_1)$

Primary Key(S)　　　／＊S 是关系 R_1 的候选码 ＊／

Foreign Key(X_1)　　／＊X_1 是关系 R_1 的外码 ＊／

关系 $R_2(X_1, X_2)$

Primary Key(X_1)　　／＊X_1 是关系 R_2 的候选码 ＊／

如果 R_1、R_2 还不满足 3NF，可以重复上述过程，直到符合条件为止。

按照上面的算法，再来看关系 R_{21}（Sno，Sname，Sdept，Mname）的分解过程，在关系 R_{21} 中属性 Sno 相当于属性 S，属性 Sdept 相当于 X_1，属性 Mname 相当于 X_2，因此关系可以分解成下面两个关系：

关系 R_{21_1}（Sno，Sname，Sdept）

关系 R_{21_2}（Sdept，Mname）

这样教务管理中的关系 Student（Sno，Sname，Sdept，Mname，Cno，Course，Grade）通过规范化后最终分解为 4 个关系。

关系 R_1（Sno，Cno，Grade）

关系 R_{22}（Cno，Course）

关系 R_{21_1}（Sno，Sname，Sdept）

关系 R_{21_2}（Sdept，Mname）

可以看到，以上关系都达到 3NF，我们再来考察以下 4 方面。

（1）数据存储量减少：Cours、Sname 信息不再反复存储。

（2）插入解决：对已开设但暂无人选修的课程可方便地在课程信息表（关系 R_{22}）中插入，对新建系暂无学生的系也可直接插入系部信息表（关系 R_{21_2}）中。

（3）修改方便：原关系中对数据修改造成的数据不一致性在关系分解后得到了很好的解决，改进后只需修改一处，如某一系更换系领导。

（4）删除问题也部分解决：当所有学生都退选一门课程时，删除退选的课程不会丢失课程信息。

虽然改进后的模式解决了不合理的关系模式所带来的问题，但同时改进后的关系模式也会带来新的问题，例如当查询某个学生的某门课程成绩时，就需要将 3 个关系连接后进行查询，增加了查询时关系的连接开销，而关系的连接代价又是很大的，因此关系规范化理论只是数据库设计的工具和理论指南。在应用这些指南时应当结合应用环境和现实

世界,并不是规范化程度越高,模式就越好。至于一个具体的数据库关系模式设计要分解到第几范式,应当综合利弊,全面权衡,依实际情况而定。

1.4 实训项目:数据库基础

1. 实训目的

(1)掌握数据模型的概念。
(2)掌握 E-R 图的画法。
(3)掌握各种关系模式之间的联系。

2. 实训内容

绘制学生实体和课程实体之间的 E-R 图。

3. 实训过程

图 1.17 表示了学生实体和课程实体之间的联系"选修",每个学生选修某一门课程会产生一个成绩,因此,"选修"联系有一个属性"成绩",学生和课程实体之间是多对多的联系。

图 1.17 学生实体和课程实体之间的 E-R 图

4. 实训总结

通过本次实训内容主要掌握各个实体之间的关系和 E-R 图的绘制方法,加深对数据库的了解。

本 章 小 结

通过本章的学习,读者应该理解数据库的基本概念、数据库的三级模式结构和二级映像功能;知道数据模型的三要素。

关系数据库是支持关系模型的数据库。在关系模型中,用关系表示实体以及实体间的联系。关系有严格的数学定义,它是域的笛卡儿积中有意义的子集。关系也可以表示为一个二维表,其中每行为一个元组,每列为一个属性,二维表的框架即关系模式。一组关系模式的集合构成关系数据库模式。关系数据库模式是关系数据库的型,关系数据库内容是关系数据库的值。关系数据库模式(型)与关系数据库内容(值)组成关系数据库。

关系的完整性是对关系的某种约束条件。实体完整性保证关系中的每个元组都是可识别的;参照完整性保证参照关系与被参照关系间数据的一致性或完整性;用户自定义的完整性保证某一具体应用所要求的数据完整性。

关系数据操作可以直接用关系代数运算来表达,包括传统的集合运算(并、交、差、广义笛卡儿积运算)和专门的关系运算(选择、投影、连接、除运算)。

SQL 是集数据定义语言、数据操纵语言和数据控制语言于一体的关系数据语言。它支持关系代数中的各种基本运算,具有完备的表达能力。SQL 具有一体化、高度非过程化、功能强大、简洁易用等特点,充分体现了关系数据语言的特征,现在已经成为关系数据库的标准语言。

关系规范化是关系数据库逻辑设计的理论基础和方法工具。

对关系的最基本要求是满足 1NF,但仅满足 1NF 的关系存在多种弊端,需对其进行规范化。规范化就是将一个低一级范式的关系模式通过投影运算转化为若干高一级范式的关系模式的集合,从而消除原来关系模式中存在的不合适的数据依赖,使得数据库模式中的各个关系模式达到某种程度的分离。规范化实质上是概念的单一化,用一个关系表示一个实体或实体间的联系。

关系规范化的内容如下。

对 1NF 关系进行投影,消除非主属性对关键字的部分函数依赖,产生一组 2NF 关系。

对 2NF 关系进行投影,消除非主属性对关键字的传递函数依赖,产生一组 3NF 关系。

对 3NF 关系进行投影,消除决定因素不是关键字的函数依赖,即消除主属性对关键字的部分依赖、主属性对关键字的传递依赖、主属性对非主属性的依赖,产生一组 BCNF 关系。

关系规范化的过程是对关系模式不断分解的过程,对关系模式进行分解应遵守分解具有无损连接性和分解保持函数依赖的基本原则。

习　　题

1. 名词解释

实体、属性、主码、候选码、全码、关系、元组、关系模式、函数依赖、部分函数依赖、完全函数依赖、传递函数依赖、1NF、2NF、3NF。

2. 填空题

(1) 数据库就是长期存储在计算机内_____和_____的数据集合。

(2) 数据库管理技术已经历了人工管理阶段、_____和_____3 个发展阶段。

(3) 数据模型通常都是由_____、_____和_____3 个要素组成。

(4) 数据库系统的主要特点是_____、_____、具有较高的数据程序独立性、具有统一的数据控制功能等。

(5) 用二维表结构表示实体以及实体间联系的数据模型称为_____模型。

(6) 数据库系统是以_____为中心的系统。

(7) 数据依赖主要包括_____依赖、_____依赖和传递函数依赖。

(8) 关系数据库中的关系模式至少应属于_____范式。

(9) 第三范式是基于_____依赖的范式。

3. 简答题

(1) 数据库系统由哪几部分组成?

(2) DBMS 的功能是什么?

(3) 什么是主键? 什么是外键? 它们之间有什么关系?

(4) 关系模型有哪些特点?

(5) 什么是完全函数依赖? 什么是部分函数依赖?

(6) 什么是范式? 范式有哪几种? 关系如何进行规范?

(7) 简述数据库的设计过程。

第 2 章　SQL Server 2019 概述

SQL Server 是关系数据库中的杰出代表,是与 Oracle、DB2 齐名的企业级商用数据库"三巨头"之一。经过长达数十年的发展和磨砺,从 SQL Server 2000 到 SQL Server 2019 已非常成熟稳定;而且跟随时代发展不断地融合技术新趋势,又使它非常全面。尤其 SQL Server 2017 更是将此款传奇数据库带入了广阔的 Linux 世界,进一步拓展了它的潜在客户群体和使用场景。仅仅两年的时间,微软公司就在上一代 SQL Server 2017 的基础上发展构建出了全新的 SQL Server 2019,这样的迭代速度对于高度复杂的数据库系统而言颇为惊人。

通过学习本章,读者应掌握以下内容:
* 了解 SQL Server 2019 的新特性;
* 掌握 SQL Server 2019 的安装及配置方法;
* 熟悉常用的 SQL Server 2019 提供的服务及其作用;
* 掌握服务器选项的类型和配置方法。

2.1　SQL Server 2019 简介

2019 年 11 月 7 日,在 Microsoft Ignite 2019 大会上,微软公司正式发布了新一代数据库产品 SQL Server 2019,为所有数据工作负载带来了创新的安全性和合规性功能、业界领先的性能、任务关键型可用性和高级分析,还支持内置的大数据。

2.1.1　SQL Server 2019 的基本服务

1. 数据库引擎

数据库引擎是用于存储、处理和保护数据的核心服务,就是数据库管理系统(DBMS)。利用数据库引擎可控制访问权限并快速处理事务,从而满足企业内大多数需要处理大量数据的应用程序的要求。使用数据库引擎创建用于联机事务处理或联机分析处理数据的关系数据库,包括创建用于存储数据的表和用于查看、管理和保护数据安全的数据库对象(如索引、视图和存储过程)。可以使用 SSMS(SQL Server Management Studio)管理数据库对象,使用 SQL Server Profiler 捕获服务器事件。

2. 分析服务

分析服务是 SQL Server 的一个服务组件。分析服务在日常的数据库设计操作中应用并不是很广泛,在大型的商业智能项目才会涉及分析服务。我们在使用 SSMS 连接服务器时，可以选择服务器类型 Analysis Services 进入分析服务。数据处理大致可分为两大类：①联机任务处理（On-Line Task Processing，OLTP），传统的关系数据库的主要应用，主要是基本的、日常的事务处理；②联机分析处理（On-Line Analysis Processing，OLAP），数据仓库系统的主要应用，支持复杂的分析操作，侧重决策支持，并且提供直观易懂的查询结果。

3. 集成服务

SQL Server 集成服务（SQL Server Integration Services，SSIS）是一个数据集成平台，负责完成有关数据的提取、转换和加载等操作。使用集成服务可以高效地处理各种各样的数据源。例如，SQL Server、Oracle、Excel、XML 文档、文本文件等。这个服务为构建数据仓库提供了强大的数据清理、转换、加载与合并等功能。

4. 复制技术

复制是将一组数据从一个数据源拷贝到多个数据源的技术，是将一份数据发布到多个存储站点上的有效方式。通过数据同步复制技术，利用廉价虚拟专用网（Virtual Private Network，VPN）技术，让简单宽带技术构建起各分公司的集中交易模式，数据必须实时同步，保证数据的一致性。

5. 通知服务

通知服务是一个应用程序，可以向上百万的订阅者发布个性化的消息，通过文件、邮件等方式向各种设备传递信息。

6. 报表服务

SQL Server 报表服务（SQL Server Reporting Services，SSRS）基于服务器的解决方案，从多种关系数据源和多维数据源提取数据，生成报表，提供了各种现成可用的工具和服务，帮助数据库管理员创建、部署和管理单位的报表，并提供了能够扩展和自定义报表的编程功能。

7. 代理服务

SQL Server 代理服务（SQL Server Agent）是 SQL Server 的一个标准服务，作用是代理执行所有 SQL 的自动化任务，以及数据库事务性复制等无人值守任务。这个服务在默认安装情况下是停止状态，需要手动启动，或改为自动运动，否则 SQL 的自动化任务都不会执行，还要注意服务的启动账户。

8. 全文检索

SQL Server 的全文检索（Full-Text Search）是基于分词的文本检索功能，依赖于全文索引。全文索引不同于传统的平衡树（B-Tree）索引和列存储索引，它是由数据表构成的，称为倒排索引（Invert Index），存储分词和行的唯一键的映射关系。

2.1.2　SQL Server 2019 的亮点

1. 分析所有类型的数据

使用内置有 Apache Spark 的 SQL Server 2019,跨关系、非关系、结构化和非结构化数据进行查询,从所有数据中获取见解,从而全面了解业务情况。

2. 选择语言和平台

通过开源支持,可以灵活选择语言和平台。在支持 Kubernetes 的 Linux 容器上或在 Windows 上运行 SQL Server。

3. 依靠行业领先的性能

利用突破性的可扩展性和性能,改善数据库的稳定性并缩短响应时间,无须更改应用程序。让任务关键型应用程序、数据仓库和数据库实现高可用性。

4. 安全性持续领先 · 值得信赖

该数据库一直被评为漏洞最少的数据库,可实现安全性和合规性目标。可使用内置功能进行数据分类、数据保护以及监控和警报,快人一步。

5. 更快速地做出更好的决策

使用 SSRS 的企业报告功能在数据中找到问题的答案,并通过随附的 Power BI 报表服务器,使用户可以在任何设备上访问丰富的交互式 Power BI 报表。

2.1.3　SQL Server 2019 的应用场景

通过数据虚拟化打破数据孤岛,利用 SQL Server PolyBase、SQL Server 大数据集群可以在不移动或复制数据的情况下查询外部数据源。SQL Server 2019 引入了到数据源的新连接器。

在 SQL Server 中构建数据湖,SQL Server 大数据集群包括一个可伸缩的 HDFS (Hadoop Distributed File System)存储池。它可以用来存储大数据,这些数据可能来自多个外部来源。一旦大数据存储在大数据集群的 HDFS 中,就可以对数据进行分析和查询,并将其与关系型数据结合起来使用。

扩展数据市场,SQL Server 大数据集群提供向外扩展的计算和存储,以提高分析任何数据的性能。来自各种数据源的数据可以被摄取并分布在数据池结点上,作为进一步分析的缓存。

人工智能与机器学习相结合,SQL Server 大数据集群能够对存储在 HDFS 存储池和数据池中的数据执行人工智能和机器学习任务。用户可以使用 Spark 以及 SQL Server

中的内置 AI 工具，如 R、Python、Scala 或 Java。

应用程序部署，应用部署允许用户将应用程序作为容器部署到 SQL Server 大数据集群中。这些应用程序发布为 Web 服务，供应用程序使用。用户部署的应用程序可以访问存储在大数据集群中的数据，并且可以很容易地进行监控。

升级到 SQL Server 2019，用户可以将所有大数据工作负载转移到 SQL Server。在 SQL Server 2019 之前，用户将基于 Cloudera、MapR 等 prem 平台在 Hadoop 中管理他们的大数据工作负载。现在，用户可以将所有现有的大数据工作负载带到 SQL Server 2019。

用户的另一个关键场景是使用数据虚拟化特性查询外部数据库的能力。使用内建的连接器，用户可以直接查询（Oracle、Mongo DB、Teradata、Azure Data Lake、HDFS），而不需要移动或复制数据。用户只需升级到 SQL Server 2019，无须进行任何应用程序更改，即可实现巨大的性能提升，具备智能查询处理、数据库加速恢复等功能。

2.1.4　SQL Server 2019 的版本比较

1. Enterprise

作为高级版本，SQL Server Enterprise 版提供了全面的高端数据中心功能，性能极为快捷，虚拟化不受限制，还具有端到端的商业智能，可为关键任务工作负荷提供较高服务级别，支持最终用户访问深层数据。

2. Standard

SQL Server Standard 版提供了基本数据管理和商业智能数据库，使部门和小型组织能够顺利运行其应用程序并支持将常用开发工具用于内部部署和云部署，有助于以最少的 IT 资源获得高效的数据库管理。

3. Developer

SQL Server Developer 版支持开发人员基于 SQL Server 构建任意类型的应用程序。它包括 SQL Server Enterprise 版的所有功能，但有许可限制，只能用作开发和测试系统，而不能用作生产服务器。SQL Server Developer 是构建 SQL Server 和测试应用程序的人员的理想之选。

4. Express

Express 版是入门级的免费数据库，是学习和构建桌面及小型服务器数据驱动应用程序的理想选择。它是独立软件供应商、开发人员和热衷于构建客户端应用程序的人员的最佳选择。如果需要使用更高级的数据库功能，则可以将 SQL Server Express 无缝升级到其他更高端的 SQL Server 版本。SQL Server Express LocalDB 是 SQL Server Express 的一种轻型版本，该版本具备所有可编程性功能，可在用户模式下运行，并且具有快速的零配置安装和必备组件要求较少的特点。

2.2 SQL Server 2019 的安装

SQL Server 2019 的安装

SQL Server 2019 数据库的安装不仅要求根据实际的业务需求,选择正确的数据库版本;还要求检测计算机软件、硬件是否满足该版本的最低配置,以确保安装的有效性和可用性。

2.2.1 SQL Server 2019 安装环境的配置

安装 SQL Server 2019 数据库前,除了确保计算机满足最低硬件需求外,还要适当地考虑数据库未来发展的需要。SQL Server 2019 数据库的安装程序,在不满足安装所要求的最低硬件配置时,将会给出提示。

1. 硬件和软件需求

(1) 建议在使用 NTFS 文件格式的计算机上运行 SQL Server 2019。

(2) SQL Server 安装程序将阻止在只读驱动器、映射的驱动器或压缩驱动器上进行安装。

(3) 为了确保 Visual Studio 组件可以正确安装,SQL Server 要求安装更新。SQL Server 安装程序会先检查此更新是否存在,然后要求先下载并安装此更新,才能继续 SQL Server 安装。若要避免在 SQL Server 安装期间中断,可在运行 SQL Server 安装程序之前先按下面所述下载并安装此更新。

SQL Server 2019 的组件要求如表 2.1 所示,以下要求适用于所有 SQL Server 2019 安装。

表 2.1 SQL Server 2019 的组件

组 件	要 求
.NET Framework	在选择数据库引擎、Reporting Services、Master Data Services、Data Quality Services、复制或 SQL Server Management Studio 时,.NET Framework 4.6.2 是 SQL Server 2019 所必需的
网络软件	SQL Server 2019 支持的操作系统具有内置网络软件。独立安装的命名实例和默认实例支持如下网络协议:共享内存、命名管道、TCP/IP 和 VIA 协议。重要提示:不推荐使用 VIA 协议。此功能处于维护模式并且可能会在 SQL Server 将来的版本中被删除
硬盘	SQL Server 2019 要求最少 6GB 的可用硬盘空间,磁盘空间要求将随所安装的 SQL Server 2019 组件不同而发生变化
驱动器	从磁盘进行安装时需要相应的 DVD 驱动器
显示器	SQL Server 2019 要求有 Super-VGA(800×600 像素)或更高分辨率的显示器
Internet	使用 Internet 功能需要连接

2. 处理器、内存和操作系统的要求

表 2.2 列出的内存和处理器要求适用于所有版本的 SQL Server 2019。

表 2.2　SQL Server 2019 对内存和处理器的要求

组　　件	要　　求
内存	最小值： Express 版本：512 MB 所有其他版本：1 GB 建议： Express 版本：1 GB 所有其他版本：至少 4 GB，并且应该随着数据库大小的增加而增加，以便确保最佳的性能
处理器速度	最小值： x64 处理器：1.4 GHz 建议：2.0 GHz 或更快
处理器类型	x64 处理器：AMD Opteron、AMD Athlon 64、支持 Intel EM64T 的 Intel Xeon 和 EM64T 的 Intel Pentium 4

2.2.2　SQL Server 2019 的安装过程

微软公司提供了使用安装向导和命令提示符安装 SQL Server 2019 数据库两种方式。安装向导提供图形用户界面，引导用户对每个安装选项做相应的决定。安装向导提供初次安装 SQL Server 2019 指南，包括功能选择、实例命名规则、服务账户配置、强密码指南以及设置排序规则的方案。

命令提示符安装适用于高级方案；用户可以从命令提示符直接运行，也可以从引用安装文件，以指定安装选项、命令提示符语法运行安装。

下面介绍使用安装向导安装 SQL Server 2019 数据库，参考步骤如下。

首先将安装光盘插入光盘驱动器，如果操作系统启用了自动运行功能，安装程序将自动运行。

1. 安装预备软件

将安装光盘插入光盘驱动器后，会出现如图 2.1 所示的安装提示界面，运行 setup.exe，进入 SQL Server 2019 安装中心。

2. 选择"全新 SQL Server 独立安装或向现有安装添加功能"

在"安装中心"启动界面上单击左侧"安装"选项，打开如图 2.2 所示的安装界面，选择"全新 SQL Server 独立安装或向现有安装添加功能"选项。

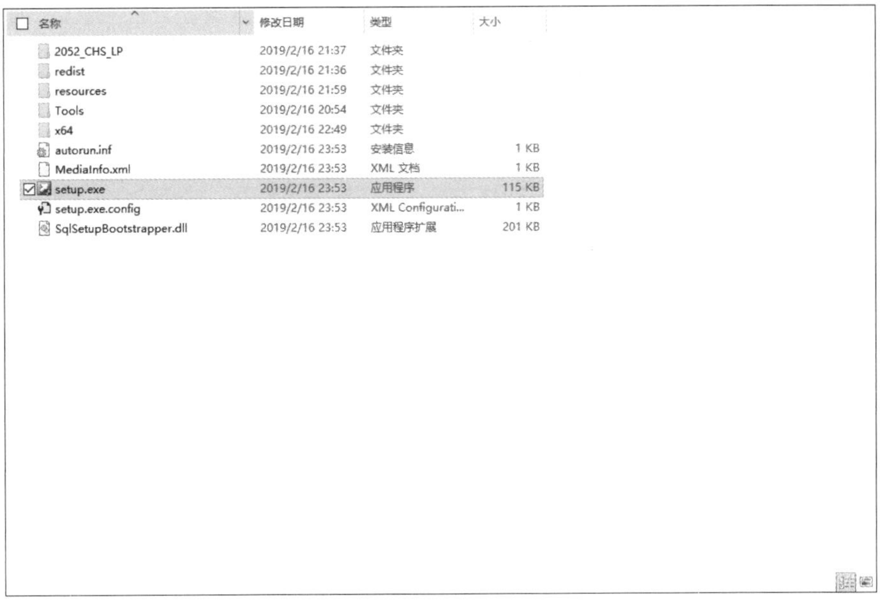

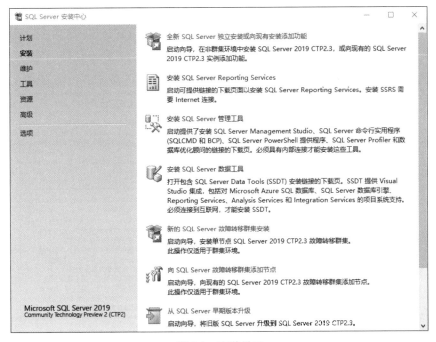

图 2.1　安装提示界面

图 2.2　安装界面

3. 输入产品密钥

在进行完安装程序支持规则的安装与检查完成后,会弹出如图 2.3 所示的"产品密钥"界面,用户需输入产品密钥。

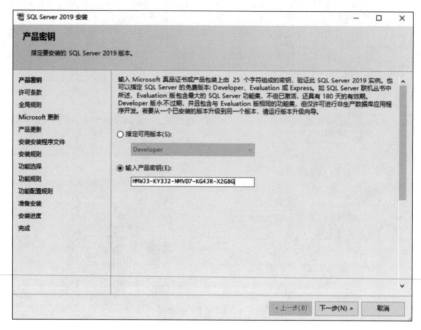

图 2.3 "产品密钥"界面

4. 接受产品许可条款

在正确输入产品密钥后，单击"下一步"按钮，弹出"许可条款"界面，如图 2.4 所示。用户需选中"我接受许可条款和隐私声明"复选框才可进入下一步安装。

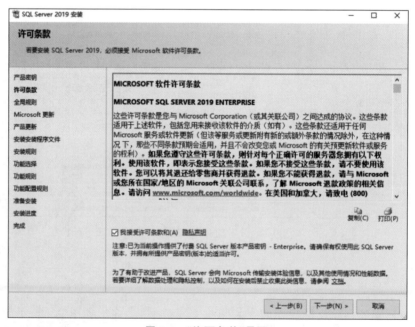

图 2.4 "许可条款"界面

5. 进行 Microsoft 更新

在接受产品许可条款后,单击"下一步"按钮,弹出"Microsoft 更新"界面,如图 2.5 所示,这是为了保证所安装的产品及服务的最新性。

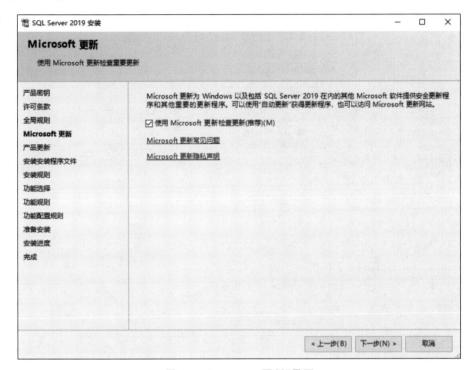

图 2.5 "Microsoft 更新"界面

6. 安装"安装规则"

在完成 Microsoft 更新后,单击"下一步"按钮,弹出"安装规则"界面,如图 2.6 所示。此时系统将对安装所需要的组件等进行安装,以保证安装的顺利完成。

7. 功能选择

在完成安装规则后,单击"下一步"按钮,弹出"功能选择"界面,如图 2.7 所示。在实例功能中选中需要的功能,一般选择"数据库引擎服务"、"SQLServer 复制"、"客户端工具连接"、Integration Services、"客户端工具 SDK"和"SQL 客户端连接 SDK"复选框。如果不了解功能情况,也可单击"全选"按钮。

8. 实例配置

在完成功能选择后,单击"下一步"按钮,弹出"实例配置"界面,如图 2.8 所示。这里可以选择默认实例,也可以创建一个命名实例,并且要设置一个例根目录(这里根目录用的是 C:\Program Files\Microsoft SQL Server\)。

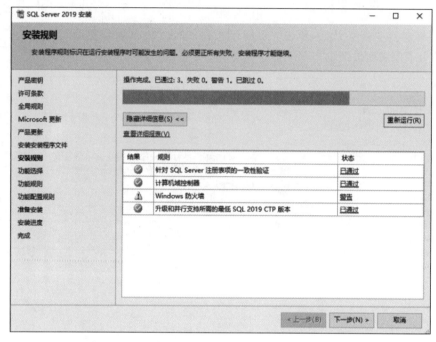

图 2.6 "安装规则"界面

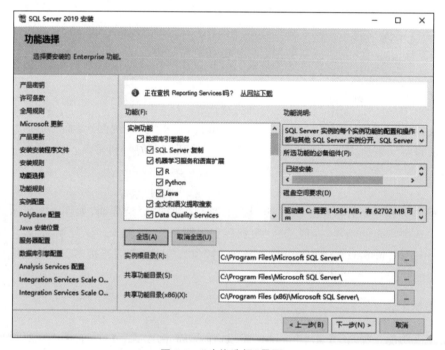

图 2.7 "功能选择"界面

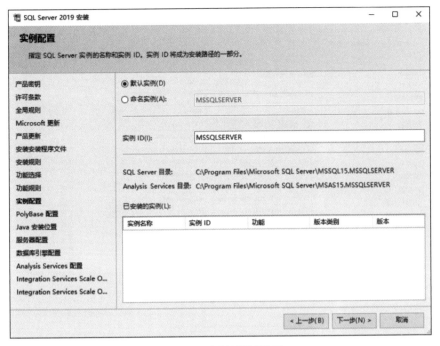

图 2.8 "实例配置"界面

说明：在 SQL Server 中，经常遇到 3 个名词，即计算机名、服务器名和实例名，这 3 个名词之间既有区别，又有联系，主要体现在以下 3 方面。

（1）计算机名：是指计算机的 NETBIOS 名称，它是操作系统中设置的，一台计算机只能有一个唯一的计算机名。

（2）服务器名：是指作为 SQL Server 服务器的计算机名。

（3）实例名：是指在安装 SQL Server 过程中给服务器取的名称，默认实例与服务器名相同，命名实例则为"服务器名\实例名"形式。在 SQL Server 中一般只能有一个默认实例，可以有多个命名实例。SQL Server 服务的默认实例名为 MSSQLSERVER。

9. 服务器配置

在完成实例配置后，单击"下一步"按钮，弹出"服务器配置"界面，如图 2.9 所示。一般选择默认配置，不需要进行修改。

10. 数据库引擎配置

在完成服务器配置后，单击"下一步"按钮，弹出"数据库引擎配置"界面，如图 2.10 所示。设置身份验证模式为混合模式，输入 SQL Server 系统管理员的密码，即 sa 账户的密码，并添加当前用户。

说明：

1）Windows 身份验证模式

Windows 身份验证模式有两个主要的优点：首先，数据库管理员的主要工作是管理

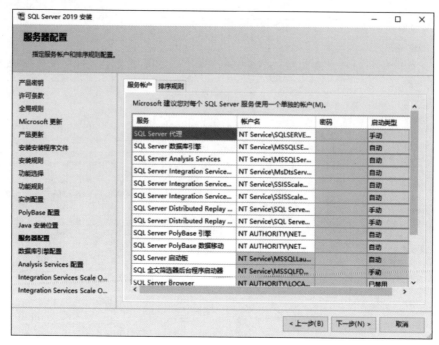

图 2.9 "服务器配置"界面

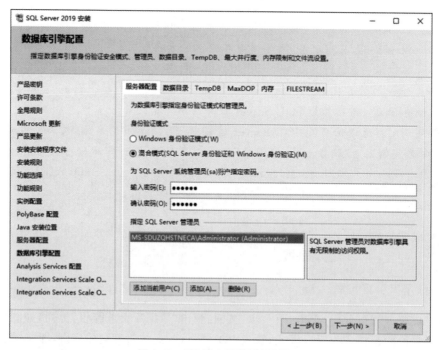

图 2.10 "数据库引擎配置"界面

数据库,而不是管理用户账户。使用 Windows 身份验证模式,对用户账户的管理可以交给 Windows 处理;其次,Windows 有更强的工具用来管理用户账户,如账户锁定、口令期限、最小口令长度等。如果不通过定制来扩展 SQL Server，SQL Server 是没有这些功能的。

2）混合模式

混合模式（Mixed Mode）允许以 SQL Server 身份验证方式或 Windows 身份验证方式来进行连接，使用哪个方式取决于在最初的通信时，使用的是哪个网络库。例如，一个用户如果使用 TCP/IP Sockets，登录验证将使用 SQL Server 身份验证模式。但是，如果使用命名管道，登录验证将使用 Windows 身份验证模式。这种模式可以更好地适应用户的各种环境。

在 SQL Server 身份验证模式下，SQL Server 在系统视图 sys.syslogins 中检测输入的登录名和验证输入的密码。如果在系统视图 sys.syslogins 中存在该登录名，并且密码也是匹配的，那么该登录名可以登录到 SQL Server。否则，登录失败。在这种方式下，用户必须提供登录名和密码，让 SQL Server 验证。如果指定为混合模式，必须输入并确认用于 sa 登录的强密码。同时在"指定 SQL Server 管理员"一栏单击"添加当前用户"按钮。

11. Analysis Services 配置

在完成数据库引擎配置后，单击"下一步"按钮，弹出"Analysis Services 配置"界面，如图 2.11 所示。选择默认的表格模式，添加当前用户。

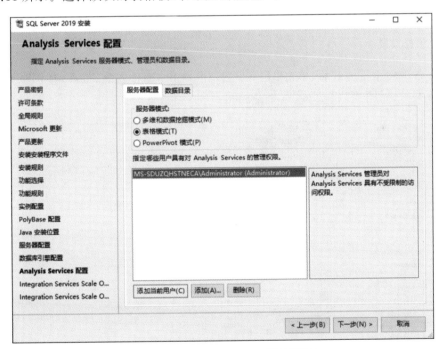

图 2.11　"Analysis Services 配置"界面

12. 功能配置规则

在完成 Analysis Services 配置后，单击"下一步"按钮，弹出"功能配置规则"界面，如图 2.12 所示，进行功能配置规则的安装与检查。

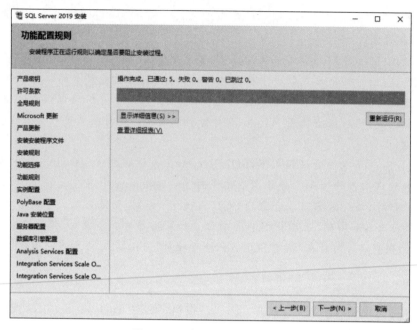

图 2.12　"功能配置规则"界面

13. 准备安装

所有各项均正常通过后,单击"下一步"按钮,弹出"准备安装"界面,如图 2.13 所示,开始进行安装(见图 2.14)。

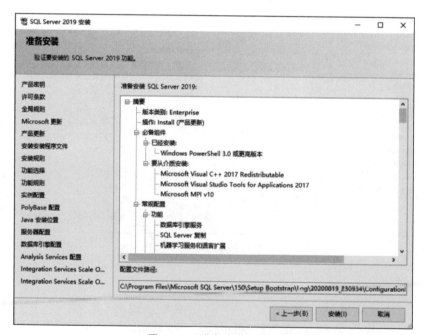

图 2.13　"准备安装"界面

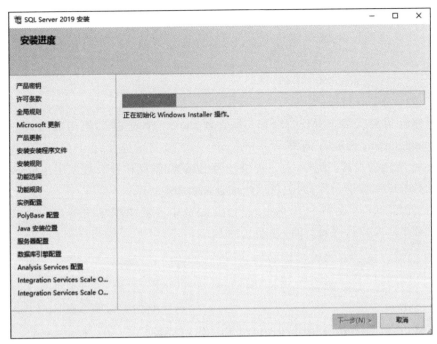

图 2.14　"安装进度"界面

14. 完成安装

开始安装后,需要一段时间的耐心等待,才能最后完成安装,如图 2.15 所示。如果

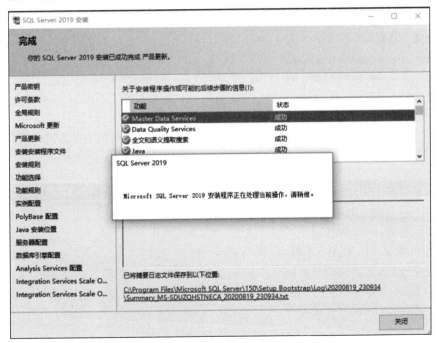

图 2.15　"完成"界面

得到重新启动计算机的指示，请立即进行重启操作。安装完成后，阅读来自安装程序的消息是很重要的。如果未能重新启动计算机，可能会导致以后运行安装程序的失败。

15. 安装 SSMS

接下来还需要安装 SSMS。SSMS 是管理 SQL Server 基础架构的集成环境 SQL Server Management Studio 的缩写。Management Studio 提供用于配置、监视和管理 SQL Server 实例的工具。此外，它还提供了用于部署、监视和升级数据层组件（如应用程序使用的数据库和数据仓库）的工具以生成查询和脚本。

单击"开始"菜单，找到 SQL Server 2019 安装中心菜单项单击后，选择"安装 SQL Server 管理工具"选项，进入官网，如图 2.16 所示。

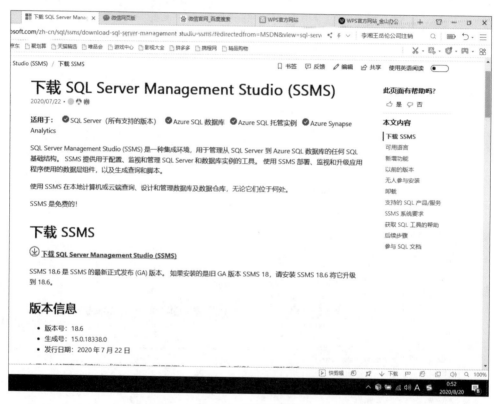

图 2.16　SSMS 下载

下载完成后进行 SSMS 安装，如图 2.17 所示。

安装完成后，重新启动计算机，这时 SQL Server 2019 才全部安装完成。

图 2.17 安装 SSMS

2.3 SQL Server 2019 常用工具

SQL Server
2019 常用工具

2.3.1 SQL Server 2019 配置工具

在访问数据库之前,必须先启动数据库服务器,只有合法用户才可以启动数据库服务器。启动方法如下:

单击"开始"按钮,选择"Microsoft SQL Server 配置管理器"选项,再选择某个服务,如"SQL Server 服务",在右侧主窗口展开界面中选择服务名称,可以查看该服务的属性,并且可以启动、停止、暂停和重启相应的服务,如图 2.18 所示。

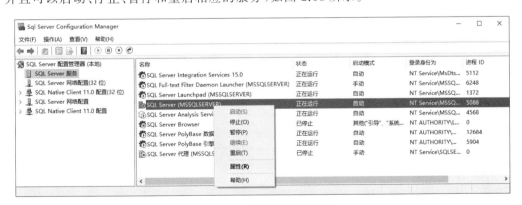

图 2.18 配置管理器管理服务

2.3.2 SQL Server 2019 管理平台

SQL Server 管理平台(SSMS)是微软公司为用户提供的可以直接访问和管理 SQL Server 数据库和相关服务的一个新的集成环境。它将图形化工具和多功能脚本编辑器组合在一起,完成对 SQL Server 的访问、配置、控制、管理和开发等工作。此外,SQL Server 还提供了一种环境,用于管理 Analysis Services(分析服务)、Integration Services(集成服务)、Reporting Services(报表服务)等,大大方便了技术人员和数据库管理员对 SQL Server 系统的各种访问。

1. 启动 SQL Server 管理平台

单击"开始"按钮,选择 SQL Server Management Studio 选项,启动"连接到服务器"界面,如图 2.19 所示。

图 2.19 "连接到服务器"界面

选择登录账号,也可以登录到其他服务器。单击"连接"按钮,便可以进入 Microsoft SQL Server Management Studio 窗口,如图 2.20 所示。

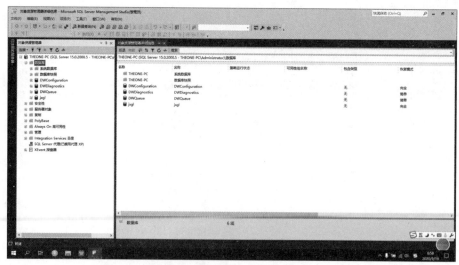

图 2.20 Microsoft SQL Server Management Studio 窗口

2. SQL Server 管理平台窗格部件

在默认情况下,SQL Server Management Studio 中将显示"已注册的服务器"窗格和"对象资源管理器"窗格,如果需要显示其他窗格,可以在"视图"菜单中进行选择。

3. 对象资源管理器

对象资源管理器是服务器中所有数据库对象的树视图,此树视图包括 SQL Server Database Engine、Analysis Services、Reporting Services、Integration Services 和 SQL Server Mobile 的数据库。

4. 关闭、打开 SQL Server Management Studio 组件

1) 关闭及重新打开"已注册的服务器"窗格

(1) 单击已注册的服务器右上角的"☒"按钮,已注册的服务器随即关闭。

(2) 在"视图"菜单上,选择"已注册的服务器"命令,对其进行还原。

2) 关闭及重新打开"对象资源管理器"窗格

(1) 单击对象资源管理器右上角的"☒"按钮,对象随即关闭。

(2) 在"窗口"菜单上,选择"重置窗口布局"命令,对其进行还原。

5. 查询编辑器的使用

SQL Server Management Studio 是一个集成开发环境,用于编写 T-SQL、MDX、XMLA、XML 和 SQLCMD 命令。用于编写 T-SQL 的查询编辑器组件与以前版本的 SQL Server 查询分析器类似,具体内容如下。

1) 自动隐藏所有工具窗口

(1) 单击"查询编辑器"窗口中的任意位置。

(2) 在"窗口"菜单中选择"自动全部隐藏"命令。

(3) 若要还原工具窗口,请打开每个工具,再单击窗口上的"自动隐藏"按钮以打开此窗口。

2) 注释部分脚本

(1) 使用鼠标选择要注释的文本。

(2) 在"编辑"菜单中选择"高级"→"注释选定内容"命令,所选文本将带有"--",表示已完成注释。

2.3.3 启动、停止、暂停和重新启动 SQL Server 服务

1. 使用 SQL Server 配置管理器

利用 SQL Server 配置管理器可以启动、停止、暂停和重新启动 SQL Server 服务,其步骤如下。

(1) 单击"开始"按钮,选择"SQL Server 2019 配置管理器"选项,打开 SQL Server 配

置管理器。

（2）图 2.21 是 SQL Server 配置管理器的界面，单击"SQL Server 服务"选项，在右边的窗格中可以看到本地所有的 SQL Server 服务，包括不同实例的服务。

图 2.21　SQL Server 配置管理器

（3）如果要启动、停止、暂停或重启 SQL Server 服务器，可以右击服务器名称，在弹出的快捷菜单中选择"启动"、"停止"、"暂停"或"重启"命令。

2. 使用 SQL Server Management Studio 配置服务器

在 SQL Server Management Studio 中同样可以完成配置服务器的操作，具体步骤如下。

（1）启动 SQL Server Management Studio，连接到 SQL Server 服务器。

（2）如图 2.22 所示，右击服务器名，在弹出的快捷菜单中选择"启动"、"停止"、"暂停"或"重新启动"命令。

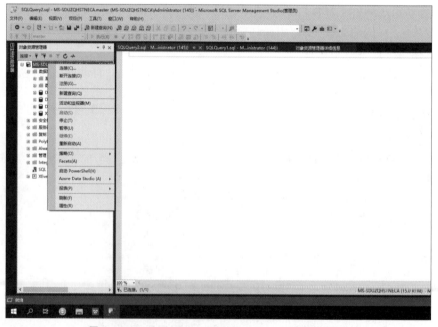

图 2.22　SQL Server Management Studio 配置服务器

2.3.4 注册服务器

在安装 SQL Server Management Studio 之后首次启动它时,将自动注册 SQL Server 的本地实例,也可以使用 SQL Server Management Studio 注册服务器。

如图 2.23 所示,在 SQL Server Management Studio 的"对象资源管理器"窗格中已注册服务器上右击,在弹出的快捷菜单中选择"注册"命令,出现如图 2.24 所示的"新建服务器注册"对话框,可以从"服务器名称"列表框中选择要注册的服务器。

图 2.23　"对象资源管理器"窗格

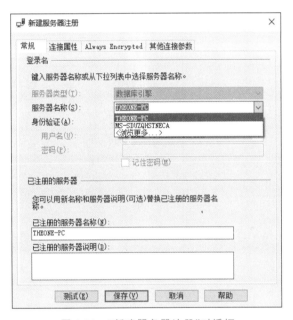

图 2.24　"新建服务器注册"对话框

在注册服务器时必须指定下列项。

(1) 服务器的类型。在 SQL Server 2019 中,可以注册的服务器类型有数据库引擎、Analysis Services、Reporting Services、Integration Services 和 SQL Server Mobile。如果要注册相应类型的服务器,在"已注册的服务器"窗格中,选择指定的类型,然后右击对应的类型名,在弹出的快捷菜单中选择"新建"命令。

(2) 在"服务器名称"文本框中,输入新建的服务器名称。

(3) 登录到服务器时应尽可能使用 Windows 身份验证;如果选择 SQL Server 身份验证,为了在使用时获得最高的安全性,应该尽可能选择提示输入登录名和密码。

(4) 指定用户名和密码(如果需要)。当使用 SQL Server 验证机制时,SQL Server 系统管理员必须定义 SQL Server 登录账户和密码,当用户要连接到 SQL Server 实例时,必须提供 SQL Server 登录账户和密码。

（5）已注册的服务器名称。计算机主机名称就是默认值时的服务器名称，但可以在"已注册的服务器名称"文本框中用其他的名称替换。

（6）已注册的服务器的描述信息。在"已注册的服务器说明"文本框中，输入服务器组的描述信息(可选)。

用户还可以为正在注册的服务器选择连接属性。如图 2.25 所示，在"连接属性"选项卡中，可以指定下列连接选项。

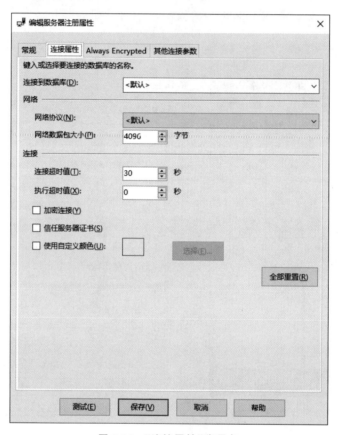

图 2.25 "连接属性"选项卡

（1）服务器默认情况下连接到的数据库。

（2）连接到服务器时所使用的网络协议。

（3）要使用的默认网络数据包大小。

（4）连接超时设置。

（5）执行超时设置。

（6）加密连接信息。

在 SQL Server Management Studio 中注册服务器之后，还可以取消该服务器的注册。方法为在 SQL Server Management Studio 中右击某个服务器名，在弹出的快捷菜单中选择"删除"命令。

2.4 实训项目：SQL Server 2019 的安装及基本使用

1. 实训目的

（1）掌握安装 SQL Server 2019 的方法。

（2）掌握配置 SQL Server 2019 的方法。

2. 实训内容

配置 SQL Server 2019。

3. 实训过程

1）连接到服务器

通过客户端管理工具 SQL Server Management Studio 可以连接到服务器。

2）注册服务器

把常用的服务器进行注册可以方便以后的管理和使用。在 SQL Server Management Studio 的"已注册的服务器"窗格里列出的是常用的服务器与实例名。但这里保存的只是服务器的连接信息，并不是真正已连接到服务器上了，在连接时还要指定服务器类型、名称、身份验证信息。

3）停止或暂停服务

单击"开始"按钮，选择"SQL Server 2019 配置管理器"选项，在弹出的对话框中单击"停止"按钮。

4）配置服务启动模式

在 SQL Server 2019 的服务中，有些服务是默认自动启动的，如 SQL Server 服务。

5）配置服务器

在 SQL Server Management Studio 中的"对象资源管理器"窗格里，右击要配置的服务器名，在弹出的快捷菜单中选择"属性"命令。

4. 实训总结

通过本章实训内容了解 SQL Server 2019 各个工具的使用方法，重点掌握 SQL Server 2019 的配置过程。

本 章 小 结

2019 年 11 月 7 日，在 Microsoft Ignite 2019 大会上，微软公司正式发布了新一代数据库产品 SQL Server 2019，为所有数据工作负载带来了创新的安全性和合规性功能、业界领先的性能、任务关键型可用性和高级分析，还支持内置的大数据。本章对安装 SQL Server 2019 的系统要求和安装过程进行了学习。主要包括以下工具。

(1) SQL Server Management Studio。

(2) SQL Server 2019 配置管理器。

(3) SQL Server 服务器的注册、连接与断开。

习　　题

1. 填空题

(1) SQL Server 2019 提供了_____和_____两种服务器身份验证模式。

(2) SQL Server 2019 数据库产品引入了许多新增功能或改进功能,这些功能将有助于提高_____、_____、_____、_____和_____这 5 个主要方面的业务。

2. 简答题

(1) SQL Server 2019 提供了哪些安装版本?

(2) SQL Server 2019 中的默认实例和命名实例有何区别?

(3) SQL Server 2019 支持哪两种登录验证模式?

(4) 如何启动和停止 SQL Server 服务?

(5) 如何使用 SQL Server Management Studio 注册服务器?

第3章 SQL Server 数据库

SQL Server 2019 的数据库是所涉及的对象以及数据的集合,它不仅反映数据本身的内容,而且反映对象以及数据之间的联系。对数据库进行操作是开发人员的一项重要工作。

本章主要介绍 SQL Server 2019 数据库的基本概念,以及创建、删除、修改数据库等基本操作。

通过学习本章,读者应掌握以下内容:

- 了解数据库及其对象;
- 熟练掌握用对象资源管理器创建和管理数据库的方法;
- 熟练掌握用 T-SQL 语句创建和管理数据库的方法。

3.1 SQL Server 数据库概述

SQL Server
数据库概述

SQL Server 2019 数据库就是存放有组织的数据集合的容器,以操作系统文件的形式存储在磁盘上,由数据库系统进行管理和维护。数据库中的数据和日志信息分别保存在不同的文件中,而且各文件仅在一个数据库中使用。文件组是命名的文件集合,用于帮助数据布局和管理任务,例如备份和还原操作。

3.1.1 数据库文件

数据库文件是存放数据库数据和数据库对象的文件。一个数据库可以有一个或多个数据库文件,一个数据库文件只属于一个数据库。

1. 数据库文件的分类

SQL Server 2019 数据库具有以下 3 种类型的文件。

(1) 主数据文件:主数据文件包含数据库的启动信息,是数据库的起点,指向数据库中的其他文件;存储用户数据和对象;SQL Server 数据库的主体,每个数据库有且仅有一个主数据文件。实际的文件都有两种名称,即操作系统文件名和逻辑文件名(在 T-SQL 语句中使用)。主数据文件的默认文件扩展名是 mdf。

(2) 次要数据文件:除主数据文件以外的所有其他数据文件都是次要数据文件,也称辅助数据文件,可用于将数据分散到多个磁盘上。如果数据库超过了单个 Windows 文件的最大大小,可以使用次要数据文件,这样数据库就能继续增长;数据库中可以有多个或者没有次要数据文件;名字尽量与主数据文件名相同。次要数据文件的默认文件扩展名是 ndf。

（3）事务日志文件：用来记录数据库更新情况的文件，每个数据库至少有一个事务日志文件，事务日志文件不属于任何文件组。凡是对数据库进行的增加、删除、修改等操作都会记录在事务日志文件中。当数据库被破坏时可以利用事务日志文件恢复数据库的数据，从而最大限度地减少由此带来的损失。SQL Server 中采用"提前写"方式的事务，即对数据库的修改先写入事务日志，再写入数据库。

日志文件还可以通过事务有效地维护数据库的完整性。与数据文件不同，日志文件不存放数据，不包含数据页，由一系列的日志记录组成，日志文件也不包含在文件组内。日志文件的默认扩展名是 ldf。

SQL Server 2019 不强制使用 mdf、ndf 和 ldf 文件扩展名，但使用它们有助于标识文件的各种类型和用途。

2. 逻辑文件名和物理文件名

SQL Server 2019 的文件拥有两个名称，即逻辑文件名和物理文件名。当使用 T-SQL 命令语句访问某个文件时，必须使用该文件的逻辑名。物理文件名是文件实际存储在磁盘上的文件名，而且可包含完整的磁盘目录路径。

（1）逻辑文件名(logical_file_name)：它是在所有 T-SQL 语句引用物理文件时使用的名称。逻辑文件名必须符合 SQL Server 标识符规则，而且在数据库中的逻辑文件名必须是唯一的。

（2）物理文件名(os_file_name)：它是包括目录路径的物理文件名，必须符合操作系统的文件命名规则。

3. 文件大小

SQL Server 2019 数据文件除需要描述物理文件名与逻辑文件名外，还需要描述文件大小，包含初始大小(size)、最大值(maxsize)和增量(filegrowth) 3 个参数。文件的大小可以从最初指定的初始大小开始按增量来增长，当文件增量超过最大值时将出错，文件无法正常建立，也就是数据库无法创建。

如果没有指定最大值，文件可以一直增长到用完磁盘上的所有可用空间。如果 SQL Server 作为数据库嵌入某个应用程序，而该应用程序的用户无法迅速与系统管理员联系，则不指定文件最大值就特别有用，用户可以使文件根据需要自动增长，以减轻监视数据库中的可用空间和手动分配额外空间的管理负担。

3.1.2 数据库文件组

为便于分配和管理，可以将数据库对象和文件一起分成文件组。SQL Server 2019 有以下两种类型的文件组。

（1）主文件组：包含主数据文件和任何没有明确分配给其他文件组的数据文件。系统表的所有页都分配在主文件组中。在 SQL Server 2019 中用 PRIMARY 表示主文件组的名称。主文件组由系统自动生成，供用户使用，用户不能修改或删除。

（2）用户自定义文件组：在 CREATE DATABASE 或 ALTER DATABASE 语句中使用 FILEGROUP 关键字指定的任何文件组。

日志文件不包括在文件组内。日志空间与数据空间分开管理。

一个文件不可以是多个文件组的成员。表、索引和大型对象数据可以与指定的文件组相关联，在这种情况下，它们的所有页将被分配到该文件组；也可以对表和索引进行分区，已分区表和索引的数据被分割为单元，每个单元可以放置在数据库的单独文件组中。

每个数据库中均有一个文件组被指定为默认文件组。如果创建表或索引时未指定文件组，则将假定所有页都从默认文件组分配。注意，一次只能将一个文件组作为默认文件组。db_owner 固定数据库角色成员可以将默认文件组从一个文件组切换到另一个。如果没有指定默认文件组，则将主文件组作为默认文件组。

SQL Server 2019 包含 4 个系统数据库和若干数据库对象。

3.1.3　数据库对象

SQL Server 2019 数据库中的数据在逻辑上被组织成一系列对象，当一个用户连接到数据库后，所看到的是这些逻辑对象，而不是物理的数据库文件。

SQL Server 2019 中有以下数据库对象。

（1）表：数据库中的表与日常生活中使用的表格类似，由列和行组成。其中每列都代表一个相同类型的数据。每列又称一个字段，每列的标题称为字段名。每行包括若干列信息。一行数据称为一个元组或一条记录，它是有一定意义的信息组合，代表一个实体或联系。一个数据表由一条或多条记录组成，没有记录的表称为空表。每个表中通常都有一个主关键字，用于唯一标识一条记录。

（2）索引：某个表中一列或若干列值的集合和相应的指向表中物理标识这些值的数据页的逻辑指针清单，它提供了数据库中编排表中数据的内部方法。

（3）视图：视图看上去和表相似，具有一组命名的字段和数据项，但它其实是一个虚拟的表，在数据库中并不实际存在。视图是由查询数据表或其他视图产生的，它限制了用户能看到和修改的数据。由此可见，视图可以用来控制用户对数据的访问，并能简化数据的显示，即通过视图只显示那些需要的数据信息。

（4）关系图表：关系图表其实就是数据表之间的关系示意图，利用它可以编辑表与表之间的关系。

（5）默认值：默认值是当在表中创建列或插入数据时对没有指定其具体值的列或列数据项赋予事先设定好的值。

（6）约束：SQL Server 实施数据一致性和数据完整性的方法，或者说是一套机制，它包括主键（PRIMARY KEY）约束、外键（FOREIGN KEY）约束、唯一键（UNIQUE）约束、检查（CHECK）约束、默认值（DEFAULT）约束和允许空 6 种机制。

（7）规则：用来限制数据表中字段的有限范围，以确保列中数据完整性的一种方式。

（8）触发器：一种特殊的存储过程，与表格或某些操作相关联。当用户对数据进行插入、修改、删除或对数据表进行建立、修改、删除时激活，并自动执行。

（9）存储过程：一组经过编译的可以重复使用的 T-SQL 代码的组合。它是经过编译存储到数据库中的，所以运行速度要比执行相同的 SQL 语句快。

（10）登录：SQL Server 访问控制允许连接到服务器的账户。

（11）用户：用户是指拥有一定权限的数据库的使用者。

（12）角色：数据库操作权限的集合，可以将角色关联到同一类级别的用户。

3.1.4　系统数据库

SQL Server 2019 包含 master、model、msdb、tempdb 4 个系统数据库。在创建任何数据库之前，用户在 SQL Server Management Studio 工具中可以看到这些系统数据库。

1. master 数据库

master 数据库记录 SQL Server 2019 实例的所有系统级信息，包括实例范围的元数据（如登录账户）、端点、链接服务器和系统配置设置；记录所有其他数据库是否存在以及这些数据库文件的位置；记录 SQL Server 的初始化信息。因此，如果 master 数据库不可用，则 SQL Server 无法启动。

注意：不能在 master 数据库中创建任何用户对象（如表、视图、存储过程或触发器）。master 数据库包含 SQL Server 实例使用的系统级信息（如登录信息和配置选项设置）。

用户不能在 master 数据库中执行下列操作。

（1）添加文件或文件组。

（2）更改排序规则。默认排序规则为服务器排序规则。

（3）更改数据库所有者。master 数据库归 dbo 所有。

（4）创建全文目录或全文索引。

（5）在数据库的系统表上创建触发器。

（6）删除数据库。

（7）从数据库中删除 guest 用户。

（8）参与数据库镜像。

（9）删除主文件组、主数据文件或日志文件。

（10）重命名数据库或主文件组。

（11）将数据库设置为 OFFLINE。

（12）将数据库或主文件组设置为 READ ONLY。

2. model 数据库

model 数据库是在 SQL Server 2019 实例上创建的所有数据库的模板，对 model 数据库进行的修改（如数据库大小、排序规则、恢复模式和其他数据库选项）将应用于以后创建的数据库。

在用 CREATE DATABASE 语句新建数据库时，将通过复制 model 数据库中的内容创建数据库的第一部分，然后用空页填充新数据库的剩余部分。在 SQL Server 实例上创建的新数据库的内容在开始创建时和 model 数据库完全一样。

如果修改 model 数据库,之后创建的所有数据库都将继承这些修改。可以设置权限、数据库选项或者添加对象,如表、函数或存储过程等。

3. msdb 数据库

msdb 数据库由 SQL Server 代理计划警报和作业,以及与备份和恢复相关的信息,尤其是 SQL Server Agent 需要使用它来执行安排工作和警报、记录操作者等操作。

4. tempdb 数据库

tempdb 数据库是连接到 SQL Server 2019 实例的所有用户都可用的全局资源,保存所有临时表和临时存储过程。另外,它还用来满足所有其他临时存储要求,例如存储 SQL Server 2019 生成的工作表。

每次启动 SQL Server 时都要重新创建 tempdb 数据库,以保证系统启动时该数据库总是空的;在断开连接时会自动删除临时表和存储过程,并且在系统关闭后没有活动连接,因此 tempdb 数据库中不会有任何内容从一个 SQL Server 会话保存到另一个会话。

tempdb 数据库用于保存以下内容。

(1) 显式创建的临时对象,如表、存储过程、表变量或游标。

(2) 所有版本的更新记录(如果启用了快照隔离)。

(3) SQL Server Database Engine 创建的内部工作表。

(4) 创建或重新生成索引时临时排序的结果(如果指定了 SORT IN TEMPDB)。

3.2　创建数据库

创建数据库

若要创建数据库,必须确定数据库的名称、所有者、大小以及存储该数据库的文件和文件组。

创建数据库的注意事项如下。

(1) 创建数据库需要一定许可,在默认情况下,只有系统管理员和具有创建数据库角色的登录账户的拥有者才可以创建数据库。数据库被创建后,创建数据库的用户自动成为该数据库的所有者。

(2) 创建数据库的过程实际上就是为数据库设计名称、设计所占用的存储空间和存放文件位置的过程等,数据库名称必须遵循 SQL Server 命名规范。

(3) 所有的新数据库都是系统样本数据库 model 的副本。

(4) 单个数据库可以存储在单个文件上,也可以跨越多个文件存储。

(5) 数据库的大小可以被增大或者收缩。

(6) 当新的数据库创建时,SQL Server 自动更新 sysdatabases 系统表。

在 SQL Server 2019 中创建数据库主要有两种方式:一种方式是在 SQL Server Management Studio 中使用对象资源管理器创建数据库;另一种方式是通过在查询窗口中执行 T-SQL 语句创建数据库。

3.2.1 使用对象资源管理器创建数据库

使用对象资源管理器创建数据库比使用 T-SQL 语句更容易,具体操作如下。

(1)单击"开始"按钮,选择 SQL Server Management Studio 命令,打开 SQL Server Management Studio 窗口,设置好服务器类型、服务器名称、身份验证、用户名和密码,并单击"连接"按钮。

(2)在"对象资源管理器"窗格中选择"数据库"选项并右击,在弹出的快捷菜单中选择"新建数据库"命令,如图 3.1 所示。

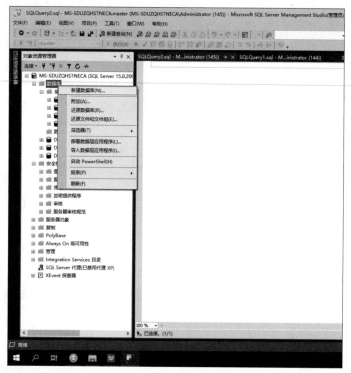

图 3.1　使用"对象资源管理器"创建数据库

(3)弹出"新建数据库"对话框,该对话框由"常规""选项""文件组"3 个选项组成。例如创建 jxgl 学生管理数据库,可在"常规"选项的"数据库名称"文本框中输入 jxgl,如图 3.2 所示。在这里可以通过"常规"选项对数据文件和日志文件的路径进行设置,单击"路径"列(向右滑动图 3.2 中下方滚动条可见)后面的"浏览"按钮,弹出"定位文件夹"对话框,如图 3.3 所示。

(4)在"新建数据库"对话框的各个选项中可以设置它们的参数值,例如在"数据库文件"编辑框中的"逻辑名称"列输入文件名;在"初始大小"列设置初始值大小,单击"自动增长/最大大小"列后的"浏览"按钮,弹出"更改自动增长"对话框,可以按多种方式设置自动增长的大小等,如图 3.4 所示。

图 3.2 "新建数据库"对话框

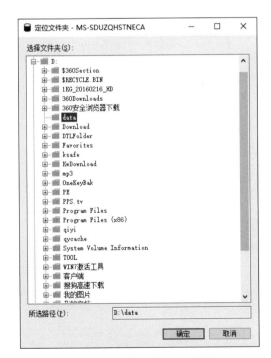

图 3.3 "定位文件夹"对话框

图 3.4 "更改自动增长"对话框

（5）单击"确定"按钮，在"数据库"的树形结构中就可以看到新建的 jxgl 数据库，如图 3.5 所示。

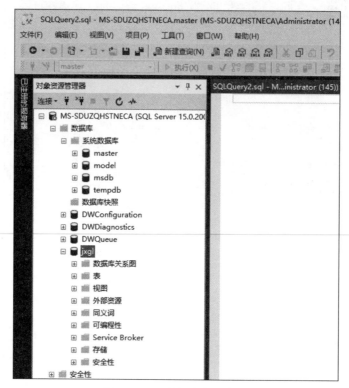

图 3.5 jxgl 数据库创建成功

3.2.2 使用 T-SQL 语句创建数据库

SQL 提供了创建数据库语句 CREATE DATABASE，其语法格式如下：

```
CREATE DATABASE database_name
[ON [PRIMARY][<filespec>[,...n]][,<filegroupspec>[,...n]]]
[LOG ON{<filespec>[,...n] }]
[COLLATE collation_name]
[FOR ATTACH]
```

进一步把<filespec>定义为

```
[PRIMARY]
([NAME=logical_file_name,]
FILENAME='os_file_name'
[,SIZE=size]
[,MAXSIZE={max_size|UNLIMITED}]
[,FILEGROWTH=growth_increment]) [,...n]
```

把＜filesgroupspec＞定义为

```
FILEGROUP filegroup_name<filespec>[DEFAULT][,...n]
```

1. 语法中的符号及参数说明

(1)［　］：表示可选语法项，省略时各参数取默认值。

(2)［,...n］：表示该选项的内容可以重复多次。

(3)｛　｝：表示必选项，当有相应子句时，｛　｝中的内容是必选的。

(4)＜　＞：表示在实际的语句中要用相应的内容替代。

(5) 文字大写：说明该文字是 T-SQL 的关键字。

(6) 文字小写：说明该文字是用户提供的 T-SQL 语法的参数。

(7) database_name：用户所要创建的数据库名称，最长不能超过 128 个字符，在一个 SQL Server 实例中，数据库名称是唯一的。

(8) ON：指定存放数据库的数据文件信息，说明数据库是根据后面的参数创建的。

(9) PRIMARY：用于指定主文件组中的文件。主文件组的第一个由＜filespec＞指定的文件是主数据文件。若不指定 PRIMARY 关键字，则在命令中列出的第一个文件将被默认为主数据文件。

(10) LOG ON：指定日志文件的明确定义。如果没有此项，系统会自动创建一个为所有数据文件总和 1/4 或 512KB 的日志文件。

(11) COLLATE collation_name：指定数据库默认排序规则，规则名称可以是 Windows 排序规则名称，也可以是 SQL 排序规则名称。

(12) ＜filespec＞：指定文件的属性。

- NAME＝logical_file_name：定义数据文件的逻辑名，此名称在数据库中必须唯一。
- FILENAME＝'os_file_name'：定义数据文件的物理名，包括物理文件使用的路径名和文件名。
- SIZE＝size：在文件属性中定义文件的初始值，指定为整数。
- MAXSIZE＝max_size：在文件属性中定义文件可以增长到的最大值，可以使用 KB、MB、GB 或 TB 单位，默认是 MB，指定为整数。如果没有指定或写为 UNLIMITED，那么文件将增长到磁盘变满为止。
- FILEGROWTH＝growth_increment：定义文件的自动增长，growth_increment 定义每次增长的大小。

(13) FILEGROUP filegroup_name：定义文件组的控制。

- filegroup_name：必须是数据库中唯一的，不能是系统提供的名称 PRIMARY。
- DEFAULT：指定命名文件组为数据库中的默认文件组。

2. 注意事项

(1) 创建用户数据库后要备份 master 数据库。

（2）所有数据库都至少包含一个主文件组，所有系统表都分配在主文件组中。数据库还可以包含用户自定义文件组。

（3）每个数据库都有一个所有者，可在数据库中执行某些特殊的活动。数据库所有者是创建数据库的用户，也可以使用 sp_changedbowner 更改数据库所有者。

（4）创建数据库的权限默认地授予 sysadmin 和 dbcreator 固定服务器角色的成员。

【例 3.1】 创建一个名为 jxgl 的数据库。其中主数据文件为 10MB，最大文件大小不受限制，每次增长 1MB；事务日志文件大小为 1MB，最大文件大小不受限制，文件每次增长 10%。

```
CREATE DATABASE  jxgl                        /* 数据库名 */
ON
PRIMARY                                       /* 主文件组 */
(NAME='jxgl',                                 /* 主数据文件逻辑名 */
FILENAME='D:\Data\jxgl.mdf ',
SIZE-10MB, MAXSIZE=UNLIMITED,FILEGROWTH=1MB)
LOG ON
(NAME='jxgl_log',
FILENAME=' D:\Data\jxgl_log.ldf',
SIZE=1MB,MAXSIZE=UNLIMITED, FILEGROWTH=10%)
GO
```

语句输入完成后，按 F5 键或单击工具栏中的"执行"按钮，将执行所输入的语句，创建数据库，如图 3.6 所示。

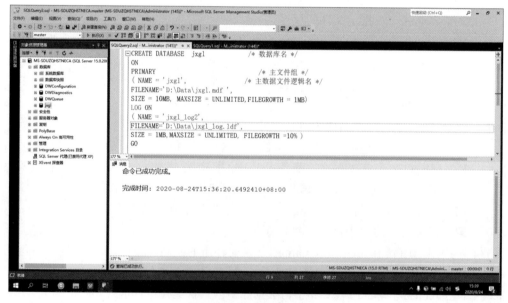

图 3.6 例 3.1 的执行结果

【例 3.2】 创建 test 数据库，其包含一个主文件组和两个用户自定义文件组。

```
CREATE DATABASE test
ON PRIMARY                              /*定义在主文件组上的文件*/
(NAME=pri_file1,
FILENAME=' D:\Data\pri_file1.mdf ',
SIZE=10,MAXSIZE=50,FILEGROWTH=15%),
(NAME=pri_file2,
FILENAME=' D:\Data\pri_file2.ndf ',
SIZE=10,MAXSIZE=50,FILEGROWTH=15%),
FILEGROUP Grp1                          /*定义在用户自定义文件组 Grp1 上的两个文件*/
(NAME=Grp1_file1,
FILENAME=' D:\Data\ Grp1_file1.ndf ',
SIZE=10,MAXSIZE=50,FILEGROWTH=5),
(NAME=Grp1_file2,
FILENAME=' D:\Data\ Grp1_file2.ndf ',
SIZE=10,MAXSIZE=50,FILEGROWTH=5),
FILEGROUP Grp2                          /*定义在用户自定义文件组 Grp2 上的两个文件*/
(NAME=Grp2_file1,
FILENAME=' D:\Data\ Grp2_file1.ndf ',
SIZE=10,MAXSIZE=50,FILEGROWTH=5),
(NAME=Grp2_file2,
FILENAME=' D:\Data\ Grp2_file2.ndf ',
SIZE=10,MAXSIZE=50,FILEGROWTH=5)
LOG ON                                  /*定义事务日志文件*/
(NAME='test_log',
FILENAME=' D:\Data \test_log.ldf ',
SIZE=5,MAXSIZE=25,FILEGROWTH=5)
GO
```

3.2.3　事务日志

SQL 创建数据库的时候会同时创建事务日志文件。

事务日志用于存放恢复数据时所需的信息,是数据库中已发生的所有修改和执行每次修改的事务的一连串记录。当数据库损坏时,管理员可以使用事务日志还原数据库。每个数据库必须至少拥有一个事务日志文件,并允许拥有多个日志文件。事务日志文件的扩展名为 ldf,日志文件的大小至少是 512KB。

事务日志是针对数据库改变所做的记录,它可以记录针对数据库的任何操作,并将记录结果保存在独立的文件中。对于任何事务过程,事务日志都有非常全面的记录,根据这些记录可以将数据文件恢复到事务前的状态。

1. 事务日志文件和数据文件必须分开存放

其优点如下。

（1）事务日志文件可以单独备份。

（2）有可能从服务器失效的事件中将服务器恢复到最近的状态。

（3）事务日志不会抢占数据库的空间。

（4）可以很容易地监测到事务日志的空间。

（5）在向数据文件和事务日志文件写入数据时会产生较少的冲突，这有利于提高系统的性能。

SQL Server 事务日志采用提前写入的方式。

2. 事务日志的工作过程

在 SQL Server 中，事务是一个完整的操作的集合。虽然一个事务中可能包含很多 SQL 语句，但在处理上就像它们是同一个操作一样。

为了维护数据的完整性，事务必须彻底完成或者根本不执行。如果一个事务只是被部分执行，并作用于数据库，那么数据库可能被损坏或数据的一致性遭到破坏。

SQL Server 使用数据库的事务日志来防止没有完成的事务破坏数据。

事务日志的工作过程如下。

（1）应用程序发出一个修改数据库中的对象的事务。

（2）当这个事务开始时，事务日志会记录一个事务开始的标志，并将被影响的数据页从磁盘读入缓冲区。

（3）事务中的每个数据更改语句都被记录在日志文件中，日志文件将记录一个提交事务的标记。每个事务都会以这种方式记录在事务日志中并被立即写到硬盘上。

（4）在缓冲区中修改相应的数据，这些数据一直在缓冲区中，在检查点进程发生时检查点进程把所有修改过的数据页写到数据库中，并在事务日志中写入一个检查点标志，这个标志用于在数据库恢复过程中确定事务的起点和终点，以及哪些事务已经作用于数据库。

随着数据库数据的不断变化，事务日志文件不断增大，因此必须把它们备份出来，为更多的事务提供空间。在备份时，事务日志文件会被截断。

事务日志文件包含了在系统发生故障时恢复数据库需要的所有信息。一般来说，事务日志文件的初始大小是以数据文件大小的 $10\%\sim25\%$ 为起点的，根据数据增长的情况和修改的频率进行调整。SQL Server 2019 中的数据文件和事务日志文件不能存放在压缩文件系统或共享网络目录等远程的网络驱动器上。

管理和维护数据库

3.3　管理和维护数据库

在创建数据库后开始使用数据库，通常有打开、查看、修改、删除等方式对数据库进行管理和维护。

3.3.1 打开或切换数据库

当用户登录数据库服务器连接 SQL Server 后,用户需要连接数据库服务器中的数据库才能使用数据库中的数据,默认情况下用户连接的是 master 数据库。

打开或切换数据库可以通过对象资源管理器,也可以使用 T-SQL 语句打开或切换数据库。在对象资源管理器中打开数据库只需展开该数据库结点,并单击要打开的数据库,此时右侧窗格中列出的是当前打开的数据库的对象。用户还可以直接使用数据库下拉列表打开并切换数据库,如图 3.7 所示。

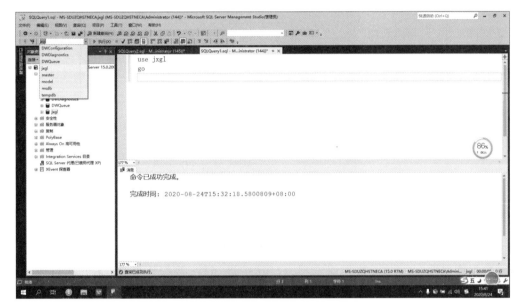

图 3.7 使用数据库下拉列表打开并切换数据库

使用 T-SQL 语句打开数据库的语法格式如下:

```
USE database_name
```

database_name 为要打开并切换的数据库名。

3.3.2 查看数据库信息

对于已有的数据库,可以使用 SQL Server Management Studio 或者 T-SQL 语句查看数据库信息。

1. 使用 SQL Server Management Studio 查看数据库信息

在 SQL Server Management Studio 中右击数据库名,在弹出的快捷菜单中选择"属性"命令,出现如图 3.8 所示的"数据库属性-jxgl"对话框,显示 jxgl 数据库上次备份的日期、数据库日志上次备份的日期、名称、所有者、创建日期、大小、可用空间、用户数、排序规则名称等信息。

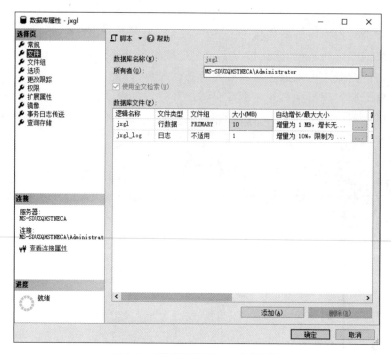

图 3.8 "数据库属性-jxgl"对话框

单击"文件""文件组""选项""权限""扩展属性""镜像""事务日志传送"属性页,可以查看数据库文件、文件组、数据库选项、权限、扩展属性、数据库镜像、事务日志传送等属性。

2. 使用 T-SQL 语句查看数据库信息

使用系统存储过程 sp_helpdb 可以查看数据库信息,其语法格式如下:

[EXECUTE] sp_helpdb [database_name]

在执行该存储过程时,如果给定了数据库名作为参数,则显示该数据库的相关信息。如果省略"数据库名"参数,则显示服务器中所有数据库的信息。

3.3.3 修改数据库配置

1. 使用对象资源管理器修改数据库配置

(1)启动 SQL Server Management Studio,连接数据库实例,展开"对象资源管理器"中的树形目录,定位到要修改的数据库上。

(2)右击要修改的数据库,如 jxgl,在弹出的快捷菜单中选择"属性"命令(见图 3.8),

然后选择左侧相应的选项,在右侧窗格中会弹出相关内容,其余操作与创建数据库的过程相似,请读者自己完成。

2. 使用 T-SQL 语句修改数据库配置

用户可以使用 T-SQL 语句修改数据库,其语法格式如下:

```
ALTER   DATABASE database_name
{ ADD FILE <filespec>[,...n][TO FILEGROUP filegroup_name]
  |ADD LOG FILE <filespec >[,...n]
  |REMOVE FILE logical_file_name
  |ADD FILEGROUP filegroup_name
  |REMOVE FILEGROUP filegroup_name
  |MODIFY FILE <filespec >
  |MODIFY NAME=new_database_name
  |MODIFY FILEGROUP filegroup_name
  {filegroup_property|NAME=new_filegroup_name}
  |SET <optionspec>[,...n]
}
```

对语法中的各参数说明如下。

(1) ADD FILE <filespec> [,...n][TO FILEGROUP filegroup_name]:向指定的文件组添加新的数据文件。

(2) ADD LOG FILE < filespec >[,...n]:增加新的日志文件。

(3) REMOVE FILE logical_file_name:从数据库系统表中删除文件描述和物理文件。

(4) ADD FILEGROUP filegroup_name:增加一个文件组。

(5) REMOVE FILEGROUP filegroup_name:删除指定的文件组。

(6) MODIFY FILE < filespec >:修改物理文件。

(7) MODIFY NAME=new_database_name:重命名数据库。

(8) MODIFY FILEGROUP filegroup_name:修改指定文件组的属性。

(9) SET <optionspec>[,...n]:按<optionspec>的指定设置数据库的一个或多个选项。

注意:只有 sysadmin/dbcreator/db_owner 角色的成员能执行该语句。

【例 3.3】 用 T-SQL 语句把 jxgl 重命名为"学生管理数据库"。

```
ALTER DATABASE jxgl
MODIFY NAME=学生管理数据库
```

执行后会得到如图 3.9 所示的结果。

【例 3.4】 将两个数据文件和一个事务日志文件添加到 test 数据库中,代码如下:

```
ALTER DATABASE test
ADD FILE
(NAME=test1,
```

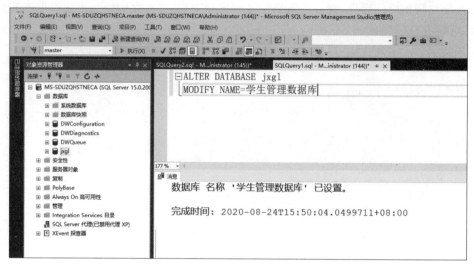

图 3.9　例 3.3 的执行结果

```
FILENAME='D:\Data\test1.ndf',
SIZE=5MB,MAXSIZE=100MB,FILEGROWTH=5MB)
(NAME=test2,
FILENAME='D:\Data\test2.ndf'
SIZE=3MB,MAXSIZE=20MB,FILEGROWTH=3MB)
GO
ALTER DATABASE test
ADD LOG FILE
(NAME=test_log1,
FILENAME='D:\Data\test_log1.ldf'
SIZE=5MB,MAXSIZE=100MB,FILEGROWTH=5MB)
GO
```

【例 3.5】　为数据库 jxgl 添加一个新的文件组。

```
ALTER DATABASE test
ADD FILEGROUP jxgl_group
```

【例 3.6】　对于 test 数据库中逻辑名为 test 的数据文件，将其初始大小、最大文件大小及增长量分别更改为 50MB、200MB 和 10MB，代码如下：

```
ALTER DATABASE test
MODIFY FILE
(NAME=test,SIZE=50MB,MAXSIZE=200MB,FILEGROWTH=10MB)
```

3.3.4　分离与附加数据库

1. 分离数据库

在 SQL Server 运行时，在 Windows 中不能直接复制 SQL Server 数据库文件，如果想复制,就要先将数据库文件从 SQL Server 服务器中分离出去。

分离就是将数据库从 SQL Server 实例中删除,使其数据文件和日志文件在逻辑上脱离服务器。经过分离后,数据库的数据文件和日志文件变成了操作系统中的文件,与服务器脱离,但保存了数据库的所有信息。当想备份数据库或移动到其他地方时,只要保存和转移这些数据文件和日志文件(两者缺一不可)即可。

1) 使用对象资源管理器

在"对象资源管理器"窗格中右击要分离的数据库,在弹出的快捷菜单中选择"任务"→"分离"命令,然后单击"确定"按钮,即可完成分离数据库的操作,如图 3.10 所示。

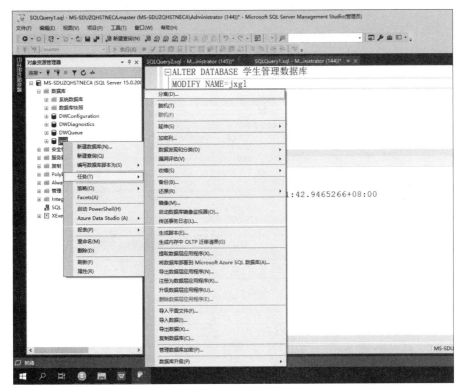

图 3.10　分离数据库

2) 使用 T-SQL 语句

其语法格式如下:

```
sp_detach_db database_name
```

2. 附加数据库

附加数据库的操作是分离数据库的逆操作,通过附加数据库,可以将没有加入 SQL Server 服务器的数据库文件加入服务器中。

1）使用对象资源管理器

在"对象资源管理器"窗格中右击"数据库"选项，在弹出的快捷菜单中选择"附加"命令，弹出"附加数据库"对话框，如图 3.11 所示。单击"添加"按钮，弹出"定位数据库文件"对话框，如图 3.12 所示，选择分离数据库时的数据文件，然后单击"确定"按钮，即可完成附加数据库的操作。

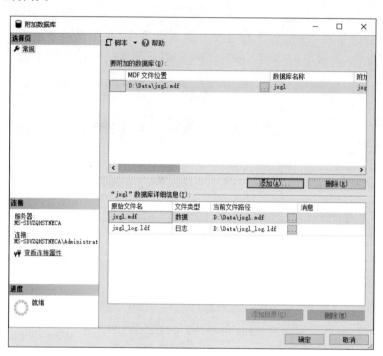

图 3.11 "附加数据库"对话框

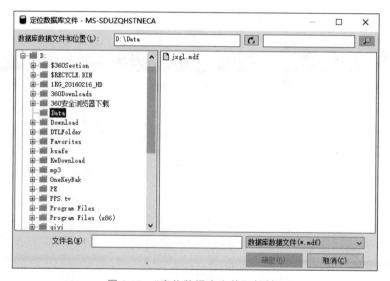

图 3.12 "定位数据库文件"对话框

2）使用 T-SQL 语句

一种方法是使用 CREATE DATABASE 中的[FOR ATTACH]选项,另一种方法是使用系统存储过程,语法格式如下:

```
sp_attach_db[@dbname=]'dbname',[@filename1=]'filename_n'[,...n]
```

（1）[@dbname＝]'dbname'：要附加的数据库名。

（2）[@filename1＝]'filename_n'[,...n]：数据库文件的物理名称,包括路径。

3.3.5　删除数据库

如果数据库不再需要了,则应将其删除。用户只能根据自己的权限删除用户数据库,不能删除当前正在使用（正打开供用户读写）的数据库,更无法删除系统数据库（msdb、model、master、tempdb）。删除数据库意味着将删除数据库中所有的对象,包括表、视图、索引等。如果数据库没有备份,则不能恢复。

在 SQL Server 2019 中提供了两种删除方式：一种方式是在 SQL Server Management Studio 中删除数据库,另一种方式是通过 T-SQL 语句删除数据库。

1. 在 SQL Server Management Studio 平台删除数据库

在 SQL Server Management Studio 平台上右击要删除的数据库,在弹出的快捷菜单中选择“删除”命令即可删除数据库。此时系统会弹出确认是否要删除数据库的窗口,如图 3.13 所示,单击“确定”按钮删除该数据库。

图 3.13　“删除对象”窗口

2. 用 T-SQL 语句删除数据库

T-SQL 中提供了数据库删除语句 DROP DATABASE,其语法格式如下:

```
DROP DATABASE database_name [,...n]
```

【例 3.7】 删除已经创建的"学生管理数据库"。

```
DROP DATABASE 学生管理数据库
GO
```

3.4 实训项目:数据库基本操作

1. 实训目的

(1) 掌握数据库的创建及使用方法。
(2) 掌握管理数据库的方法。

2. 实训内容

1) 按要求创建数据库

(1) 使用 CREATE DATABASE 命令创建一个名为 stu01db 的数据库,包含一个主数据文件和一个事务日志文件。主数据文件的逻辑名为 stu01data,物理文件名为 stu01data.mdf,初始容量为 5MB,最大容量为 10MB,每次的增长量为 20%。事务日志文件的逻辑名为 stu01log,物理文件名为 stu01log.ldf,初始容量为 5MB,最大容量不受限制,每次的增长量为 2MB。这两个文件都放在当前服务器实例的默认数据库文件夹中。

(2) 使用 CREATE DATABASE 命令创建一个名为 stu02db 的数据库,包含一个主数据文件、两个次要数据文件和一个事务日志文件。主数据文件的逻辑名为 stu02data,物理文件名为 stu02data.mdf,初始容量为 5MB,最大容量为 10MB,每次的增长量为 20%。用户自定义文件组名为 stufgrp,建立两个文件,一个文件名为 stu02sf01,初始容量为 1MB,最大容量为 5MB,每次的增长量为 10%;另一个文件名为 stu02sf02,初始容量为 1MB,最大容量为 5MB,每次的增长量为 10%。事务日志文件的逻辑名为 stu02log,物理文件名为 stu02log.ldf,初始容量为 5MB,最大容量不受限制,每次的增长量为 2MB。

2) 查看数据库信息

3) 修改 stu01db 数据库

(1) 修改 stu01db 数据库,增加一个次要数据文件,并且将这两个次要数据文件划归到新的文件组 stufgrp 中。次要数据文件的逻辑名为 stu01sf01,初始容量为 1MB,最大容量为 5MB,按 10% 增长。

(2) 将 stu01db 数据库的数据文件 stu01sf01 的初始空间和最大空间分别由原来的 1MB 和 5MB 修改为 2MB 和 6MB。

4) 创建 marketing 数据库

请创建一个 marketing 数据库,并将其存放到 E 盘用自己的名字命名的文件夹中。

该数据库有一个初始大小为 10MB、最大容量为 50MB、文件增量为 5MB 的主数据文件 marketingdata.mdf 和一个初始大小为 5MB、最大容量为 25MB、文件增量为 5MB 的事务日志文件 marketinglog.ldf。

3. 实训过程

1）按要求创建数据库

(1) 使用 CREATE DATABASE 命令创建一个名为 stu01db 的数据库,包含一个主数据文件和一个事务日志文件。

```
CREATE DATABASE stu01db              /* 数据库名为 stu01db */
ON  PRIMARY
(NAME=stu01data,FILENAME='D:\Data\stu01data.mdf ',
                                     /* 主文件组上的主数据文件名为 stu01data */
SIZE=5MB,                            /* 初始容量为 5MB */
MAXSIZE=10MB,                        /* 最大容量为 10MB */
FILEGROWTH=20%)                      /* 按容量增长,每次 20% */
LOG ON                               /* 日志文件不分组 */
(NAME=stu01log,                      /* 日志文件名 */
FILENAME='D:\Data\stu01log.ldf ',
SIZE=5MB,                            /* 初始容量为 5MB */
MAXSIZE=UNLIMITED,                   /* 最大容量不受限制 */
FILEGROWTH=2MB)                      /* 按容量增长,每次 2MB */
GO
```

(2) 使用 CREATE DATABASE 命令创建一个名为 stu02db 的数据库,包含一个主数据文件、两个次要数据文件和一个事务日志文件。

```
CREATE DATABASE stu02db              /* 数据库名为 stu02db */
ON  PRIMARY                          /* 主文件组上的主数据文件名为 stu02data */
(NAME=stu02data,
FILENAME='D:\Data\stu02data.mdf',
SIZE=5MB,                            /* 初始容量为 5MB */
MAXSIZE=10MB,                        /* 最大容量为 10MB */
FILEGROWTH=20%),                     /* 按容量增长,每次 20% */
FILEGROUP stufgrp
        /* 用户自定义文件组名为 stufgrp,建立的文件为 stu02sf01 和 stu02sf02 */
(NAME=stu02sf01,
FILENAME='D:\Data\stu02sf01.ndf',
SIZE=1MB,                            /* 初始容量为 1MB */
MAXSIZE=5MB,                         /* 最大容量为 5MB */
FILEGROWTH=10%),                     /* 按容量增长,每次 10% */
(NAME=stu02sf02,
FILENAME='D:\Data\stu02sf02.ndf',
```

```
SIZE=1MB,                          /* 初始容量为 1MB */
MAXSIZE=5MB,                       /* 最大容量为 5MB */
FILEGROWTH=10%)                    /* 按容量增长,每次 10% */
LOG ON                             /* 日志文件不分组 */
(NAME=stu02log,                    /* 日志文件名 */
FILENAME='D:\Data\stu02log.ldf',
SIZE=5MB,                          /* 初始容量为 5MB */
MAXSIZE=UNLIMITED,                 /* 最大容量不受限制 */
FILEGROWTH=2MB)                    /* 按容量增长,每次 2MB */
GO
```

2) 查看数据库信息

```
EXEC sp_helpdb stu01db
EXEC sp_helpdb stu02db
```

3) 按要求修改 stu01db 数据库
要求(1):

```
ALTER DATABASE stu01db
ADD FILEGROUP stufgrp            /* 增加一个用户自定义文件组 */
GO
ALTER DATABASE stu01db          /* 数据库名为 stu01db */
ADD FILE          /* 添加次要数据文件 stu01sf01,放在用户自定义文件组 stufgrp 中 */
(NAME=stu01sf01,
FILENAME='E:\SQLSRV1_DATA\stu01sf01.ndf',
SIZE=1MB,                        /* 初始容量为 1MB */
MAXSIZE=5MB,                     /* 最大容量为 5MB */
FILEGROWTH=10%)                  /* 按容量增长,每次 10% */
TO FILEGROUP   stufgrp
GO
```

要求(2):

```
ALTER DATABASE stu01db
MODIFY FILE
(NAME=stu01sf01,
SIZE=2MB,
MAXSIZE=6MB)
GO
```

4) 创建 marketing 数据库

```
CREATE DATABASE marketing        /* 数据库名为 marketing */
ON   PRIMARY                     /* 主文件组上的主数据文件名为 marketingdata */
(NAME=marketingdata,
FILENAME='E:\耿娇\marketingdata.mdf ',
```

```
SIZE=10MB,                          /* 初始容量为 10MB */
MAXSIZE=50MB,                       /* 最大容量为 50MB */
FILEGROWTH=5MB)                     /* 按容量增长，每次 5MB */
LOG ON                             /* 日志文件不分组 */
(NAME=marketinglog,                 /* 日志文件名 */
FILENAME='E:\耿娇\marketing log.ldf ',
SIZE=5MB,                           /* 初始容量为 5MB */
MAXSIZE=25MB,                       /* 最大容量 25MB */
FILEGROWTH=5MB)                     /* 按容量增长，每次 5MB */
GO
```

4. 实训总结

通过本章实训内容了解数据库与文件之间的联系，掌握数据库的操作，重点掌握数据库的创建和管理数据库的方法。

本 章 小 结

SQL Server 2019 中的数据库由多个文件组成，每个文件对应两个名称，即逻辑文件名和物理文件名。当使用 T-SQL 管理这些文件时，使用它们的逻辑文件名；当在磁盘中存储文件时，使用物理文件名。

创建数据库的过程实际上就是为数据库设计名称、设计所占用的存储容量和文件存放位置的过程。

创建数据库的方法有两种，即使用 SQL Server Management Studio 创建数据库和使用 T-SQL 语句创建数据库。

用户可以通过 SQL Server Management Studio 或 T-SQL 语句修改数据库，也可以设置为按给定的时间间隔自动收缩数据库。

删除数据库有两种方式，即使用 SQL Server Management Studio 和 T-SQL 语句中的 DROP DATABASE 语句。

习 　 题

（1）数据库文件包含哪几类？各自的作用是什么？

（2）SQL Server 2019 的系统数据库有哪些？各自的功能是什么？

（3）简述事务日志的作用。

（4）通过 T-SQL 语句，使用＿＿＿＿＿＿命令创建数据库，使用＿＿＿＿＿＿命令查看数据库信息，使用＿＿＿＿＿＿命令设置数据库选项，使用＿＿＿＿＿＿命令修改数据库配置，使用＿＿＿＿＿＿命令删除数据库。

（5）使用 CREATE DATABASE 命令创建一个名为 stuDB 的数据库，包含一个主数据文件和一个事务日志文件。主数据文件的逻辑名为 stuDBdata，物理文件名为

stuDBdata.mdf,初始容量为 1MB,最大容量为 5MB,每次的增长量为 10%。事务日志文件的逻辑名为 stuDBlog,物理文件名为 stuDBlog.ldf,初始容量为 1MB,最大容量为 5MB,每次的增长量为 1MB。

（6）将数据库 stuDB 的名称修改为 stuDB1。

（7）使用 DROP DATABASE 语句删除数据库 stuDB1。

第 4 章　SQL Server 数据表的管理

数据库中的表是 SQL Server 2019 基本的操作对象。数据库中的表的创建、查看、维护和删除以及表数据的操作是 SQL Server 2019 最基本的操作,是进行数据库管理与开发的基础。

通过学习本章,读者应掌握以下内容:

- 创建数据表的方法;
- 维护数据表的方法;
- 对表数据进行操作的方法。

4.1　创建表

创建表

在创建用户数据库之后,接下来的工作是创建数据表。因为要使用数据库就需要在数据库中找到一种对象能够存储用户输入的各种数据,而且以后在数据库中完成的各种操作也是在数据表的基础上进行的,所以数据表是数据库中最重要的对象。

在 SQL Server 中每个数据库最多可存储 20 亿个数据表,每个数据表可以有 1024 列,每行最多可以存储 8064B。在 SQL Server 中数据表按照存储时间分类,可以分为永久数据表和临时表。永久数据表在创建后一直存储在数据文件中,除非用户删除该表;临时表是在运行过程中由系统创建,当用户退出或系统修复时,临时表将被自动删除。

从用户角度,数据表又可以分为系统表、用户表和临时表。系统表是保证数据库服务器正常启动、维护数据库正常运行的数据表。每个数据库都有自己的系统表,它们一般都属于永久数据表。对这些表的管理由 DBMS 自动完成,用户对其只有读的权限,没有写的权限。

4.1.1　表的设计

表是数据库的数据对象,是用于存储和操作数据的一种逻辑结构,是一系列列的集合。表由表头和若干行数据构成。表中的每行用来保存唯一的一条记录,是数据对象的一个实例;每列用来保存对象的某一类属性,代表一个域。

在为一个数据库设计表之前,应该完成需求分析,确定概念模型,将概念模型转换为关系模型,关系模型中的每个关系对应数据库中的一个表。

1. 创建表的步骤

创建表一般要经过定义表结构、设置约束和添加数据 3 步,其中设置约束可以在定义表结构时或定义完成之后建立。

（1）定义表结构：给表的每列取字段名，并确定每列的数据类型、数据长度、列数据是否可以为空等。

（2）设置约束：设置约束来限制该列输入值的取值范围，以保证输入数据的正确性和一致性。PRIMARY KEY 约束体现实体完整性，即主键各列不能为空且主键作为行的唯一标识，FOREIGN KEY 约束体现参照完整性，默认值和规则等体现用户自定义的完整性。

（3）添加数据：表结构建立完成之后，应该向表中输入数据。

2. SQL Server 创建表的限制

（1）每个数据库中最多有 20 亿个表。

（2）每个表上最多可以创建一个聚集索引、249 个非聚集索引。

（3）每个表最多可以设置 1024 个字段。

（4）每条记录最多占 8064B，但不包括 text 字段和 image 字段。

4.1.2　数据类型

数据类型是指数据所代表信息的类型，用于定义每列所能存放的数据值和存储格式。SQL Server 提供系统数据类型集，定义了可与 SQL Server 一起使用的所有数据类型。另外，用户还可以使用 T-SQL 或.NET 框架定义自己的数据类型，它是系统提供的数据类型的别名。SQL Server 中预定义了 36 种数据类型，常用数据类型如表 4.1 所示。

表 4.1　SQL Server 常用数据类型表

数据类型名称			性 质 说 明	字节数
精确数字类型	整型	bigint	$-2^{63} \sim 2^{63}-1$（$-9\ 223\ 372\ 036\ 854\ 775\ 808 \sim 9\ 223\ 372\ 036\ 854\ 775\ 807$）的整型数据	8
		int	$-2^{31} \sim 2^{31}-1$（$-2\ 147\ 483\ 648 \sim 2\ 147\ 483\ 647$）的整型数据	4
		smallint	$-2^{15} \sim 2^{15}-1$（$-32\ 768 \sim 32\ 767$）的整型数据	2
		tinyint	$0 \sim 255$ 的整型数据	1
	精确小数	decimal$[(p[,s])]$	小数，p 表示大数字位数，s 表示最大小数位数；$-10^{38}-1 \sim 10^{38}-1$ 的数字类型数据，最大位数为 38 位	5、9、13 或 17
		numeric$[(p[,s])]$		
	近似数字	float$[(n)]$	$-1.79E+308 \sim 1.79E+308$ 的浮点近似数字	4、8
		real	$-3.40E+38 \sim 3.40E+38$ 的浮点近似数字	4
日期时间类型		datetime	存储 1753-1-1—9999-12-31 的日期型数据，精确到 3.33 毫秒	8
		smalldatetime	存储从 1900-1-1—2079-12-31 的日期型数据，精确到分钟	4

续表

数据类型名称			性 质 说 明	字节数
字符类	字符型	char[(n)]	固定长度的单字节字符数据,最长 8000 个字符	N
		varchar[(n)]	可变长度的单字节字符数据,最长 8000 个字符	N
		text[(n)]	可变长度的单字节字符数据,最长 $2^{31}-1$ 个字符	N
	Unicode 字符串	nchar[(n)]	固定长度的双字节字符数据,最长 4000 个字符	N
		nvarchar[(n)]	可变长度的双字节字符数据,最长 4000 个字符	N
		ntext[(n)]	可变长度的双字节字符数据,最长 $2^{30}-1$ 个字符	N
货币型		money	$-2^{63} \sim 2^{63}-1$($-922\ 337\ 203\ 685\ 477.580\ 8 \sim$ $922\ 337\ 203\ 685\ 477.580\ 7$)的货币型数据,精确到千分之十货币单位	8
		smallmoney	$-2^{31} \sim 2^{31}-1$($-214\ 748.364\ 8 \sim 214\ 748.364\ 7$)的货币型数据,精确到千分之十货币单位	4
二进制类型		binary[(n)]	固定长度的 n(默认为 1)字节二进制字符串($1 < n < 8000$),标记或标记组合数据	N
		varbinary[(n)]	可变长度的 n(默认为 1)字节二进制字符串($1 < n < 8000$),标记或标记组合数据(变长)	N
		image	大的二进制字符串,存放图像、视频、音乐	
特殊类型		bit	由 0 和 1 组成,用来表示真、假	1/8
		timestamp	自动生成的唯一二进制数,以二进制格式表示 SQL 活动的先后顺序,反映修改记录的时间	8
		uniqueidentifier	全局唯一标识符(GUID),十六进制数,由网卡/处理器 ID 以及时间信息产生,用法同上	16

对 SQL Server 的数据类型的具体说明如下。

1. 精确数字类型

SQL Server 提供的整型和精确小数类型有 bigint、int、smallint、tinyint 和 decimal、numeric,其中最常用的是 int 和 numeric 数据类型。

SQL Server 提供了 float 和 real 数据类型来表示浮点型数据和实型数据。用户可以指定类型的长度,当指定 1~7 的数值时,实际上定义了一个 real 数据类型。

2. 日期时间类型

SQL Server 可以用 datetime 和 smalldatetime 数据类型来存储日期和时间数据。其中 smalldatetime 的精度较低,包含日期的范围也较窄,但占用的空间小。

3. 字符类

字符类数据类型主要用来存储由字母、数字和符号组成的字符串,又分为定长类型和变长类型。

对于定长类型,可以用 n 来指定字符串的长度,例如 char(8)。当输入字长小于分配的长度时,用空格填充;当输入的字长大于分配的长度时,自动截去多余的部分。注意,允许空值的定长列可以内部转换成变长列。

对于变长类型,可以用 n 来指定字符串的最大长度 varchar(8)。在变长列中的数据会被去掉尾部的空格,存储尺寸就是输入数据的实际长度。变长变量和参数中的数据保留所有空格,但并不填满指定的长度。

通常情况下,char 和 varchar 是最常用的字符类数据类型。它们的区别在于:当实际的字符串长度小于给定长度时,char 数据类型会在实际的字符串尾部添加空格,以达到固定字符数;而 varchar 数据类型会删除尾部空格,以节省空间,由于 varchar 数据类型的字符的长度是可变的结构,因此需要额外的开销来保存信息。

SQL Server 提供了 3 种 Unicode 字符串数据类型,分别为 nchar、nvarchar 和 ntext。

4. 二进制类型

二进制类型数据是指字符串是由二进制数 0 和 1 组成的,而不是由字符组成的,该类型通常用于时间标记和 image 类型。对于二进制类型数据的存储来说,SQL Server 提供了 3 种数据类型,分别为 binary、varbinary 和 image。其中,binary 用于存储固定长度的二进制字符串;varbinary 用于存储可变长度的二进制字符串;image 用于存储大的二进制字符串(每行可达 2GB)。

binary 型数据类型类似于字符型数据,当实际的字符串长度小于给定长度时,binary 类型会在实际的字符串尾部加 0,而不是加空格。

5. xml 类型

该类型为存储 xml 数据的数据类型,可以在列中或者 xml 类型的变量中存储 xml 实例。xml 数据类型的方法有 query()、value()、exists()、modify()、nodes()。

6. 空值

空值(Null)通常是未知、不可用或将在以后添加的数据。若一列允许为空值,则向表中输入记录值时可以不为该列给出具体值,若一列不允许为空值时,则在输入时必须给出具体的值。空值和空格是不同的,空格是一个有效的字符。允许空值的列需要更多的存储空间,并且可能会有其他的性能问题或存在存储问题。

在 SQL Server 中,除表 4.1 中列出的 24 种数据类型外,允许用户在系统数据类型的基础上建立自定义的数据类型。但值得注意的是,每个数据库中所有用户自定义数据类型名称必须唯一。用户自定义的数据类型需要使用系统存储过程 sp_addtype 来建立。

语法格式如下:

```
sp_addtype [@typename=]typename,[@phystype=]'datatype'
[,[@nulltype=]'null_type'][,[@owner=]'owner']
```

4.1.3　使用对象资源管理器创建表

创建数据表主要有两种方法，分别是使用图形界面方式创建表和使用 T-SQL 语句创建表。使用 SQL Server Management Studio 的对象资源管理器创建表的方法如下。

（1）启动 SQL Server Management Studio，连接数据库引擎，在 SQL Server Management Studio 的"对象资源管理器"窗格中依次展开各结点，直到创建表的数据库，如 jxgl。

（2）展开 jxgl 结点，右击"表"结点，在弹出的快捷菜单中选择"新建"→"表"命令，如图 4.1 所示。

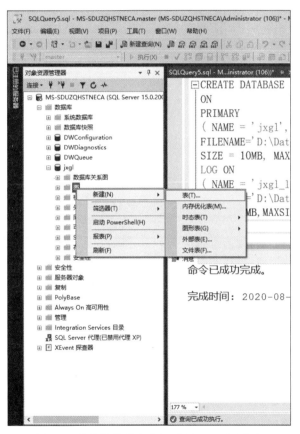

图 4.1　在快捷菜单中选择"新建"→"表"命令

（3）在出现的"表设计器"界面中定义表结构，即逐个定义表中的列（字段），确定各字段的名称（列名）、数据类型、长度、是否允许取 Null 值等，如图 4.2 所示。

（4）用户可以在建表的同时为表创建主码，选择要创建主码的列（可以是多列），然后右击，在弹出的快捷菜单中选择"设置主键"命令，如图 4.3 所示。回到表的创建窗口，在相应列前会出现主键的钥匙标识。

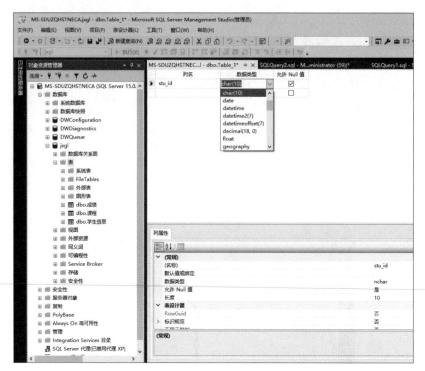

图 4.2　定义表中的列

图 4.3　列操作菜单

（5）单击工具栏上的"保存"图标，保存新建的数据表。

（6）在弹出的"选择名称"对话框中输入数据表的名称，例如"学生信息"，单击"确定"按钮，如图 4.4 所示，这时用户可在右侧的"对象资源管理器"窗格中看到新建的"学生信息"数据表。

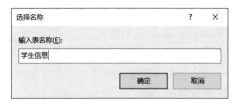

图 4.4 "选择名称"对话框

4.1.4 使用 T-SQL 语句创建表

用户也可以使用 T-SQL 语句创建表，这是一种最强大、最灵活的创建表的方式，它的语法格式如下：

```
CREATE TABLE [datebase_name.][owner.]table_name
({<column_definition>
|column_name AS computed_column_expression
|<table_constraint>::=[CONSTRAINT constrint_name]}
|[{PRIMARY KEY|UNIQUE}] [,...n])
[ON {filegroup|DEFAULT}][TEXTIMAGE_ON{filegroup|DEFAULT}]
```

对语法中的各参数说明如下。

（1）database_name：指定新建表置于的数据库名，若该名不指定就会置于当前数据库中。

（2）owner：指定数据库所有者名称，它必须是 data_name 所指定的数据库中现有的用户 ID，默认为当前注册用户名。

（3）table_name：指定新建表的名称，在一个数据库中是唯一的，且遵循 T-SQL 中的标识符规则，表名长度不能超过 128 个字符，对于临时表而言，表名长度不能超过 116 个字符。

（4）column_name：指定列的名称，在表内必须唯一。

（5）computed_column_expression：指定该计算列定义的表达式。

（6）ON{filegroup|DEFAULT}：指定存储新建表的数据库文件组名称。如果使用 DEFAULT 或省略了 ON 子句，则新建的表会存储在数据库的默认文件组中。

（7）TEXTIMAGE_ON：指定 TEXT、NTEXT 和 IMAGE 列的数据存储的数据库文件组。若省略该子句，这些类型的数据就和表一起存储在相同的文件组中。如果表中没有 TEXT、NTEXT 和 IMAGE 列，则可以省略 TEXTIMAGE_ON 子句。

（8）<column_definition>：某列的列定义。

语法格式如下：

```
<column_definition>::={column_name data_type}
  [NULL|NOT NULL]
  [[DEFAULT CONSTRAINT_EXPRESSION]
  |[IDENTITY[(seed,increment)[NOT FOR REPLICATION]]]]
```

```
[ROWGUIDCOL][COLLATE<collation_name>]
[<column_constraint>][,...n]
```

其中选项的含义如下。

① data_type：指定列的数据类型，可以是系统数据类型或者用户自定义数据类型。

② NULL|NOT NULL：说明列值是否允许为 NULL。在 SQL Server 中，NULL 既不是 0 也不是空格，它意味着用户还没有为列输入数据或是明确地插入了 NULL。

③ IDENTITY：指定列为一个标识列，在一个表中只能有一个 IDENTITY，且数据类型必须为整型。当用户向数据表中插入新数据行时，系统将为该列赋予唯一的、递增的值。IDENTITY 列通常与 PRIMARY KEY 约束一起使用，该列值不能由用户更新，不能为空值，也不能绑定默认值和 DEFAULT 约束。

④ seed：指定 IDENTITY 列初始值，默认值为 1。

⑤ increment：指定 IDENTITY 列的列值增量，默认值为 1。

⑥ NOT FOR REPLICATION：指定列的 IDENTITY 属性，在把从其他表中复制的数据插入表中时不发生作用。

⑦ ROWGUIDCOL：指定列为全局唯一标识符列。此列的数据类型必须为 UNIQUEIDENTIFIER 类型，在一个表中数据类型为 UNIQUEIDENTIFIER 的列中只能有一列被定义为 ROWGUIDCOL 列。ROWGUIDCOL 属性不会使列值具有唯一性，也不会自动生成一个新的数值给插入的行。

⑧ <column_constraint>列约束的定义格式如下。

• [CONSTRAINT 约束名] PRIMARY KEY [(列名)]：指定列为主键约束。

• [CONSTRAINT 约束名] UNIQUE KEY [(列名)]：指定列为唯一键约束。

• [CONSTRAINT 约束名] FOREIGN KEY [(外键列)] REFERENCES 引用表名(引用列)：指定列为外键约束，并说明引用的源表及在该表中所用的列名。

• [CONSTRAINT 约束名] CHECK(检查表达式)：指定列的检查约束。

• [CONSTRAINT 约束名] DEFAULT(默认值)：指定列的默认值约束。

【例 4.1】 使用 T-SQL 语句在 jxgl 数据库中创建"课程"表，并将课程号定义为主键。

```
USE jxgl
CREATE TABLE 课程
(
course_id char(6) not null PRIMARY KEY,
course_name char(20) not null,
course_credit smallint,
course_hour smallint
)
```

【例 4.2】 使用 T-SQL 语句在 jxgl 数据库中创建"成绩"表，并将学号和课程号定义为主键。

```
USE jxgl
```

```
CREATE TABLE 成绩
(
  stu_id char(10) not null,
  course_id char(6) not null,
  score numeric
  PRIMARY KEY(stu_id,course_id)
)
```

执行上面的语句,则在 jxgl 数据库中建立"课程"表和"成绩"表,每列的字段名、类型和长度都如上面的语句所定义。

4.2　表的管理和维护

在表创建完成之后,可以查看、修改或删除已经存在的表。例如,可以查看表的定义信息,修改表的结构、内容,以及与其他表的依赖关系等。

表的管理和
维护

4.2.1　查看表的属性

在数据库中创建用户表之后,SQL Server 就在系统表 sysobjects 中记录下表的名称、对象 ID、表类型、创建时间以及所有者等信息,并在系统表 syscolumns 中记录下字段 ID、字段的数据类型以及字段长度等信息。用户可以通过 SQL Server Management Studio 或 SQL Server 的系统存储过程 sp_helpdb 查看这些信息。

1. 使用 SQL Server Management Studio 查看表的属性

在 SQL Server Management Studio 的"对象资源管理器"窗格中选中要查看的数据表,然后右击,在弹出的快捷菜单中选择"属性"命令,打开"表属性"对话框,如图 4.5 所示。在该对话框中选择左侧的"常规"选项,在右侧窗格中可以看到该表的相关属性信息,例如表的名称、创建日期等。

2. 使用系统存储过程查看表结构信息

使用存储过程 sp_help 查看表结构的语法格式如下:

```
[EXECUTE] sp_help[table_name]
```

如果省略表名,则显示该数据库中所有表对象的信息。EXECUTE 可以缩写为 EXEC。若该语句位于批处理的第一行,可省略 EXEC。

【例 4.3】　查看成绩表的结构。

```
EXEC sp_help 成绩
```

运行结果如图 4.6 所示。其中包含表的创建时间、表的所有者以及表中列的定义信息,还包含表中的主键、外键定义信息等内容。

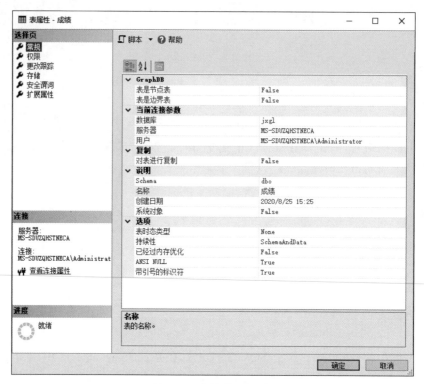

图 4.5 "表属性"对话框

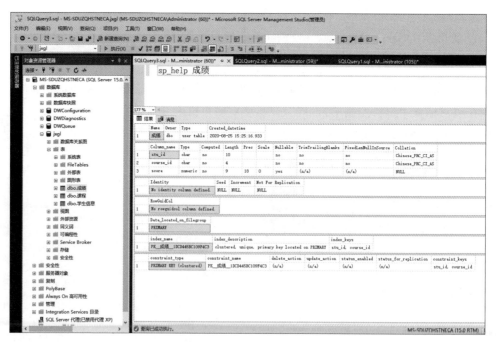

图 4.6 利用 sp_help 存储过程显示表定义

4.2.2　修改表结构

数据表被创建以后,在使用过程中可能需要对原先定义的表的结构进行修改。对表结构的修改包括增加列、删除列、修改已有列的属性等。

1. 使用对象资源管理器修改表

在 SQL Server Management Studio 的“对象资源管理器”窗格中选中要查看的数据表,然后右击,如图 4.7 所示,在弹出的快捷菜单中选择“设计”命令,可以打开表设计器。在图形界面下修改表的结构,其步骤与创建表时相同,这里不再重复。用户还可以在快捷菜单中选择“重命名”命令更改表的名称。下面重点学习使用 SQL 语句 ALTER TABLE 对表进行修改操作,使用 ALTER TABLE 语句可以添加列、修改列名及列属性、删除列等。

图 4.7　以图形界面方式修改表结构

如果要增加一个字段,将光标移动到最后一个字段的下面,输入新字段的定义即可。如果要在某一字段前插入一个字段,右击该字段,在弹出的快捷菜单中选择“插入列”命令。如果要删除某列,右击该列,在弹出的快捷菜单中选择“删除列”命令。

2. 使用 T-SQL 语句修改表

使用 ALTER TABLE 语句可以对表的结构和约束进行修改。ALTER TABLE 语句的语法格式如下：

```
ALTER TABLE table_name
  {[ALTER COLUMN column_name
  {new_data_type[(precision[,scale])][collate collation_name>]
  [NULL|NOT NULL] |
  {ADD|DROP} ROWGUIDCOL}]}
  |ADD
  {[<column_definition>]|column_name AS
      computed_column_expression}[,...n]
  |[WITH CHECK | WITH NOCHECK] ADD
  {<table_constraint>}[,...n]
  |DROP {[CONSTRAINT] constraint_namc | COLUMN column_name}[,...n]
|[CHECK|NOCHECK] CONSTRAINT {ALL|constraint_name[,...n]}
||{ENABLE|DISABLE} TRIGGER {ALL|trigger_name[,...n]}}
```

对语法中的各参数说明如下。

（1）table_name：要更改的表的名称。若表不在当前数据库中或表不属于当前用户，必须指定其列所属的数据库名称和所有者名称。

（2）ALTER COLUMN：指定要更改的列。

（3）new_data_type：指定新的数据类型名称。

（4）precision：指定新数据类型的精度。

（5）scale：指定新数据类型的小数位。

（6）WITH CHECK | WITH NOCHECK：指定向表中添加新的或者打开原有的 FOREIGN KEY 约束或 CHECK 约束的时候是否对表中已有的数据进行约束验证。对于新添加的约束，系统默认为 WITH CHECK，WITH NOCHECK 作为启用旧约束的默认选项。该参数对于主关键字约束和唯一性约束无效。

（7）{ADD|DROP} ROWGUIDCOL：添加或删除列的 ROWGUIDCOL 属性。ROWGUIDCOL 属性只能指定给一个 UNIQUEIDENTIFIER 列。

（8）ADD：添加一列或多列。

（9）computed_column_expression：计算列的计算表达式。

（10）DROP{[CONSTRAINT]constraint_name|COLUMN column_name}：指定要删除的约束或列的名称。

（11）[CHECK|NOCHECK]CONSTRAINT：启用或禁用某约束，若设置为 ALL 则启用或禁用所有约束。该参数只适用于 CHECK 和 FOREIGN KEY 约束。

（12）{ENABLE|DISABLE}TRIGGER：启用或禁用触发器。当一个触发器被禁用后，在表上执行 INSERT、UPDATE 或者 DELETE 语句时，触发器将不起作用，但是它对表的定义依然存在。ALL 选项启用或禁用所有的触发器。trigger_name 为指定触发器

的名称。

通过在 ALTER TABLE 语句中使用 ADD 子句可以在表中增加一个或多个字段、修改或删除列。

【例 4.4】　向"学生信息"表中添加如表 4.2 所示的字段。

表 4.2　新字段的定义

列　　名	类　　型	是 否 为 空
电话	char(8)	是
电子邮件	char(40)	是

```
USE jxgl
GO
ALTER TABLE 学生信息
ADD 电话 char(8)  null
GO
ALTER TABLE 学生信息
ADD 电子邮件 char(40)  null
GO
```

注意：①向已有记录的表中添加列时，新添加字段通常设置为允许为空，否则必须为该列指定默认值，这样就将默认值传递给现有记录的新增字段，否则添加列的操作将失败。②一个 ALTER TABLE 语句一次只能对表进行一项修改操作。③将一个原来允许为空的列改为不允许为空时，必须满足列中没有存放空值记录的条件，并且在该列上没有创建索引。

【例 4.5】　将"学生信息"表中的"电子邮件"字段的长度修改为 20。

```
ALTER TABLE 学生信息
ALTER COLUMN 电子邮件 char(20)  null
```

注意：在删除列时，必须先删除基于该列的索引和约束。

【例 4.6】　将"学生信息"表中的"电话"列删除。

```
ALTER TABLE 学生信息
DROP COLUMN 电话
```

可以使用系统存储过程 sp_rename 对表和表中的列进行重命名。

【例 4.7】　将"学生信息"表改名为 XS，将其中的"电子邮件"列改名为 E-mail。

```
EXEC sp_rename '学生信息','XS'
EXEC sp_rename '学生信息.电子邮件','E-mail'
```

4.2.3　删除数据表

删除表就是将表的数据和表的结构从数据库中永久地移除。也就是说，一个表一旦被删除,则该表的数据、结构定义、约束、索引等都将被永久删除,而且无法恢复,除非还原数据库,因此执行此操作时应该慎重。

在 SQL Server Management Studio 的"对象资源管理器"窗格中选择要删除的数据表,然后右击,在弹出的快捷菜单中选择"删除"命令,弹出"删除对象"对话框,如图 4.8 所示。单击"确定"按钮,选中的表就从数据库中删除了。

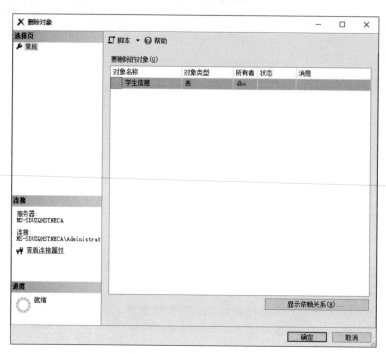

图 4.8 "删除对象"对话框

用户也可以使用 DROP TABLE 语句删除数据表,其语法格式如下:

```
DROP TABLE table_name[,...n]
```

【例 4.8】 删除 jxgl 数据库中的"成绩"表。

```
USE jxgl
GO
DROP TABLE 成绩
GO
```

在使用 DROP TABLE 语句删除数据表时需要注意以下 4 点。

(1) DROP TABLE 语句不能删除系统表。

(2) DROP TABLE 语句不能删除正被其他表中的 FOREIGN KEY 约束参考的表。当需要删除这种有 FOREIGN KEY 约束参考的表时,必须先删除 FOREIGN KEY 约束,然后才能删除表。

(3) 当删除表时,属于该表的约束和触发器也会自动被删除。如果重新创建该表,必须注意创建相应的规则、约束和触发器等。

（4）使用 DROP TABLE 语句一次可以删除多个表，多个表名之间用逗号隔开。

4.3 表数据的操作

表数据的
操作

在表创建以后，往往只是一个没有数据的空表。因此，向表中输入数据应当是创建表之后首先要执行的操作。无论表中是否有数据，都可以根据需要向表中添加数据，如果表中的数据不再需要，则可以删除这些数据。本节将详细描述如何添加、更新、删除表中的数据。

4.3.1 使用对象资源管理器操作表数据

在 SQL Server Management Studio 的"对象资源管理器"窗格中选中要操作的数据表，然后右击，在弹出的快捷菜单中选择"编辑前 200 行"命令，在右侧"摘要"窗格中会打开查询表数据的窗格，该窗格中显示了表中已经存储的数据，数据列表的最后是一个空行，如图 4.9 所示。

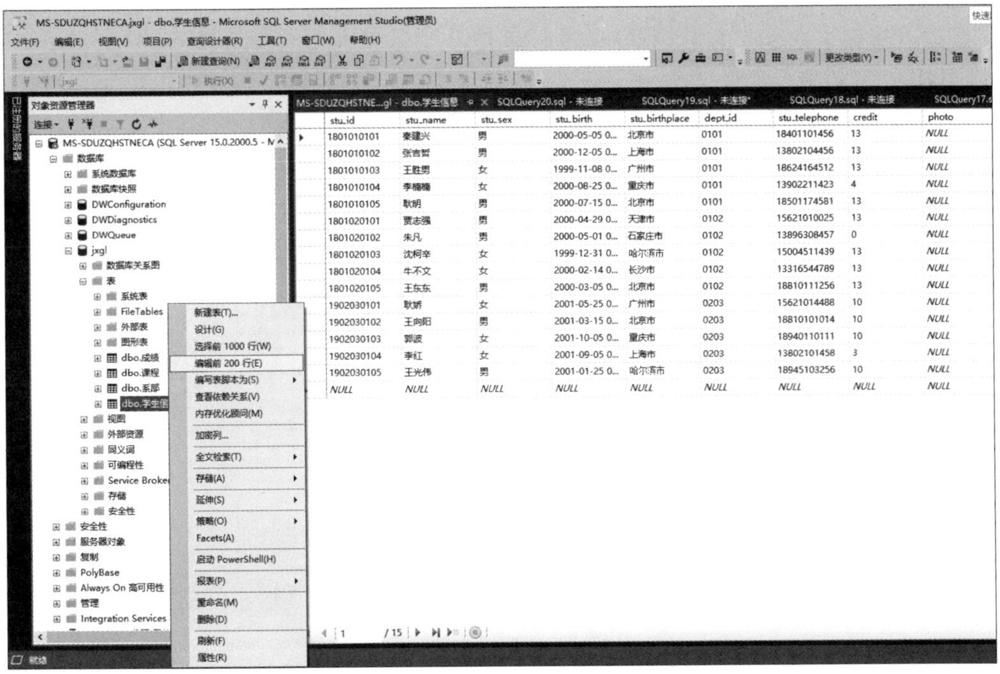

图 4.9　使用对象资源管理器操作表数据

插入数据时，将光标定位在空白行某个字段的编辑框中就可以输入新的数据了，编辑完成后选中其他行就可以完成插入。

注意：在编辑表中数据的过程中，输入的各列的内容一定要和所定义的数据类型一致，如果有其他定义或约束等要求，也一定要符合，否则将出现错误。

4.3.2 使用 INSERT 语句向表中添加数据

前面介绍了使用对象资源管理器向表中添加数据,这种方式很直观,容易理解和操作,但是存在一定的缺陷。因此,在数据库的使用过程中更多的是采用 INSERT 语句向表中添加数据。其基本语法格式如下:

```
INSERT [INTO] table_name [(column_list)] VALUES(data_values)
```

其中,INSERT 子句可以指定要插入数据的表名(table_name),并且可以同时给出想要插入数据表中的列名(column_list);VALUES 子句指定要插入的数据。需要注意的是,INSERT 子句所包含的列与 VALUES 子句所包含的数据应严格地一一对应,否则数据插入将出错。当将数据添加到一行的所有列时,在 INSERT 语句中无须给出表中的列名,只需要在 VALUES 子句中给出要添加的数据,但所给数据的顺序要与表定义中列的顺序一致。

注意:VALUES 中给出的数据顺序和数据类型必须与表中列的顺序和数据类型一致。在向表中插入一条记录时,可以给某些列赋空值,但这些列必须是可以为空的列。另外,在插入字符型和日期型数据时,要用英文单引号引起来。一般情况下,一个 INSERT 语句只能向表中插入一条记录。

【例 4.9】 向"学生信息"表中插入记录。

① 插入包含空值的数据。

```
USE jxgl
GO
INSERT 学生信息(stu_id,stu_name,stu_sex,stu_birth, stu_birthplace,dept_id,stu_
telephone,credit)
VALUES('1801010101','秦建兴','男','2000-05-05','北京市','0101',null,null)
```

② 插入表中所有列的数据。

```
INSERT 学生信息
VALUES('1801010102','张吉哲','男','2000-12-05','上海市','0101','13802104456',
null,null)
```

③ 插入表中指定列的数据。

```
INSERT 学生信息(stu_id,stu_name,stu_sex,stu_birth)
VALUES('1902030101','耿娇','女','2001-05-25')
GO
```

4.3.3 使用 UPDATE 语句修改表中的数据

随着实际情况的变化,表中的数据可能会需要修改。如果要修改表中的数据,可以使用 UPDATE 语句。其语法格式如下：

```
UPDATE table_name
SET{column_name=[expression|DEFAULT|NULL]}[,...n]}
[FROM {<table_source>}[,...n]]
[WHERE <search_condition>]
<table_source>::=table_name[[AS]table_zlias][WITH (<table_hint>[,...n ])]
```

对语法中的各参数说明如下。

(1) table_name：需要更新的表的名称。

(2) SET：指定要更新的列或变量名称的列表。

(3) column_name：含有要更改数据的列的名称。

(4) expression｜DEFAULT｜NULL：列值表达式。

(5) <table_source>：修改数据表源表。

注意：在使用 UPDATE 语句时，如果没有使用 WHERE 子句，那么将对表中所有行的指定列进行修改。如果使用 UPDATE 语句修改数据时与数据完整性约束有冲突，修改将不会发生。若修改的数据来自另一个表，则需要 FROM 子句指定一个表。

【例 4.10】 将"学生信息"表中所有学生的系别(dept_id)改为 0101。

```
UPDATE 学生信息
SET dept_id='0101'
```

【例 4.11】 将"学生信息"表中"秦建兴"同学的出生时间(stu_birth)改为 2000/10/20。

```
UPDATE 学生信息
SET stu_birth='2000/10/20'
WHERE stu_name='秦建兴'
```

4.3.4　使用 DELETE 或 TRUNCATE TABLE 语句删除表中的数据

随着实际情况的变化，表中的一些记录可能需要被删除，以提高数据查询的质量。删除表中数据用 DELETE 语句或 TRUNCATE TABLE 语句来完成。

1. 使用 DELETE 语句

使用 T-SQL 中的 DELETE 语句可以删除数据表中的一行或多行记录。其基本语法格式如下：

```
DELETE  table_name[FROM {<table_source>}[,...n]]?
[WHERE {<search_condition >}]
<table_source>::=table_name[[AS] table_alias][,...n]
```

对语法中的各参数说明如下。

（1）table_name：从其中删除数据的表的名称。

（2）FROM <table_source>：指定附加的 FROM 子句。

（3）WHERE：指定用于限制删除行数的条件。如果没有提供 WHERE 子句，则删除表中的所有行。

（4）search_condition：指定删除行的限定条件，对搜索条件中可以包含的谓词数量没有限制。

（5）table_name[[AS] table_alias]：为删除操作提供标准的表名。

【例 4.12】 将"学生信息"表中学号为 1801010101 的同学的记录删除。

```
USE jxgl
GO
DELETE 学生信息
WHERE stu_id='1801010101'
GO
```

2. 使用 TRUNCATE TABLE 语句清空数据表

清空表中的所有记录也可以使用 TRUNCATE TABLE 语句。其语法格式如下：

```
TRUNCATE TABLE table_name
```

该语句的功能是删除表中的所有记录，与不带 WHERE 子句的 DELETE 功能相似，不同的是 DELETE 语句在删除每行时都要把删除操作记录到日志中，而 TRUNCATE TABLE 语句则是通过释放表数据页面的方法来删除表中的数据，它只将对数据页面的释放操作记录到日志中，所以 TRUNCATE TABLE 语句的执行速度快，删除数据不可恢复，而 DELETE 语句操作可以通过事务回滚恢复删除的操作。

注意：在执行 TRUNCATE TABLE 语句之前应先对数据库备份，否则被删除的数据将不能再恢复。

4.3.5　常用系统表

系统表是特殊表，保存着 SQL Server 及其组件所用的信息。任何用户都不应直接修改（指使用 DELETE、UPDATE、INSERT 语句或用户自定义的触发器）系统表，但允许用户使用 SELECT 语句查询系统表。其中，master 数据库中的系统表存储服务器级系统信息，每个数据库中的系统表存储数据库级系统信息。表 4.3 列出了常用的系统表，仅供读者参考。

表 4.3　常用的系统表

名　　称	表　　名	内　　容
数据库*	sysdatabases	对 SQL Server 中的每个数据库有一行记录
登录账户*	syslogins	对 SQL Server 中的每个登录账户信息有一行记录

续表

名　称	表　名	内　容
文件组	sysfilegroups	当前数据库中的每个文件组在表中占一行
文件	sysfiles	当前数据库中的每个文件在表中占一行
对象**	sysobjects	当前数据库中对每个数据库对象有一行记录
列	syscolumns	当前数据库中对基表或者视图的每列和存储过程中的每个参数有一行记录
注释(文本)	syscomments	当前数据库中每个视图、CHECK 约束、默认值、规则、DEFAULT 约束、触发器和存储过程的注释或文本
索引	sysindexes	当前数据库中对每个索引和没有聚簇索引的每个表有一行记录,它还对包括文本/图像数据的每个表有一行记录
外键	sysforeignkeys	关于表定义中的 FOREIGN KEY 约束的信息
依赖(相关性)	sysdepends	当前数据库中对表、视图和存储过程之间的每个依赖关系有一行记录
用户	sysusers	当前数据库中对每个 Windows NT 用户、Windows NT 用户组、SQL Server 用户或者 SQL Server 角色有一行记录
角色成员	sysmembers	当前数据库中,每个数据库角色成员在表中占一行
保护	sysprotects	当前数据库中,包含有关由 GRANT 和 DENY 语句应用于安全账户的权限的信息
许可	syspermissions	当前数据库中有关对数据库用户、组和角色授予和拒绝的权限的信息

注: *只出现在 master 数据库中,其余的出现在每个用户数据库中。

**数据库对象类型:系统表(S)、用户表(U)、视图(V)、PRIMARY KEY 约束(PK)、CHECK 约束(C)、默认值或 DEFAULT 约束(D)、UNIQUE 约束(UQ)、FOREIGN KEY 约束(F)、标量函数(FN)、内嵌表函数(IF)、表函数(TF)、存储过程(P)、扩展存储过程(X)、复制筛选存储过程(RF)、触发器(TR)和日志(L)。

4.4　实训项目:数据表的操作

1. 实训目的

(1) 掌握数据库中表的创建方法。

(2) 掌握数据表的修改方法。

(3) 掌握对数据表中数据的各种维护操作。

(4) 掌握数据表的删除方法。

2. 实训内容

分别使用对象资源管理器和 T-SQL 语句完成以下操作:

(1) 数据表的创建与管理。

① 在第 3 章所建立的 stu01db 数据库中创建表,表结构如表 4.4~表 4.8 所示。

表 4.4 "学生"表结构

列　　名	数 据 类 型	是否允许为空	是否主键
学号	char(12)	否	是
姓名	varchar(10)	否	否
性别	char(2)	是	否
出生时间	datetime	是	否
电话	varchar(20)	是	否
专业号	int	否	否

表 4.5 "成绩"表结构

列　　名	数 据 类 型	是否允许为空	是否主键
学号	char(12)	否	是
课程号	char(12)	否	是
授课教师	varchar(2)	否	否
期中成绩	int	是	否
期末成绩	int	是	否
总评成绩	char(8)	否	否

表 4.6 "课程"表结构

列　　名	数 据 类 型	是否允许为空	是否主键
课程号	char(12)	否	是
课程名	varchar(30)	否	否
授课教师	varchar(10)	否	否
学分	int	是	否

表 4.7 "教师"表结构

列　　名	数 据 类 型	是否允许为空	是否主键
编号	char(12)	否	是
姓名	varchar(10)	否	否
性别	char(2)	是	否
出生时间	datetime	是	否
电话	varchar(20)	是	否
职称	char(10)	是	否

表 4.8 "专业"表结构

列　　名	数 据 类 型	是否允许为空	是否主键
专业号	int	否	是
专业名称	varchar(20)	否	否

② 修改"课程"表,使"学分"列的数据类型由原来的 int 改为 smallint 型,并加入非空要求;将"课程名"列的数据类型改为 varchar(10)。

③ 修改"成绩"表,添加列名为"总成绩"的一列,要求数据类型为 int;再添加列名为"平时成绩"的一列,要求数据类型为 int,可以为空,并删除"授课教师"列。

④ 利用存储过程查看表的属性。

(2) 表数据的操作。

① 向各表中输入数据。

② "成绩"表中的"总评成绩"列填写标准:

优——期中成绩与期末成绩均大于或等于 90 分;良——期中成绩和期末成绩在 70～89 分;及格——期中成绩和期末成绩在 60～69 分;不及格——期中成绩和期末成绩小于 60 分。

③ 修改"专业"表中的"专业名称",将"计算机"专业修改为"计算机科学"。

④ 删除"学生"表中性别为"男"的学生的记录。

3. 实训总结

通过本章上机实训,读者应当掌握数据表的创建及修改方法,掌握维护数据表中数据的方法,重点掌握使用 T-SQL 语句对表及表数据进行各种操作的方法。

本 章 小 结

数据库中的表是 SQL Server 2019 最基本的操作对象,对数据库中的表的基本操作包括创建、查看、维护等内容,如表 4.9 所示。

表 4.9　对数据库中的表进行操作的 T-SQL 语句总结

语　　句			语　法　格　式
数据表	创建表		CREATE TABLE 数据表名(列名 数据类型│列名 AS 计算列表达式[,…n])
	修改表	添加列	ALTER TABLE 表名 ADD 列名 列的描述
		修改列	ALTER TABLE 表名 ALTER COLUMN 列名 列的描述
		删除列	ALTER TABLE 表名 DROP COLUMN 列名,…
	删除表		DROP TABLE 表名[,…n]
数据操作	插入数据		INSERT [INTO] 表名[(列名 1,…)] VALUES(表达式 1,…)
	修改数据		UPDATE 表名 SET 列名=表达式 [WHERE 条件]
	删除数据		DELETE 表名[WHERE 条件]

习　题

（1）如何理解表中记录和实体的对应关系？为什么说关系也是实体？在表中如何表示？

（2）使用 T-SQL 语句创建 xs 表，包含字段学号、姓名、性别、生日、专业、学分。

（3）使用 T-SQL 语句向 xs 表中添加"出生地"字段。

（4）使用 T-SQL 语句修改"姓名"字段，允许为空。

（5）使用 T-SQL 语句向 xs 表中插入多条记录。

（6）使用 T-SQL 语句将所有男生的专业改为"电子商务"。

（7）使用 T-SQL 语句删除年龄最大的同学的记录。

（8）使用 T-SQL 语句删除"出生地"的字段。

（9）使用 T-SQL 语句删除表中所有的记录。

（10）使用 T-SQL 语句删除 xs 表。

第5章 数据库的查询和视图

数据查询是数据库系统应用的主要内容,保存数据就是为了使用,使用数据首先要查找到需要的数据。在 T-SQL 中使用 SELECT 语句实现数据查询。用户通过 SELECT 语句可以从数据库中搜寻用户所需要的数据,也可以进行数据的统计汇总并返回给用户。SELECT 语句是数据库操作中使用频率最高的语句,是 SQL 的"灵魂"。

通过学习本章,读者应掌握以下内容:
- 掌握各种查询方法的语法格式和使用,包括单表条件查询、单表多条件查询、多表多条件查询、嵌套查询,并能对查询结果进行排序、分组和汇总操作;
- 掌握视图的建立、修改、使用和删除操作,并能通过视图查询数据、修改数据、更新数据和删除数据。

本章将以 jxgl 数据库为例,在"学生信息""课程""成绩""系部"等表的基础上介绍有关数据查询的技术,包括基本查询和高级查询。在进行查询之前,各表中应当已输入相应记录,各表中的记录分别如图 5.1~图 5.5 所示。

stu.id	stu.name	stu.sex	stu.birth	stu.birthplace	dept.id	stu.telephone	credit	photo
1801010101	秦建兴	男	2000-05-05 0...	北京市	0101	18401101456	13	NULL
1801010102	张吉哲	男	2000-12-05 0...	上海市	0101	13802104456	13	NULL
1801010103	王胜男	女	1999-11-08 0...	广州市	0101	18624164512	13	NULL
1801010104	李楠楠	女	2000-08-25 0...	重庆市	0101	13902211423	4	NULL
1801010105	耿明	男	2000-07-15 0...	北京市	0101	18501174581	13	NULL
1801020101	贾志强	男	2000-04-29 0...	天津市	0102	15621010025	13	NULL
1801020102	朱凡	男	2000-05-01 0...	石家庄市	0102	13896308457	0	NULL
1801020103	沈柯辛	女	1999-12-31 0...	哈尔滨市	0102	15004511439	13	NULL
1801020104	牛不文	男	2000-02-14 0...	长沙市	0102	13316544789	13	NULL
1801020105	王东东	男	2000-03-05 0...	北京市	0102	18810111256	13	NULL
1902030101	耿娇	女	2001-05-25 0...	广州市	0203	15621014488	10	NULL
1902030102	王向阳	男	2001-03-15 0...	北京市	0203	18810101014	10	NULL
1902030103	郭波	女	2001-10-05 0...	重庆市	0203	18940110111	10	NULL
1902030104	李红	女	2001-09-05 0...	上海市	0203	13802101458	10	NULL
1902030105	王光伟	男	2001-01-25 0...	哈尔滨市	0203	18945103256	10	NULL
2002030101	于友荣	男	2002-05-06 0...	上海市	0203	15567238922	0	NULL
NULL	NULL	NULL	NULL	NULL	NULL	NULL	NULL	NULL

图 5.1 "学生信息"表记录

course.id	course.name	course.credit	course.hour
010001	大学计算机基	3	54
010002	数据结构	3	54
010003	数据库原理	4	68
010004	操作系统原理	4	68
020001	金融学	4	68
100101	马克思主义基	3	54
200101	大学英语	3	54
NULL	NULL	NULL	NULL

图 5.2 "课程"表记录

stu_id	course_id	score
1801010101	010002	78
1801010101	010003	69
1801010101	100101	89
1801010101	200101	77
1801010102	010002	88
1801010102	010003	84
1801010102	100101	75
1801010102	200101	85
1801010103	010002	75
1801010103	010003	81
1801010103	100101	78
1801010103	200101	76
1801010104	010002	45
1801010104	010003	61
1801010104	100101	55
1801010104	200101	56
1801010105	010002	83
1801010105	010003	86
1801010105	100101	81
1801010105	200101	81
1801020101	010002	91
1801020101	010004	91
1801020101	100101	77
1801020101	200101	87
1801020102	010002	56
1801020102	010004	56
1801020102	100101	45
1801020102	200101	52
1801020103	010002	65

stu_id	course_id	score
1801020102	200101	52
1801020103	010002	65
1801020103	010004	65
1801020103	100101	87
1801020103	200101	67
1801020104	010002	84
1801020104	010004	84
1801020104	100101	92
1801020104	200101	90
1801020105	010002	76
1801020105	010004	76
1801020105	100101	64
1801020105	200101	66
1902030101	020001	85
1902030101	100101	85
1902030101	200101	83
1902030102	020001	66
1902030102	100101	66
1902030102	200101	61
1902030103	020001	79
1902030103	100101	79
1902030103	200101	89
1902030104	020001	49
1902030104	100101	49
1902030104	200101	69
1902030105	020001	69
1902030105	100101	69
1902030105	200101	62
NULL	NULL	NULL

图 5.3 "成绩"表记录

dept_id	dept_name	dept_head
0101	数学系	张光明
0102	计算机系	王新亮
0203	金融系	刘娟
0301	外语系	辛英红
NULL	NULL	NULL

图 5.4 "系部"表记录

taecher_id	teacher_name	teacher_sex	dept_id	teacher_birth	dept_head	teacher_telep...
010101	张光明	男	0101	1971-11-02	True	13901023415
010102	李秀丽	女	0101	1988-02-24	False	18720119821
010201	王新亮	男	0102	1972-04-08	True	18801214533
010202	张诗涵	女	0102	1992-07-16	False	13801215627
010203	吴建设	男	0102	1989-09-22	False	15501128976
020301	刘娟	女	0203	1980-07-03	True	13301221789
020302	赵立勇	男	0203	1985-05-01	False	18701227899
020305	付华	女	0203	1990-09-15	False	18514510011
NULL	NULL	NULL	NULL	NULL	NULL	NULL

图 5.5 "教师信息"表记录

5.1 简单 SELECT 语句

简单查询是按照一定的条件在单表上查询数据,还包括汇总查询以及查询结果的排序与保存。

5.1.1 SELECT 语句概述

查询是指对已经存在于数据库中的数据按特定的组合、条件或次序进行检索,从数据库中获取数据和操作数据的过程。查询功能是数据库最基本也是最重要的功能。

查询是 SQL 中最主要、最核心的部分。查询语言用来对已经存在于数据库的数据按照特定组合、条件表达式或者一定的次序进行检索。

数据查询命令是 SQL 最常用的命令,由于查询要求不同而有各种变化,因此查询命令也是最复杂的命令。其基本格式是由 SELECT 子句、FROM 子句和 WHERE 子句组成的 SQL 查询语句。

5.1.2 完整的 SELECT 语句的基本语法格式

SELECT 语句的完整语法格式如下:

```
SELECT [ALL|DISTINCT][TOP n [PERCENT]] select_list
    [INTO new_table_name]
    FROM <table_name/view_name>
    [WHERE search_condition]
    [GROUP BY group_by_expression]
    [HAVING search_condition]
    [ORDER BY order_expression[ASC|DESC]][,...n]
```

对其中各参数的说明如下。

(1) ALL:表示输出所有记录,包括重复记录。

(2) DISTINCT:表示去掉重复的记录。

(3) TOP n:查询结果只显示表中的前 n 条记录,TOP n PERCENT 关键字表示查询结果只显示前面 $n\%$ 条记录。

(4) select_list:所要查询的选项的集合,多个选项之间用逗号分开。

(5) INTO new_table_name:用于指定使用结果集创建一个新表,new_table_name 是新表名。

(6) FROM <table_name/view_name>:结果集数据来源于哪些表或视图,FROM 子句还可包含连接的定义。

(7) WHERE search_condition:一个条件筛选,只有符合条件的行才向结果集提供数据,不符合条件的行中的数据不会被使用。

(8) GROUP BY group_by_expression：根据 group_by_expression 列中的值将查询结果进行分组。

(9) HAVING search_condition：应用于结果集的附加筛选。从逻辑上讲，HAVING 子句从中间结果集对行进行筛选，这些中间结果集是用 SELECT 语句中的 FROM、WHERE 或 GROUP BY 子句创建的。HAVING 子句通常与 GROUP BY 子句一起使用。

(10) ORDER BY order_expression[ASC|DESC]：定义结果集中行的排列顺序。order_expression 指定组成排序列表的结果集的列。ASC 指定行按升序排序，DESC 指定行按降序排序。

SELECT 语句可以完成以下工作。

- 投影：用来选择表中的列。
- 选择：用来选择表中的行。
- 连接：将两个关系拼接成一个关系。

SELECT 语句的功能为从 FROM 列出的数据源表中找出满足 WHERE 检索条件的记录，按 SELECT 子句的字段列表输出查询结果表，在查询结果表中可进行分组与排序。

说明：在 SELECT 语句中，SELECT 子句和 FROM 子句是不可缺少的，其余的是可选的。

5.1.3 基本的 SELECT 语句

SELECT 语句的基本形式如下：

```
SELECT [ALL|DISTINCT] [TOP n [PERCENT]] select_list
    FROM <table_name/view_name>
    [WHERE search_condition]
```

1. 查询表中的若干列

在很多情况下，用户只对表中的一部分属性感兴趣，这时可以在 SELECT 子句的 <字段列表>中指定要查询的属性。

【例 5.1】 在"学生信息"表中查询学生的学号及姓名。

```
USE jxgl
GO
SELECT stu_id,stu_name
    FROM 学生信息
GO
```

查询结果如图 5.6 所示。

2. 查询表中的全部列

将表中的所有属性都选出来有两种方法：一种方法是在 SELECT 命令后面列出所有列名；另一种方法是如果列的显示顺序与其在基表中的顺序相同，也可以简单地将<字

段列表>简写为“*”。

【例 5.2】 查询“课程”表的所有信息。

```
USE jxgl
GO
SELECT *
    FROM 课程
GO
```

查询结果如图 5.7 所示。

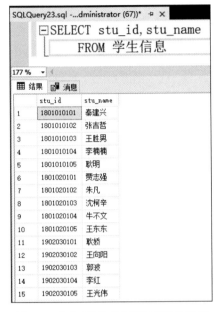

	stu_id	stu_name
1	1801010101	秦建兴
2	1801010102	张吉哲
3	1801010103	王胜男
4	1801010104	李楠楠
5	1801010105	耿明
6	1801020101	贾志强
7	1801020102	朱凡
8	1801020103	沈柯辛
9	1801020104	牛不文
10	1801020105	王东东
11	1902030101	耿娇
12	1902030102	王向阳
13	1902030103	郭波
14	1902030104	李红
15	1902030105	王光伟

图 5.6 查询“学生信息”指定列的结果

	course_id	course_name	course_credit	course_hour
1	010001	大学计算机基础	3	54
2	010002	数据结构	3	54
3	010003	数据库原理	4	68
4	010004	操作系统原理	4	68
5	020001	金融学	4	68
6	100101	马克思主义基本原理	3	54
7	200101	大学英语	3	54

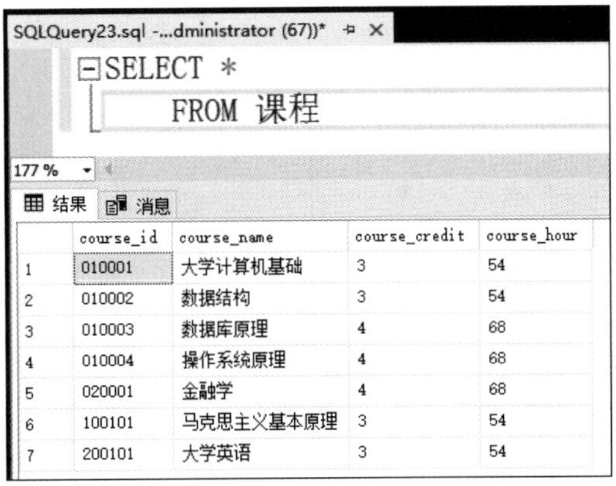

图 5.7 查询“课程”表的全部列

3. 设置字段别名

T-SQL 提供了在 SELECT 语句中操作别名的方法。用户可以根据实际需要对查询数据的列标题进行修改,或者为没有标题的列加上临时标题。其语法格式如下:

```
列表达式 [AS] 别名
```

或

```
别名=列表达式
```

【例 5.3】 查询 jxgl 数据库的“课程”表,列出表中的所有记录,每个记录的名称依次为课程号、课程名、课程学分和学时数。

```
USE jxgl
GO
SELECT course_id AS 课程号, course_name AS 课程名, course_credit AS 课程学分,
```

```
course_hour AS 学时数
    FROM 课程
GO
```

或

```
SELECT 课程号 = course_id, 课程名 = course_name, 课程学分 = course_credit, 学时数 =
course_hour
    FROM 课程
GO
```

查询结果如图 5.8 所示。

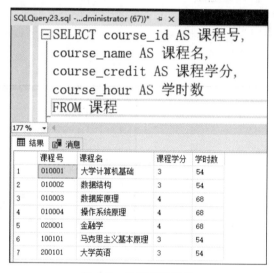

图 5.8　显示字段别名

4. 查询经过计算的值

SELECT 子句中的<select_list>不仅可以是表中的属性列,也可以是表达式,包括字符串常量、函数等,其语法格式如下:

```
计算字段名=表达式
```

【例 5.4】　查询"学生信息"表中所有学生的学号、姓名及年龄。

在本例的查询操作中应该使用"学生信息"表中的 stu_birth 字段值计算得到,这里需要用到两个函数,一个是取得当前系统日期的函数 GETDATE(),另一个是计算两个日期型量之差的函数 DATEDIFF(),本例计算当前日期与学生出生时间之间年份的差值,通过这种方式得到学生的年龄。

```
USE jxgl
GO
SELECT stu_id AS 学号, stu_name AS 姓名, 年龄 = DATEDIFF(YY, stu_birth, GETDATE())
    FROM 学生信息
```

```
GO
```

查询结果如图 5.9 所示。

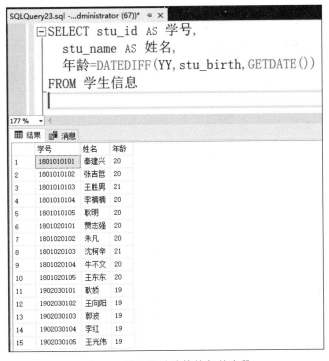

图 5.9 显示经过计算的年龄字段

5. 返回全部记录

如果要返回全部记录可在 SELECT 后使用 ALL，ALL 是默认设置，因此也可以省略。

【例 5.5】 查询"学生信息"表中所有学生的系别代码。

```
USE jxgl
GO
SELECT dept_id
    FROM 学生信息
GO
```

部分查询结果如图 5.10 所示。

6. 过滤重复记录

在例 5.5 的执行结果集中显示了重复行。如果让重复行只显示一次，需在 SELECT 子句中用过滤重复记录（DISTINCT）指定在结果集中只能显示唯一行。

【例 5.6】 查询"学生信息"表中的学生所在系别有哪些（重复专业只显示一次）。

```
USE jxgl
GO
```

```
SELECT DISTINCT dept_id
    FROM 学生信息
GO
```

查询结果如图 5.11 所示。

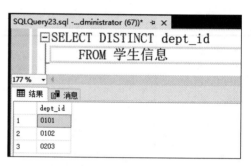

图 5.10　显示所有学生的系别代码　　　　图 5.11　过滤重复记录后的显示结果

注意：在使用 DISTINCT 关键字后,如果表中有多个为 NULL 的数据,服务器会把这些数据视为相同。

7. 仅返回前面若干记录

其语法格式如下：

```
SELECT [TOP n |TOP n PERCENT] select_list
    FROM table_name
```

其中,TOP n 表示返回最前面的 n 行,n 表示返回的行数；

TOP n PERCENT 表示返回最前面的 n％行。

【例 5.7】　查询"学生信息"表中的前 5 条记录。

```
USE jxgl
GO
SELECT TOP 5 *
    FROM 学生信息
GO
```

【例 5.8】　查询"学生信息"表中前面的 10％行记录。

```
USE jxgl
GO
SELECT TOP 10 PERCENT *
    FROM 学生信息
GO
```

运行例 5.7 将返回 5 条记录，运行例 5.8 会返回"学生信息"表最前面 10％条记录，即前两条记录。

注意：TOP 子句不能和 DISTINCT 关键字同时使用。

5.1.4　INTO 子句

使用 INTO 子句允许用户自定义一个新表，并且把 SELECT 子句的数据插入新表中。

在使用 INTO 子句插入数据时，应注意以下 4 点。

- 新表不能存在，否则会产生错误信息。
- 新表中的列和行是基于查询结果集的。
- 使用该子句必须在目的数据库中具有 CREATE TABLE 权限。
- 如果新表名称的开头为"♯"，则生成的是临时表。

注意：使用 INTO 子句，通过在 WHERE 子句中设置 FALSE 条件，可以创建一个和源表结构相同的空表。

【例 5.9】　创建一个和"学生信息"表结构相同的 xs_new 表。

```
USE jxgl
GO
SELECT * INTO xs_new
    FROM 学生信息
    WHERE 6>8
GO
```

设置 WHERE 6＞8 这样一个明显为逻辑否的条件的目的是只保留"学生信息"表的结构，而不返回任何记录。

【例 5.10】　查询所有女生的信息并将结果保存在名为"女生表"的数据表中。

```
USE jxgl
GO
SELECT * INTO 女生表
    FROM 学生信息
    WHERE stu_sex='女'
GO
```

【例 5.11】　查询所有男生的信息并将结果存入临时表中。

```
USE jxgl
GO
SELECT * INTO #男生表
```

```
    FROM 学生信息
    WHERE stu_sex='男'
GO
```

查看临时表的内容可用下面的语句：

```
SELECT * FROM #男生表
```

查询结果如图 5.12 所示。

图 5.12　查询临时表的结果

5.1.5　WHERE 子句

WHERE 子句获取 FROM 子句返回的值（在虚拟表中），并且应用 WHERE 子句中定义的搜索条件。WHERE 子句相当于从 FROM 子句返回结果的筛选器，每行都要根据搜索条件进行评估，评估为真的那些行作为查询结果的一部分返回，评估为未知或假的那些行不出现在结果中。条件查询就是关系运算的选择运算，就是对数据源进行水平分割。

使用 WHERE 子句可以限制查询的记录范围。在使用时，WHERE 子句必须紧跟在 FROM 子句后面。WHERE 子句中的条件是一个逻辑表达式，其中可以包含的运算符如表 5.1 所示。

表 5.1　查询条件中常用的运算符

运　算　符	用　　途
=、<、>、<>、!>、!<、>=、<=、!=	比较大小
AND、OR、NOT	设置多重条件
BETWEEN…AND…	确定范围

续表

运　算　符	用　　途
IN、NOT IN、ANY｜SOME、ALL	确定集合
LIKE	字符匹配，用于模糊查询
IS［NOT］NULL	测试空值

1. 比较表达式作为查询条件

比较表达式是逻辑表达式的一种，使用比较表达式作为查询条件的一般表达形式如下：

表达式 1 比较运算符 表达式 2

其中，表达式为常量、变量和列表达式的任意有效组合。比较运算符包括＝（等于）、＜（小于）、＞（大于）、＜＞（不等于）、!＞（不大于）、!＜（不小于）、＞＝（大于或等于）、＜＝（小于或等于）、!＝（不等于）。

【例 5.12】　查询年龄在 20 岁以下的学生。

```
USE jxgl
GO
SELECT stu_name,stu_sex,age=DATEDIFF(YEAR,stu_birth,GETDATE())
    FROM 学生信息
    WHERE DATEDIFF(YEAR, stu_birth,GETDATE())<20
GO
```

查询结果如图 5.13 所示。

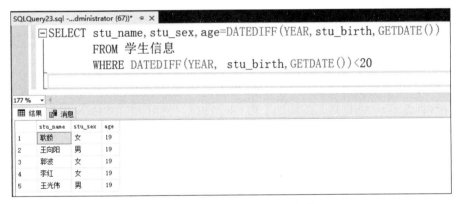

图 5.13　使用比较表达式的查询结果

2. 逻辑表达式作为查询条件

使用逻辑表达式作为查询条件的一般表达形式如下：

expression1 AND|OR expression2,

或

```
NOT expression
```

【例 5.13】 查询年龄为 20 岁且性别为"女"的学生。

```
USE jxgl
GO
SELECT stu_name,stu_sex,age=DATEDIFF(YEAR,stu_birth,GETDATE())
    FROM 学生信息
    WHERE DATEDIFF(YEAR, stu_birth,GETDATE())=20 AND stu_sex='女'
GO
```

查询结果如图 5.14 所示。

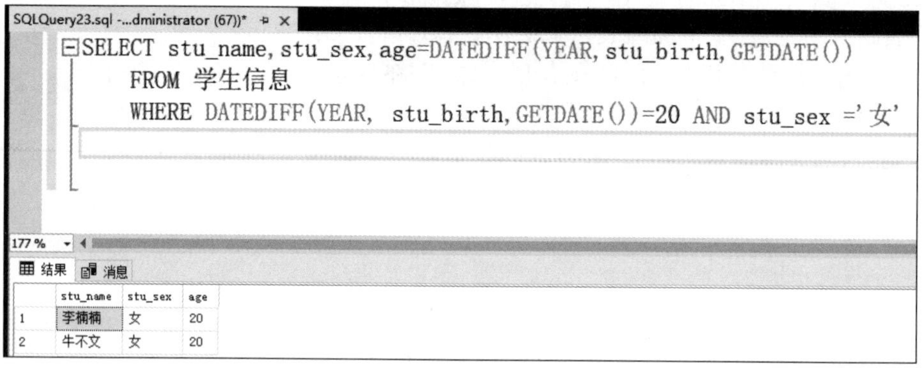

图 5.14 使用逻辑表达式的查询结果

3. BETWEEN…AND…关键字

其语法格式如下：

```
expression [NOT] BETWEEN expression1 AND expression2
```

谓词可以用来查找属性值在(或不在)指定范围内的元组,其中,BETWEEN 后是范围的下限(即低值),AND 后是范围的上限(即高值)。使用 BETWEEN 限制查询数据范围时同时包括了边界值,而使用 NOT BETWEEN 进行查询时不包括边界值。

【例 5.14】 查询年龄为 19~20 岁的女学生的姓名、性别和年龄。

```
USE jxgl
GO
SELECT stu_name,stu_sex,age=DATEDIFF(YEAR, stu_birth,GETDATE())
    FROM 学生信息
    WHERE DATEDIFF(YEAR,stu_birth,GETDATE())BETWEEN 19 AND 20 AND stu_sex='女'
GO
```

查询结果如图 5.15 所示。

4. IN 关键字

和 BETWEEN…AND…关键字一样,IN 的引入也是为了更加方便地限制检索数据的范

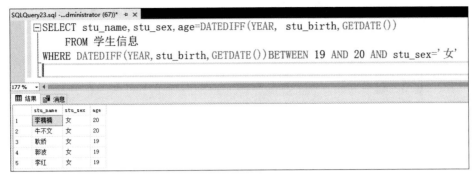

图 5.15　使用 BETWEEN…AND…关键字的查询结果

围,灵活地使用 IN 关键字,可以用简洁的语句实现结构复杂的查询。其语法格式如下:

```
expression [NOT] IN(expression1, expression2,…)
```

如果表达式的值是谓词 IN 后面圆括号中列出的表达式 1,表达式 2,…,表达式 n 中的一个值,则条件为真。

【例 5.15】　查询选修了 100101 和 200101 两门课程的学生的学号。

```
USE jxgl
GO
SELECT DISTINCT stu_id
    FROM 成绩
    WHERE course_id  IN('100101','200101')
GO
```

查询结果如图 5.16 所示。

5. LIKE 关键字

在实际的应用中,用户不会总是能够给出精确的查询条件,因此经常需要根据一些并不确切的线索来搜索信息,这就是所谓的模糊查询。T-SQL 提供了 LIKE 子句来进行模糊查询。

其语法格式如下:

```
表达式 [NOT] LIKE <匹配串>
```

LIKE 子句的含义是查找指定的属性列值与匹配串相匹配的元组。匹配串可以是一个完整的字符串,也可以含有通配符。SQL Server 提供了以下 4 种通配符供用户灵活地实现复杂的查询条件。

- ％(百分号):表示 0～n 个任意字符。
- _(下画线):表示单个任意字符。
- [](封闭方括号):表示方括号中列出的任意一个字符。
- [^]:任意一个没有在方括号中列出的字符。

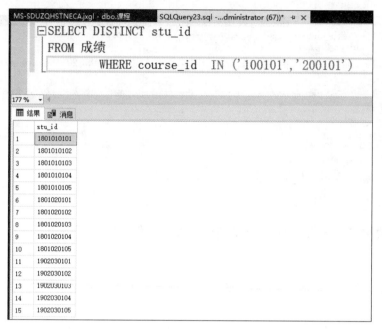

图 5.16　使用 IN 关键字的查询结果

需要注意的是，以上所有通配符都只有在 LIKE 子句中才有意义，否则通配符会被当作普通字符处理。

【例 5.16】　查询"王"姓学生的学号及姓名。

```
USE jxgl
GO
SELECT stu_id,stu_name
    FROM 学生信息
    WHERE stu_name LIKE '王%'
GO
```

查询结果如图 5.17 所示。

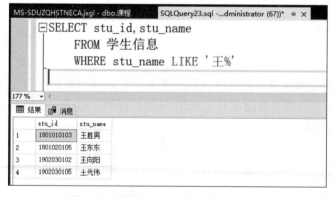

图 5.17　使用 LIKE 关键字的查询结果

注意：通配符和字符串必须括到单引号中。当查找通配符本身时，需要将它们用方括号括起来。例如 LIKE '[[]'表示要匹配"["。

6. 涉及空值的查询

空值（NULL）要用 IS 进行连接，不能用"＝"代替。

【例 5.17】　查询选修了课程却没有成绩的学生的学号。

```
USE jxgl
GO
SELECT *
    FROM 成绩
    WHERE score IS NULL
GO
```

5.1.6　ORDER BY 子句

查询结果集中记录的顺序是按它们在表中的顺序进行排列的，可以使用 ORDER BY 子句对查询结果重新进行排序，可以规定升序（从低到高或从小到大）或降序（从高到低或从大到小）。其语法格式如下：

```
ORDER BY 表达式 1[ASC|DESC][,...n]]
```

其中，表达式给出排序依据，即按照表达式的值升序（ASC）或降序（DESC）排列查询结果。在默认情况下，ORDER BY 按升序进行排列，即默认使用的是 ASC 关键字。如果用户特别要求按降序进行排列，必须使用 DESC 关键字。用户可以在 ORDER BY 子句中指定多列，检索结果首先按第 1 列进行排序，第 1 列值相同的那些数据行再按第 2 列排序。ORDER BY 要写在 WHERE 子句的后面。

另外，不能按 ntext、text 或 image 类型的列排序，因此 ntext、text 或 image 类型的列不允许出现在 ORDER BY 子句中。

【例 5.18】　按年龄从小到大的顺序显示女学生的姓名、性别及出生时间。

```
USE jxgl
GO
SELECT stu_name,stu_sex,stu_birth
    FROM 学生信息
    WHERE stu_sex='女'
    ORDER BY stu_birth DESC
GO
```

查询结果如图 5.18 所示。

注意：对于空值，若按升序排列，含空值的元组将最后显示。若按降序排列，含空值的元组将最先显示。

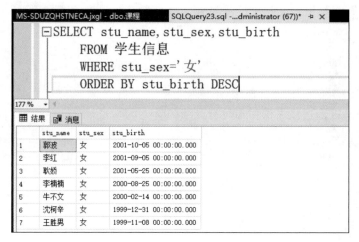

图 5.18   使用 ORDER BY 子句的查询结果

SELECT 语句
的统计功能

5.2   SELECT 语句的统计功能

为了进一步方便用户,增强检索功能,SQL Server 提供了 SELECT 语句,使用其统计功能可以对查询结果集进行求和、求平均值、求最大/最小值等操作。统计是通过集合函数和 GROUP BY 子句、COMPUTE 子句进行组合实现的。

5.2.1   集合函数

汇总查询是把存储在数据库中的数据作为一个整体,对查询结果得到的数据集合进行汇总或求平均值等各种运算。SQL Server 提供了一系列的统计函数,用于实现汇总查询。常用的统计函数如表 5.2 所示。

表 5.2   SQL Server 常用的统计函数

函 数 名	功 能
SUM()	对数值型列或计算列求总和
AVG()	对数值型列或计算列求平均值
MIN()	返回一个数值列或数值表达式的最小值
MAX()	返回一个数值列或数值表达式的最大值
COUNT()	返回满足 SELECT 语句中指定条件的记录的个数
COUNT(*)	返回找到的行数

【例 5.19】   查询学生总人数。

```
USE jxgl
```

```
GO
SELECT 学生总人数=COUNT(*)
    FROM 学生信息
GO
```

查询结果如图 5.19 所示。

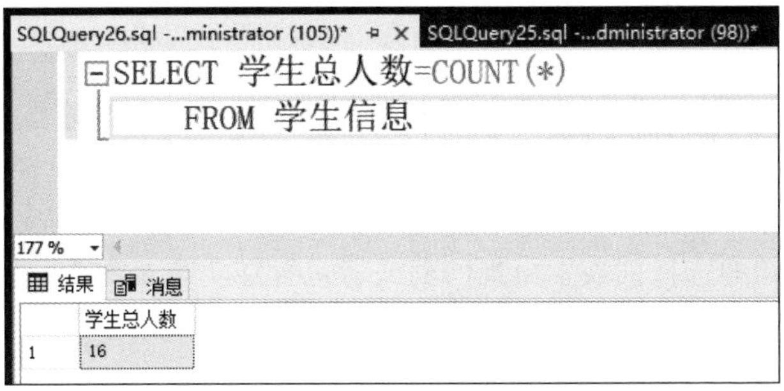

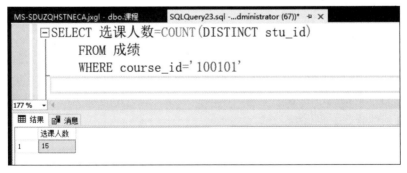

图 5.19　学生总人数的查询结果

如果指定 DISTINCT 短语,则表示在计算时要取消指定列中的重复值。如果不指定 DISTINCT 短语或指定 ALL 短语(ALL 为默认值),则表示不取消重复值。

【例 5.20】　查询选修 100101 课程的学生的人数。

```
USE jxgl
GO
SELECT 选课人数=COUNT(DISTINCT stu_id)
    FROM 成绩
    WHERE course_id='100101'
GO
```

查询结果如图 5.20 所示。

图 5.20　选课人数的查询结果

【例 5.21】　查询选修 100101 课程的学生的最高分数。

```
USE jxgl
GO
```

```
SELECT MAX(score) AS 课程最高分
    FROM 成绩
    WHERE course_id='100101'
GO
```

5.2.2 GROUP BY 子句

5.2.1 节进行的统计都是针对整个查询结果集的,通常也会要求按照一定的条件对数据进行分组统计,例如对每科考试成绩统计其平均分等。GROUP BY 子句就能够实现这种统计,它按照指定的列对查询结果进行分组统计,该子句写在 WHERE 子句的后面。注意,SELECT 子句的选择列表中出现的列或者包含在集合函数中,或者包含在 GROUP BY 子句中,否则 SQL Server 将返回错误信息。其语法格式如下:

```
GROUP BY column_name
[HAVING search_condition]
```

HAVING 条件表达式用于对生成的组进行筛选。

【例 5.22】 在"学生信息"表中分系统计出男生和女生的平均年龄及人数,结果按性别排序。

```
USE jxgl
GO
SELECT dept_id,stu_sex,
  AVG(DATEDIFF(YEAR,stu_birth,GETDATE())) AS  平均年龄,
  COUNT(*) AS 人数
    FROM 学生信息
    GROUP BY dept_id,stu_sex
    ORDER BY stu_sex
GO
```

查询结果如图 5.21 所示。

若要输出满足一定条件的分组,则需要使用 HAVING 关键字。即当完成数据结果的查询和统计后,可以使用 HAVING 关键字对查询和统计的结果进行进一步筛选。

【例 5.23】 查询"成绩"表中平均成绩大于或等于 80 分的学生的学号、平均成绩,并按分数由高到低排序。

```
USE jxgl
GO
SELECT stu_id AS 学号, AVG(score) AS  平均成绩
    FROM 成绩
    GROUP BY  stu_id
    HAVING AVG(score)>=80
    ORDER BY AVG(score) DESC
GO
```

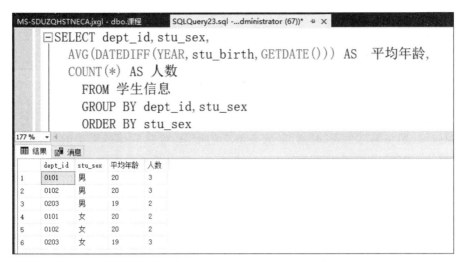

图 5.21 使用 GROUP BY 子句的查询结果

查询结果如图 5.22 所示。

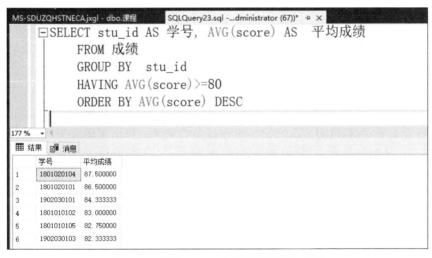

图 5.22 使用 HAVING 关键字的查询结果

注意：WHERE 子句是对表中的记录进行筛选,而 HAVING 子句是对组内的记录进行筛选,在 HAVING 子句中可以使用集合函数,并且其统计运算的集合是组内的所有列值,而 WHERE 子句中不能使用集合函数。

5.3 SELECT 语句中的多表连接

连接查询是关系数据库中主要的查询方式。5.1 节和 5.2 节所介绍的查询都是针对一张表进行的,但在实际工作中,所查询的内容往往涉及多张表。连接查询的目的是通过加载连接字段条件将多个表连接起来,以便从多个表中检索用户所需要的数据。在 SQL

SELECT 语句中的多表连接

Server 中连接查询类型分为交叉连接、内连接、外连接和自连接。连接查询就是关系运算的连接运算,是从多个数据源间查询满足一定条件的记录。

5.3.1　交叉连接

交叉连接也称非限制连接,它是将两个表不加任何约束地组合起来,也就是将第一个表的所有行分别与第二个表的每行形成一条新的记录,连接后该结果集的行数等于两个表的行数积,列数等于两个表的列数和。在数学上,交叉连接就是两个表的笛卡儿积,在实际应用中一般是没有意义的,但在数据库的数学模型上有重要的作用。其语法结构如下:

```
SELECT 列名列表
FROM 表名 1 CROSS JOIN 表名 2
```

或

```
SELECT 列名列表
FROM 表名 1, 表名 2
```

5.3.2　内连接

内连接也称自然连接,它是组合两个表的常用方法。内连接根据每个表共有列的值匹配两个表中的行,只有每个表中都存在相匹配列值的记录才出现在结果集中。在内连接中,所有表是平等的,没有主次之分。内连接是将交叉连接结果集按照连接条件进行过滤的结果。连接条件通常采用"主键＝外键"的形式。内连接有以下两种语法格式:

```
SELECT 列名列表
FROM 表名 1[INNER] JOIN 表名 2 ON 表名 1.列名=表名 2.列名
```

或

```
SELECT 列名列表
FROM 表名 1, 表名 2
WHERE 表名 1.列名<比较运算符>表名 2.列名
```

- 等值连接:在连接条件中使用等于(＝)运算符比较被连接列的列值,其查询结果中列出被连接表中的所有列,包括其中的重复列。
- 不等值连接:在连接条件中使用除等于运算符以外的其他比较运算符比较被连接的列的列值,这些运算符包括＞、＞＝、＜、＜＝、!＞、!＜、＜＞。

【例 5.24】　分别用等值连接和自然连接方法连接"学生信息"表和"系部"表。

等值连接方法的代码如下:

```
USE jxgl
GO
```

```
SELECT *
    FROM 学生信息 A , 系部 B
    WHERE A.dept_id=B.dept_id
```

自然连接方法的代码如下:

```
SELECT *
    FROM 学生信息 A INNER JOIN 系部 B ON A.dept_id=B.dept_id
GO
```

查询结果如图 5.23 所示。自然连接是在等值连接的基础上去掉重复列。

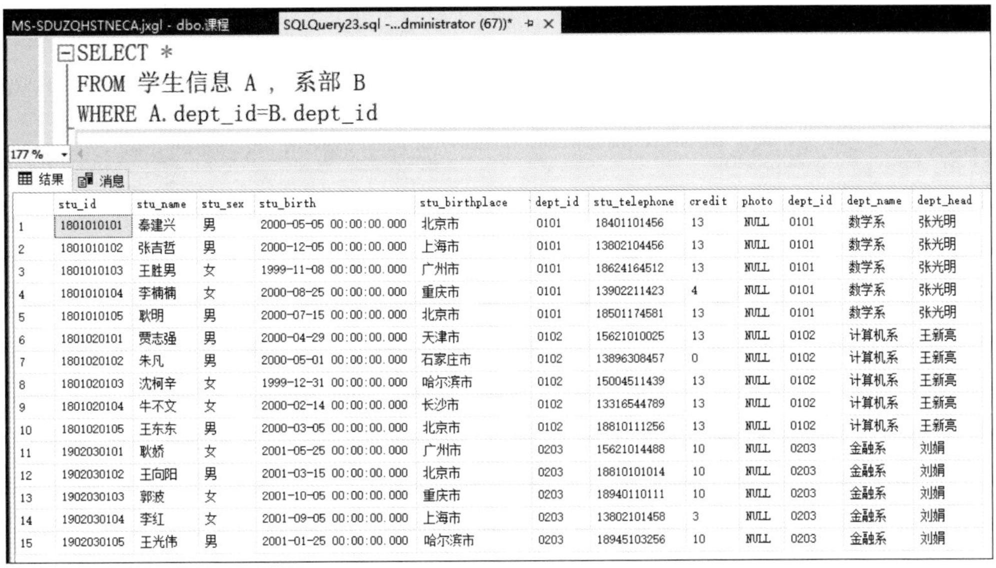

图 5.23 等值连接的查询结果

5.3.3 外连接

在内连接中,只有在两个表中均匹配的记录才能在结果集中出现。在外连接中可以只限制一个表,而对另一个表不加限制(即另一个表中的所有行都出现在结果集中)。

与内连接不同,参与外连接的表有主次之分。以主表的每行数据匹配从表中的数据列,符合连接条件的数据将直接返回到结果集中,那些不符合连接条件的列被填上NULL 值后再返回到结果集中。外连接分为左外连接、右外连接和全外连接。左外连接是对连接条件中左边的表不加限制;右外连接是对右边的表不加限制;全外连接则对两个表都不加限制,两个表中的所有行都会包含在结果集中。

1. 左外连接

在左外连接中,主表在连接符的左边,通过左外连接引用左表中的所有行。在结果集中除返回内部连接的记录以外,还在查询结果中返回左表中不符合条件的记录,并在右表

的相应列中填上 NULL,由于 BIT 类型不允许为 NULL,以 0 值填充。左外连接的语法格式如下:

```
SELECT 列名列表
FROM 表名 1 AS A LEFT [OUTER] JOIN 表名 2 AS B ON A.列名=B.列名
```

【例 5.25】 用左外连接方法连接"系部"表与"学生信息"表。

```
USE jxgl
GO
SELECT *
    FROM 系部 A LEFT JOIN 学生信息 B ON A.dept_id=B.dept_id
GO
```

查询结果如图 5.24 所示。

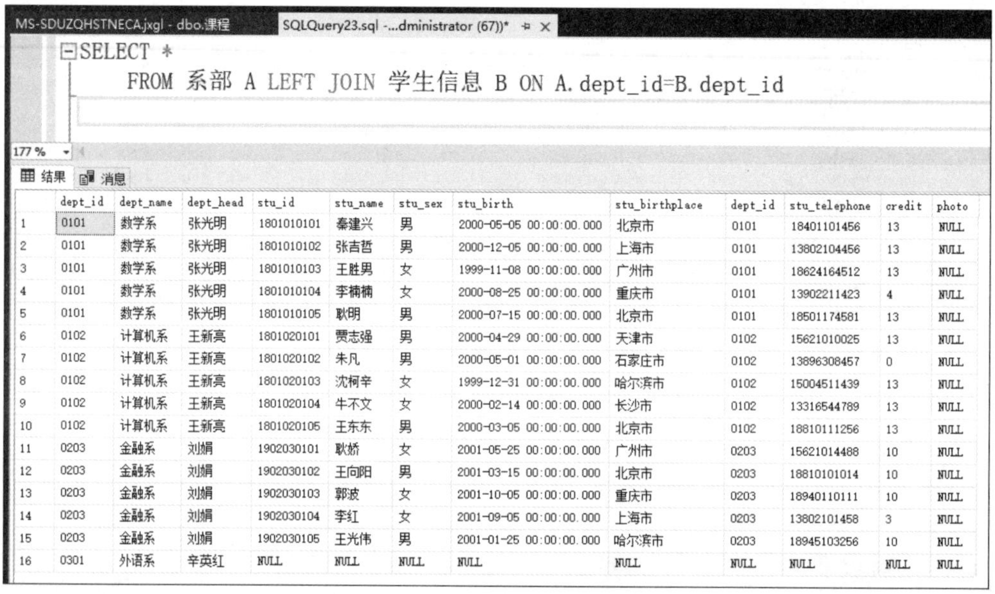

	dept_id	dept_name	dept_head	stu_id	stu_name	stu_sex	stu_birth	stu_birthplace	dept_id	stu_telephone	credit	photo
1	0101	数学系	张光明	1801010101	秦建兴	男	2000-05-05 00:00:00.000	北京市	0101	18401101456	13	NULL
2	0101	数学系	张光明	1801010102	张吉哲	男	2000-12-05 00:00:00.000	上海市	0101	13802104456	13	NULL
3	0101	数学系	张光明	1801010103	王胜男	女	1999-11-08 00:00:00.000	广州市	0101	18624164512	13	NULL
4	0101	数学系	张光明	1801010104	李楠楠	女	2000-08-25 00:00:00.000	重庆市	0101	13902211423	4	NULL
5	0101	数学系	张光明	1801010105	耿明	男	2000-07-15 00:00:00.000	北京市	0101	18501174581	13	NULL
6	0102	计算机系	王新亮	1801020101	贾志雄	男	2000-04-29 00:00:00.000	天津市	0102	15621010025	13	NULL
7	0102	计算机系	王新亮	1801020102	朱凡	男	2000-05-01 00:00:00.000	石家庄市	0102	13896308457	0	NULL
8	0102	计算机系	王新亮	1801020103	沈柯辛	女	1999-12-31 00:00:00.000	哈尔滨市	0102	15004511439	13	NULL
9	0102	计算机系	王新亮	1801020104	牛不文	女	2000-02-14 00:00:00.000	长沙市	0102	13316544789	13	NULL
10	0102	计算机系	王新亮	1801020105	王东东	男	2000-03-05 00:00:00.000	北京市	0102	18810111256	13	NULL
11	0203	金融系	刘娟	1902030101	耿娇	女	2001-05-20 00:00:00.000	广州市	0203	15621014488	10	NULL
12	0203	金融系	刘娟	1902030102	王向阳	男	2001-03-15 00:00:00.000	北京市	0203	18810101014	10	NULL
13	0203	金融系	刘娟	1902030103	郭波	女	2001-10-05 00:00:00.000	重庆市	0203	18940110111	10	NULL
14	0203	金融系	刘娟	1902030104	李红	女	2001-09-05 00:00:00.000	上海市	0203	13802101458	3	NULL
15	0203	金融系	刘娟	1902030105	王光伟	男	2001-01-25 00:00:00.000	哈尔滨市	0203	18945103256	10	NULL
16	0301	外语系	辛英红	NULL	NULL	NULL	NULL	NULL	NULL	NULL	NULL	NULL

图 5.24 左外连接的查询结果

从结果中可以看到,外语系由于没有学生,各字段内容以 NULL 补充。

2. 右外连接

右外连接是结果表中包括的所有行和左表中满足连接条件的行。注意,右表中不满足条件的记录与左表记录拼接时,在左表的相应列上填充 NULL 值。右外连接是将左表中的所有记录分别与右表中的每条记录进行组合,结果集中除返回内部连接的记录以外,还在查询结果中返回右表中不符合条件的记录,并在左表的相应列中填上 NULL。同样,由于 BIT 类型不允许为 NULL,以 0 值填充,其语法格式如下:

```
SELECT 列名列表
    FROM 表名 1 AS A RIGHT [OUTER] JOIN 表名 2 AS B ON A.列名=B.列名
```

【例 5.26】 用右外连接方法连接"学生信息"表与"系部"表。

```
USE jxgl
GO
SELECT *
    FROM 学生信息 A RIGHT JOIN 系部 B ON A.dept_id=B.dept_id
GO
```

查询结果如图 5.25 所示。

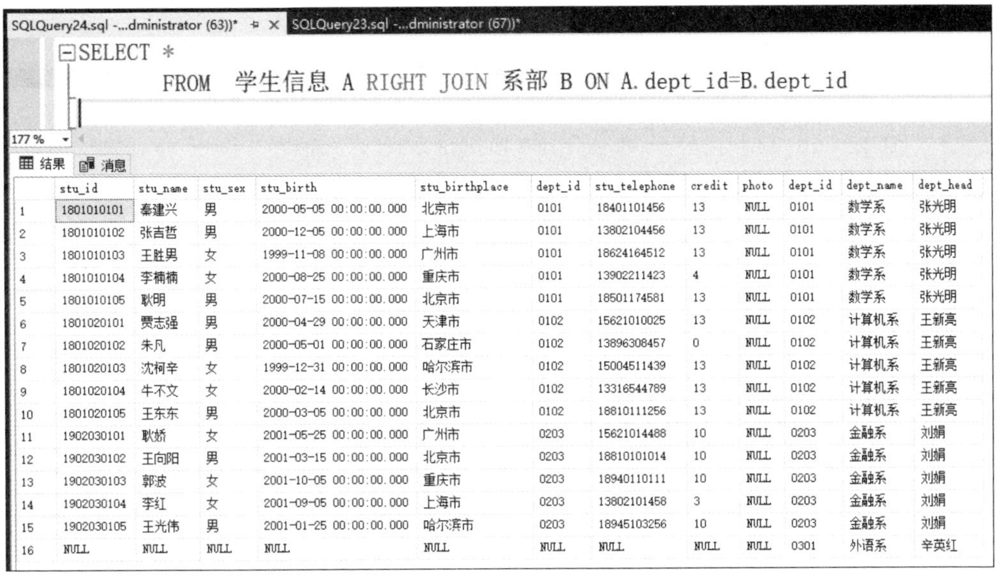

图 5.25　右外连接的查询结果

3. 全外连接

全外连接结果集中除返回左表和右表内部连接的记录以外,还在查询结果中返回两个表中不符合条件的记录,并在左表或右表的相应列中填上 NULL,BIT 类型以 0 值填充,其语法格式如下:

```
SELECT 列名列表
    FROM 表名 1 AS A FULL [OUTER] JOIN 表名 2 AS B ON A.列名=B.列名
```

5.3.4　自连接

用户不仅可以在不同的表上进行连接操作,也可以在同一张表内进行自身连接,即将同一个表的不同行连接起来。自连接可以看作一张表的两个副本之间的连接。表名在 FROM 子句中出现两次,因此,用户必须为表指定不同的别名,在 SELECT 子句中引用的列名也要使用表的别名进行限定,使之在逻辑上成为两张表。

【例 5.27】 在"学生信息"表中查询和"朱凡"在同一个系的所有男同学的信息。

```
USE jxgl
GO
SELECT B.*
    FROM 学生信息 A,学生信息 B
    WHERE A.stu_name='朱凡' AND B.dept_id=A.dept_id AND B.stu_sex='男' AND B.stu_
    name<>'朱凡'
GO
```

查询结果如图 5.26 所示。

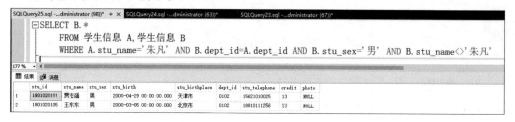

图 5.26　自连接的查询结果

5.3.5　合并查询

合并查询也称联合查询,是将两个或两个以上的查询结果合并,形成一个具有综合信息的查询结果。使用 UNION 语句可以把两个或两个以上的查询结果集合并为一个结果集。

其语法格式如下:

```
查询语句 1
UNION [ALL]
查询语句 2
```

注意:

(1) 联合查询是将两个表(结果集)顺序连接。

(2) UNION 中的每个查询所涉及的列必须具有相同的数目,相同位置的列的数据类型也要相同。若长度不同,以最长的字段作为输出字段的长度。

(3) 最后结果集中的列名来自第一个 SELECT 语句。

(4) 最后一个 SELECT 查询可以带 ORDER BY 子句,对整个 UNION 操作结果集起作用,且只能用第一个 SELECT 查询中的字段做排序列。

(5) 系统自动删除结果集中重复的记录,除非使用 ALL 关键字。

【例 5.28】 由"学生信息"表合并查询女生和男生,显示学号、姓名和性别。

```
USE jxgl
SELECT stu_id AS 学号,stu_name AS 姓名,stu_sex AS 性别 FROM 学生信息
```

```
    WHERE stu_sex='女'
UNION
SELECT stu_id AS 学号,stu_name AS 姓名,stu_sex AS 性别 FROM 学生信息
    WHERE stu_sex='男'
```

5.4　子查询

子查询

在 SQL 中,一个 SELECT…FROM…WHERE 语句称为一个查询块。将一个查询块嵌套在另一个查询块的 WHERE 子句或 HAVING 子句的条件中的查询称为子查询。子查询总是写在圆括号中,可以用在使用表达式的任何地方。上层的查询块称为外层查询或父查询,下层的查询块称为内查询或子查询。SQL 允许多层嵌套查询,即子查询中还可以嵌套其他子查询。

注意:在子查询的 SELECT 语句中不能使用 ORDER BY 子句,ORDER BY 子句只能对最终的查询结果排序。

根据查询方式的不同,子查询可以分为嵌套子查询和相关子查询两类。

1) 嵌套子查询

嵌套子查询由里向外逐层处理,即每个子查询在上一级查询处理之前求解,子查询的结果用于建立其父查询的查找条件。嵌套子查询的执行不依赖于外部查询。

2) 相关子查询

在相关子查询中,子查询的执行依赖于外部查询,多数情况下是子查询的 WHERE 子句中引用了外部查询的表。

相关子查询的执行过程与嵌套子查询完全不同,嵌套子查询中的子查询只执行一次,而相关子查询中的子查询需要重复执行。

相关子查询首先取外层查询中表的第一个元组,根据它与内层查询相关的属性值处理内层查询,若 WHERE 子句返回值为真,则取此元组放入结果集中;然后再取外层表的下一个元组,重复这一过程,直到外层表全部检查完为止。

5.4.1　嵌套子查询

1. 嵌套查询概述

嵌套子查询的执行不依赖外部嵌套,其一般的求解方法是由里向外处理,即每个子查询在上一级查询处理之前求解,子查询的结果用于建立其父查询的查找条件。

嵌套查询的执行过程:首先执行子查询语句,得到的子查询结果集传递给外层主查询语句,作为外层查询语句中的查询项或查询条件使用。子查询也可以再嵌套子查询。子查询中所存取的表可以是用户查询没有存取的表,子查询选出的记录不显示。

一些嵌套内层的子查询会产生一个值,也有一些子查询会返回一列值。由于子查询的结果必须适合外层查询语句,因此此查询不能返回带几行或几列的数据的表。

有了嵌套查询,可以有多个简单的查询构造复杂查询(嵌套不能超过 32 层),提高了

SQL 的表达能力,以这样的方式来构造查询程序,层次清晰、易于实现。

嵌套查询是功能非常强大但也比较复杂的查询,可用来解决一些难以解决的问题。使用嵌套查询也可完成很多多表连接查询同样的功能。某些嵌套查询可用连接运算替代,某些则不能。到底采用哪种方法,用户可根据实际情况确定。

2. 比较测试中的子查询

比较测试中的子查询是指父查询与子查询之间用比较运算符进行连接。父查询通过比较运算符将父查询中的一个表达式与子查询返回的结果(单值)进行比较,如果为真,那么父查询中的条件表达式返回真,否则返回假。返回的单个值被外部查询的比较操作(如 =、!=、<、<=、>、>=)使用,该值可以是子查询中使用集合函数得到的值。

【例 5.29】 查询选修了"操作系统原理"课程的学生的学号及姓名。

```
USE jxgl
GO
SELECT 学生信息.stu_id,stu_name
    FROM 学生信息,成绩
    WHERE 学生信息.stu_id=成绩.stu_id AND 成绩.course_id=
    (SELECT course_id
        FROM 课程
        WHERE course_name='操作系统原理')
GO
```

查询结果如图 5.27 所示。

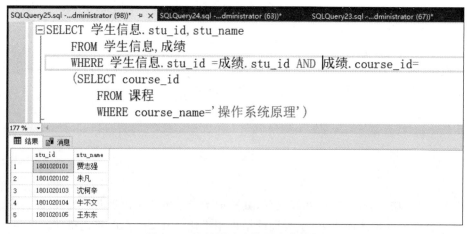

图 5.27　比较测试中的子查询结果

在例 5.27 中既可以用自连接查询方式进行查询,也可以用子查询的方式进行查询,见例 5.30。

【例 5.30】 在"学生信息"表中查询和"朱凡"在同一专业的所有男同学的信息。

```
USE jxgl
```

```
GO
SELECT *
    FROM 学生信息
    WHERE stu_sex='男' AND dept_id=
        (SELECT dept_id
          FROM 学生信息
          WHERE stu_name='朱凡')
          AND stu_name<>'朱凡'
GO
```

3. 集合成员测试中的子查询

集合成员测试中的子查询是指在父查询与子查询之间用 IN 或 NOT IN 进行连接，用于判断某个属性列值是否在子查询的结果中，通常子查询的结果是一个集合。IN 表示属于，即外部查询中用于判断的表达式的值与子查询返回的值列表中的一个值相等；NOT IN 表示不属于。

【例 5.31】　查询成绩大于 90 分的学生的学号及姓名。

```
USE jxgl
GO
SELECT DISTINCT  学生信息.stu_id,stu_name
    FROM  学生信息
    WHERE 学生信息.stu_id IN
    (SELECT stu_id FROM 成绩 WHERE score>90)
GO
```

4. 批量比较测试中的子查询

1）使用 ANY 关键字的比较测试

用比较运算符将一个表达式的值或列值与子查询返回的一列值中的每个值进行比较，只要有一次比较的结果为 TRUE，则 ANY 测试返回 TRUE。

2）使用 ALL 关键字的比较测试

用比较运算符将一个表达式的值或列值与子查询返回的一列值中的每个值进行比较，只要有一次比较的结果为 FALSE，则 ALL 测试返回 FALSE。

ANY 和 ALL 都用于一个值与一组值的比较，以"＞"为例，ANY 表示大于一组值中的任意一个值，ALL 表示大于一组值中的每个值。例如，＞ANY(1,2,3)表示大于 1，而＞ALL(1,2,3)表示大于 3。

【例 5.32】　查询所有学生中年龄最大的学生的姓名和性别。

```
USE jxgl
GO
SELECT stu_name,stu_sex
    FROM 学生信息
```

```
        WHERE stu_birth<=ALL
            (SELECT stu_birth FROM 学生信息)
    GO
```

5.4.2 相关子查询

相关子查询是指在子查询中子查询的查询条件引用了外层查询表中的字段值。相关子查询的结果集取决于外部查询当前的数据行,这一点与嵌套子查询不同。嵌套子查询和相关子查询在执行方式上也有不同。嵌套子查询的执行顺序是先内后外,即先执行子查询,然后将子查询的结果作为外层查询的查询条件的值。而在相关子查询中,首先选取外层查询表中的第一行记录,内层的子查询则利用此行中相关的字段值进行查询,然后外层查询根据子查询返回的结果判断此行是否满足查询条件。如果满足条件,则把该行放入外层查询结果集中。重复这一过程,直到处理完外层查询表中的每行数据。通过对相关子查询执行过程的分析可知,相关子查询的执行次数是由外层查询的行数决定的。

相关子查询用关键字 EXISTS 或 NOT EXISTS 实现。相关子查询的执行过程如下。

(1) 外部查询每查询一行,子查询即引用外部查询的当前值完整地执行一遍。

(2) 如果子查询有结果行存在,则外部查询结果集中返回当前查询的记录行。

(3) 再回到第(1)步,直到处理完外部表的每行。

它返回逻辑值 TRUE 或 FALSE,并不产生其他任何实际值,所以这种子查询的选择列表常用 SELECT * 格式。

【例 5.33】 查询选修了"数据库原理"课程的学生的学号及姓名。

```
USE jxgl
GO
SELECT stu_id,stu_name
    FROM 学生信息
    WHERE EXISTS
        (SELECT *
            FROM 成绩
            WHERE 学生信息.stu_id=成绩.stu_id AND course_id=
            (SELECT course_id FROM 课程 WHERE course_name='数据库原理'))
GO
```

查询结果如图 5.28 所示。

由 EXISTS 引出的子查询,其目标列表达式通常用 * 表示,因为带 EXISTS 的子查询只返回真值或假值,给出列名无实际意义。

一些带 EXISTS 或 NOT EXISTS 谓词的子查询不能被其他形式的子查询等价替换,但所有带 IN 谓词、比较运算符、ANY 和 ALL 谓词的子查询都能用带 EXISTS 谓词的子查询等价替换。

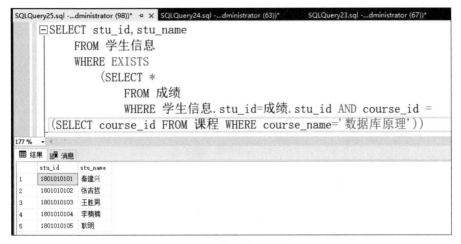

图 5.28　相关子查询结果（1）

【例 5.34】　查询没有选修课程的学生的学号和姓名。

```
USE jxgl
GO
SELECT stu_id,stu_name FROM 学生信息
WHERE  NOT EXISTS
    (SELECT * FROM 成绩 WHERE 学生信息.stu_id=成绩.stu_id)
GO
```

查询结果如图 5.29 所示。

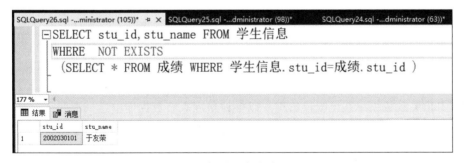

图 5.29　相关子查询结果（2）

5.4.3　使用子查询向表中添加多条记录

使用 INSERT…SELECT…语句可以一次向表中添加多条记录。

其语法格式如下：

```
INSERT 表名[(字段列表)]
SELECT 字段列表 FROM 表名 WHERE 条件表达式
```

【例 5.35】 通过子查询语句将男生表的记录一次添加到 xs_new 表中。

```
--查看原表中的内容
SELECT * FROM 男生表
GO
--向其他表中插入数据
INSERT xs_new
SELECT * FROM 男生表
GO
--插入后查看表中内容
SELECT * FROM xs_new
GO
```

5.5 数据库的视图

视图是数据库的重要组成部分,在大部分事务和分析数据库中都有使用。SQL Server 2019 为视图提供了多种重要的扩展特性。视图作为一种基本的数据库对象,是查询一个表或多个表的方法。将预先定义好的查询作为一个视图对象存储在数据库中,之后就可以像使用表一样在查询语句中使用该视图对象了。

视图的概述
和创建

5.5.1 视图的概述

1. 视图的概念

视图是通过定义查询语句 SELETE 建立的虚拟表,在视图中被查询的表称为基表。

与普通的数据表一样,视图由一组数据列、数据行构成,但是在数据库中不会为视图存储数据。视图中的数据在引用视图时动态生成,对于视图所引用的基础表来说,视图的作用类似于筛选。

视图是关系数据库系统提供给用户以多种角度观察数据库中感兴趣的部分或全部数据的重要机制,视图是一个虚拟表,并不表示任何物理数据,只是用来查看数据的窗口而已,视图是从一个或几个表中导出来的表,它实际上是一个查询结果,视图的名字和视图对表的查询存储在数据字典中。当基本表中的数据发生变化时,从视图中查询出来的数据也随之改变。

定义视图的筛选可以来自数据库的一个或多个表,或者其他视图。分布式查询也可用于定义使用多个异类源数据的视图。如果有几台不同的服务器分别存储组织不同地区的数据,而用户需要将这些服务器上相似结构的数据组合起来,这时视图就能发挥作用了。

由于视图返回的结果集与数据表有相同的形式,因此可以像数据表一样使用。在授权许可的情况下,用户还可以通过视图插入、更改和删除数据。通过视图进行查询没有任何限制,对视图的更新操作(增加、删除、修改)就是对视图的基表的操作,因此有一定的限制条件。

2. 视图的种类

在 SQL Server 2019 数据库中视图主要分为 3 种,即标准视图、索引视图和分区视图,标准视图是最常用的视图。

(1) 标准视图:标准视图组合了一个或多个表中的数据,其重点放在特定数据及简化数据操作上。

(2) 索引视图:一般的视图是虚拟的,并不是实际保存在磁盘上的表,索引视图是被物理化了的视图,它已经过计算并记录在磁盘上。

(3) 分区视图:分区视图是由在一台或多台服务器间水平连接一组成员表中的分区数据形成的视图。

3. 视图的作用

使用视图会带来许多好处,它可以帮助用户建立更加安全的数据库,管理使用者可操作的数据,简化查询过程,使用视图的优点主要表现在以下 4 方面。

(1) 简化操作:用户可以把经常使用的多表查询操作定义成视图,从而不用每次都写复杂的查询语句,直接使用视图方便地完成查询。

(2) 导入/导出数据:用户可以使用复制程序把数据通过视图导出,也可以使用复制程序或 BULK INSERT 语句把数据文件导入指定的视图中。

(3) 数据的定制与保密:重新定制数据,使得数据便于共享;合并分割数据,有利于将数据输出到应用程序中。视图机制能使不同的用户以不同的方式看待同一数据,对不同的用户定义不同的视图,使用户只能看到与自己有关的数据,同时简化了用户权限的管理,增加了安全性。

(4) 保证数据的逻辑独立性:查询只依赖于视图的定义,当构成视图的基本表需要修改时,只需要修改视图定义中的子查询部分,基于视图的查询不用修改,简化了查询操作,屏蔽了数据库的复杂性。

4. 视图的约束

建立视图必须遵循相关的语法规则,同时,为了实现高级特性,SQL Server 要求在创建视图前考虑以下准则。

(1) 可以对其他视图创建视图,SQL Server 允许嵌套视图,但嵌套不得超过 32 层。

(2) 定义视图的查询不能包含 COMPUTE 子句、COMPUTE BY 子句或 INTO 关键字。

(3) 定义视图的查询不能包含 ORDER BY 子句,除非在 SELECT 语句的选择列表中使用 TOP 子句。

(4) 定义视图的查询不能包含指定查询提示的 OPTION 子句,也不能包含 TABLESAMPLE 子句。

(5) 不能为视图定义全文索引。

(6) 不能创建临时视图,也不能对临时表创建视图。

(7) 不能删除参与到使用 SCHEMABINDING 子句创建的视图中的视图、表或函数,除非该视图已被删除或更改而具有架构绑定。

5.5.2 视图的创建

用户必须拥有数据库所有者授予的创建视图的权限才可以创建视图,同时,用户必须对定义视图时引用到的表有适当的权限。

视图的命名必须遵循标识符规则,对每个用户都是唯一的。视图名称不能和创建该视图的用户的其他任何一个表的名称相同。

1. 使用对象资源管理器创建视图

(1)在对象资源管理器中右击所选数据库下的"视图"结点,在弹出的快捷菜单中选择"新建视图"命令,如图 5.30 所示。

(2)弹出"添加表"对话框,选择相应的表或视图,单击"添加"按钮就可以添加创建视图的基表,重复此操作,可以添加多个基表,如图 5.31 所示。

图 5.30 新建视图

图 5.31 "添加表"对话框

(3)在视图窗口中添加要显示的字段,设置相应的条件和排序选项等,并运行视图,如图 5.32 所示。

(4)设置完毕后,执行该 SQL 语句,运行正确后保存该视图。

2. 使用 T-SQL 语句创建视图

创建视图的基本语法格式如下:

```
CREATE VIEW [database_name.][owner_name.] view_name [(column [,...n])]
[WITH {ENCRYPTION|SCHEMABINDING|VIEW_METADATA}]]
```

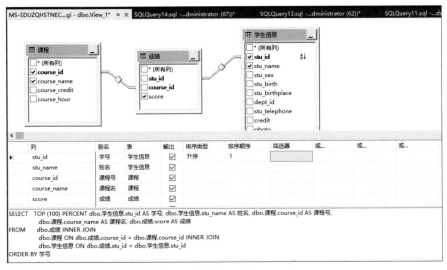

图 5.32　添加字段、设置相应的条件和排序选项等

```
AS
select_statement
[WITH CHECK OPTION]
```

对语法中的各参数说明如下。

（1）view_name：用于指定新建视图的名称。

（2）column：用于指定视图中的字段名称。

（3）ENCRYPTION：表示将新建视图加密。

（4）SCHEMABINDING：表示在 select_statement 语句中如果包含表、视图或者用户自定义函数，则表名、视图名或者函数名前必须包含所有者前缀。

（5）VIEW_METADATA：表示如果某一查询中引用该视图且要求返回浏览模式的元数据时，那么 SQL Server 将向 DBLIB 和 OLE DBAPLS 返回视图的元数据信息。

（6）select_statement：用于创建视图的 SELECT 语句。

（7）WITH CHECK OPTION：用于强制视图上执行的所有数据修改语句都必须符合由 select_statement 设置的准则。

在创建视图时应该注意以下情况。

（1）只能在当前数据库中创建视图，在视图中最多只能引用 1024 个列，视图中记录的数目由其基表中的记录数决定。

（2）如果视图引用的基表或者视图被删除，则该视图不能再被使用，直到创建新的基表或者视图。

（3）如果视图中的某一列是函数、数学表达式、常量或者与来自多个表的列名相同，则必须为列定义名称。

（4）不能在视图上创建索引，不能在规则、默认、触发器的定义中引用视图。

（5）视图的名称必须遵循标识符规则，且对每个用户必须是唯一的。此外，该名称不得与该用户拥有的任何表的名称相同。

说明：在 SQL Server 中每个数据库的系统视图里都有一个名为 INFORMATION_
SCHEMA＞VIEWS 的视图，该视图记录数据库中所建视图的信息，使用 SELECT ＊
FROM INFORMATION_SCHEMA＞VIEWS 可以查看该视图的内容。

【例 5.36】 在 jxgl 数据库中由"学生信息""课程""成绩"3 个表创建视图"学生成绩
视图"，包含的列有学号、姓名、性别、课程号、课程名和成绩。

代码如下：

```
USE jxgl
GO
CREATE VIEW 学生成绩视图
AS
SELECT  学生信息.stu_id AS 学号, stu_name AS 姓名, stu_sex AS 性别,课程.course_id
        AS 课程号, course_name AS 课程名, score AS 成绩
    FROM  成绩 INNER JOIN 课程 ON 成绩.course_id=课程.course_id
              INNER JOIN 学生信息 ON 成绩.stu_id=学生信息.stu_id
GO
```

以上代码的执行结果如图 5.33 所示。

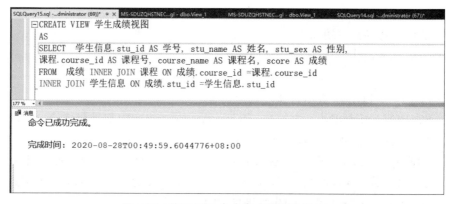

图 5.33　使用 SQL 命令方式创建视图(1)

【例 5.37】 建立计算机系学生视图，包括学生的学号、姓名、性别、出生时间、系别，并
使用 WITH ENCRYPTION 选项将视图进行加密。

代码如下：

```
USE jxgl
GO
CREATE VIEW 计算机系学生
WITH ENCRYPTION
AS
SELECT  stu_id AS 学号, stu_name AS 姓名, stu_sex AS 性别,
        stu_birth AS 出生时间,dept_name AS 系别
    FROM 学生信息 INNER JOIN 系部 ON 学生信息.dept_id=系部.dept_id
```

```
WHERE dept_name='计算机系'
```

以上代码的执行结果如图 5.34 所示。

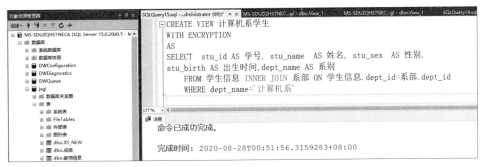

图 5.34 使用 SQL 命令方式创建视图（2）

在对象资源管理器视图目录的视图"计算机系学生"上使用了一个带有"锁"的视图图标，右击该视图结点，在弹出的快捷菜单中选择"设计"命令，可以将其变为灰色，表示禁用（请读者自行验证）。

5.5.3 修改和查看视图

由于视图在数据库中并没有实际数据存在，其定义的数据都保存在基表中，所以对视图的任何更新操作（包括插入数据、删除数据、修改数据）都要转化为对基表的操作。因此，所有针对视图的操作都要受限于基表所做的约束（必须满足数据完整性等），特别是基表为多个表时更是如此，而且有些视图是不能进行更新的。

1. 使用对象资源管理器修改视图

使用对象资源管理器修改视图的操作步骤如下。

（1）打开对象资源管理器，展开相应的数据库文件夹。然后展开"视图"选项，右击要修改的视图，在弹出的快捷菜单中选择"设计"命令，打开对话框查看和修改视图的定义，如图 5.35 所示。

（2）如果要向视图中添加表，可以在空白处右击，在弹出的快捷菜单中选择"添加表"命令。同样，如果要删除表，则右击要删除的表，在弹出的快捷菜单中选择"删除"命令。

（3）如果要修改其他属性，则在对话框的上

修改和查看
视图

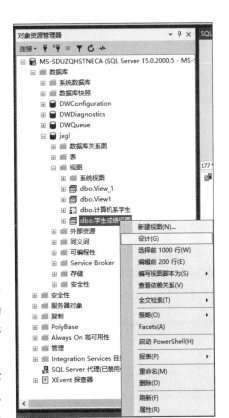

图 5.35 使用对象资源管理器
查看和修改视图

半部分重新选择视图所用的列;在中间的窗格部分对视图中的每列进行属性设置,最后单击工具栏上的"保存"按钮保存修改后的视图。

2. 使用 T-SQL 语句修改视图

在建立视图后,可以使用 ALTER VIEW 语句修改视图定义。其语法格式如下:

```
ALTER VIEW [database_name.][owner_name.] view_name [(column [,...n])]
 [WITH {ENCRYPTION|SCHEMABINDING|VIEW_METADATA}]]
AS
select_statement
[WITH CHECK OPTION]
```

可以看到,修改视图的语句结构与 CREATE VIEW 语句相同,其中各选项的含义也与 CREATE VIEW 语句相同。

【例 5.38】 修改"学生成绩视图",使其显示成绩在 80 分以上的学生的成绩信息。

代码如下:

```
USE jxgl
GO
ALTER  VIEW 学生成绩视图
AS
SELECT  学生信息.stu_id AS 学号, stu_name AS 姓名, stu_sex AS 性别,
        课程.course_id AS 课程号, course_name AS 课程名, score AS 成绩
  FROM  成绩 INNER JOIN 课程 ON 成绩.course_id=课程.course_id
          INNER JOIN 学生信息 ON 成绩.stu_id=学生信息.stu_id
  WHERE score>80
GO
```

3. 使用系统存储过程查看视图的定义

用户可以使用 SQL Server Management Studio 的"对象资源管理器"查看和维护视图。基本方法是在"对象资源管理器"窗格中依次展开各结点到"视图",在要进行管理的视图上右击,在弹出的快捷菜单中选择相应的命令进行操作。除此以外,还经常使用系统存储过程 sp_helptext 查看视图定义信息,其语法格式如下:

```
[EXECUTE] sp_helptext view_name
```

其中,view_name 为用户需要查看的视图的名称。

【例 5.39】 查看"学生成绩视图"。

代码如下:

```
EXEC sp_helptext 学生成绩视图
```

其执行结果如图 5.36 所示。

图 5.36　查看视图的定义

4. 使用系统存储过程查看视图参照关系和字段信息

用户可以执行系统存储过程查看视图的参照关系等,其语法格式如下:

```
[EXECUTE] sp_depends view_name
```

【例 5.40】　查看"学生成绩视图"的参照关系等信息。

代码如下:

```
EXECUTE sp_depends 学生成绩视图
```

以上代码的执行结果如图 5.37 所示。

图 5.37　查看视图的参照关系等信息

5.5.4　使用视图

使用视图和
删除视图

视图创建完毕,就可以和查询基表一样通过视图查询所需要的数据,而且有些查询需要的数据直接从视图中获取比从基表中获取数据要简单,也可以通过视图修改基表中的数据。

1. 数据查询

在对象资源管理器中右击要查询的视图,在弹出的快捷菜单中选择"选择前 1000 行"或"编辑前 200 行"命令均可打开视图查看视图的执行结果,这与在对象资源管理器中通过基表查询表记录的方法相同，如图 5.38 所示。

【例 5.41】 查询"VIEW1"视图，运行结果如图 5.38 所示。

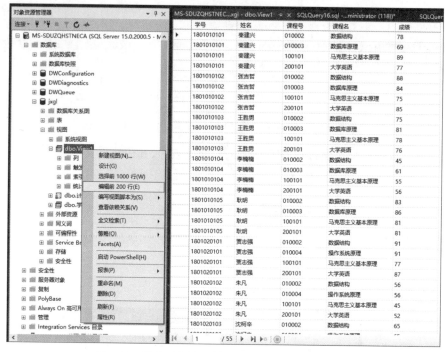

图 5.38 通过对象资源管理器查看视图的运行结果

2. 使用 T-SQL 语句查询视图

和查询基表一样，通过视图查询所需要的数据，而且有些查询需求的数据直接从视图中获取比从基表中获取要简单。

【例 5.42】 通过"学生成绩视图"查询所有选修了"数据库原理"课程的学生的成绩。代码如下：

```
SELECT * FROM 学生成绩视图 WHERE  课程名='数据库原理'
GO
```

其执行结果如图 5.39 所示。

	学号	姓名	性别	课程号	课程名	成绩
1	1801010101	秦建兴	男	010003	数据库原理	69
2	1801010102	张吉哲	男	010003	数据库原理	84
3	1801010103	王胜男	女	010003	数据库原理	81
4	1801010104	李楠楠	女	010003	数据库原理	61
5	1801010105	耿明	男	010003	数据库原理	86

图 5.39 使用视图查询数据（1）

【例 5.43】 通过"学生成绩视图"查询"数据库原理"课程的平均分。

代码如下：

```
SELECT 平均分=AVG(成绩)
  FROM 学生成绩视图 WHERE   课程名='数据库原理'
GO
```

其执行结果如图 5.40 所示。

图 5.40   使用视图查询数据（2）

3. 使用视图修改基表中的数据

修改视图的数据，其实就是对基表中的数据进行修改，真正插入数据的地方是基本表，而不是视图，同样使用 INSERT、UPDATE、DELETE 语句实现。

但并不是所有的视图都可以更新，只有满足以下可更新条件的视图才能够更新。

（1）任何修改（包括 INSERT、UPDATE 和 DELETE）都只能用一个基本表的列。

（2）视图中被修改的列必须直接引用表列中的基础数据，不能通过任何其他方式对这些列进行派生，如通过聚合函数、计算、集合运算等。

（3）被修改的列不受 GROUP BY、HAVING、DISTINCT 或 TOP 子句的影响。

（4）为防止用户通过视图对数据进行修改，无意或故意操作不属于视图范围内的基本数据，可在定义视图时加上 WITH CHECK OPTION 语句，这样在视图上修改数据时DBMS 会进一步检查视图定义中的条件，若不满足条件，则拒绝执行该操作。

（5）删除数据时，若视图依赖于多个基本表，不能通过视图删除数据。

（6）在基表的列中修改数据必须符合这些列的约束或规则。

【例 5.44】 创建一个基于"学生信息"表的男生视图 stu_view，只包括 stu_id、stu_name、stu_sex、stu_birth、dept_id 字段，并通过视图插入一条新记录（'2002030201'，'李小龙'，'男'，'2002/12/01'，'0203'）。

具体操作命令如下：

```
USE jxgl
GO
CREATE VIEW stu_view
AS
SELECT stu_id,stu_name,stu_sex,stu_birth,dept_id
  FROM 学生信息
  WHERE stu_sex='男'
GO
```

查看视图的执行结果如图 5.41 所示。

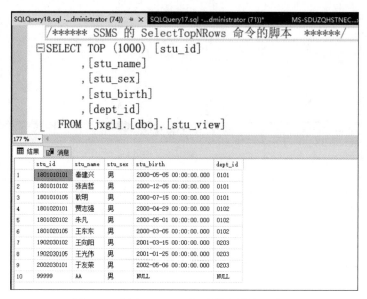

图 5.41　创建 stu_view 视图并查看执行结果

执行以下语句可通过视图 stu_view 向"学生信息"表插入数据记录,命令如下:

```
INSERT INTO stu_view
VALUES('2002030201','李小龙','男','2002/12/01','0203')
```

执行插入操作后查看"学生信息"表中的数据情况,如图 5.42 所示,可以看到通过视图插入数据实际上是插入基表中。

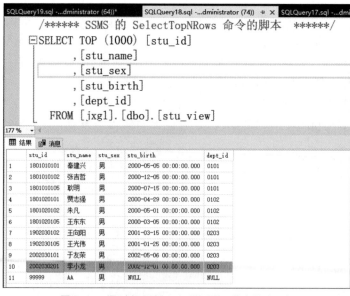

图 5.42　通过视图插入记录后的"学生信息"表

【例 5.45】　用命令方式通过"学生成绩视图"修改朱凡同学的"大学英语"课程的成绩,将成绩改为 60 分,并查看修改结果。

具体操作命令如下:

```
UPDATE 学生成绩视图
    SET 成绩=60
 WHERE 姓名='朱凡' AND 课程名='大学英语'
GO
```

查询视图结果如图 5.43 所示。这个修改改变的实际上是"成绩"表中朱凡同学的成绩,如图 5.44 所示。

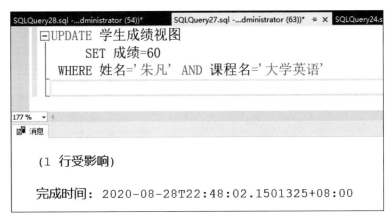

图 5.43　通过视图修改数据后的查询结果

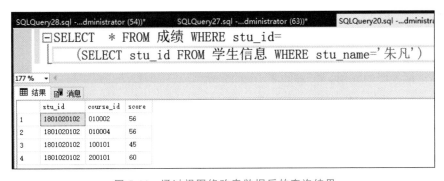

图 5.44　通过视图修改表数据后的查询结果

5.5.5　删除视图

在不需要某视图的时候或想清除视图定义及与之相关联的权限时,可以删除该视图,删除视图不会影响所依赖的基表的数据。

1.使用对象资源管理器删除视图

（1）在对象资源管理器的"视图"目录中选择要删除的视图右击，在弹出的快捷菜单中选择"删除"命令，弹出"删除对象"对话框。

（2）在该对话框中单击"确定"按钮。

2.使用 T-SQL 语句删除视图

T-SQL 语句往往用于批处理执行工作。使用 DROP VIEW 语句可以删除视图，其基本语法格式如下：

```
DROP VIEW view_name[,...n]
```

使用该语句一次可以删除多个视图。

【例 5.46】 删除 stu_view 视图。

```
DROP VIEW stu_view
GO
```

5.6 实训项目：数据查询和视图的应用

1.实训目的

（1）掌握基本 SELECT 语句的使用方法。

（2）掌握 SELECT 语句的统计功能。

（3）掌握 SELECT 语句的多表连接。

（4）掌握 SELECT 嵌套查询语句。

（5）掌握视图创建及管理的基本方法。

（6）掌握视图的应用。

2.实训内容

针对第 4 章实训内容所创建的数据库和表完成以下各项操作。

（1）使用 T-SQL 语句完成下列查询操作。

① 检索张老师所教课程的课程号和课程名。

② 检索年龄小于 20 岁的女学生的学号和姓名。

③ 检索其他系中年龄小于计算机系年龄最大者的学生。

④ 检索其他系中比计算机系年龄都小的学生。

⑤ 检索全部学生都选修的课程表中的课程号和课程名。

（2）根据"学生"表、"课程"表和"成绩"表的属性完成下列查询语句。

① 根据课程分组，统计期中成绩的平均分和总分。

② 根据课程和学号分组，统计期末成绩平均分和期末成绩总分。

③ 根据课程分组，分组的条件是期末的平均成绩不低于 90 分，统计期末成绩的平均

分和期末成绩总分。

④ 求学生的平均年龄。

⑤ 列出年龄等于 18 岁的学生的成绩记录。

⑥ 建立一个查询,对于学生成绩表中期中成绩小于 60 分的行,将课程表中的数据全部检索出来。

⑦ 查询学生表中的学号和姓名,并使用子查询获得该学生的期中成绩、期末成绩和总评成绩。

(3) 完成以下视图操作。

① 在数据库中以"学生"表为基础,建立一个名为"计算机系学生"的视图,显示学生表中的相应行的所有字段。

② 使用"计算机系学生"视图查询姓名为"刘晓明"的学生。

③ 将"计算机系学生"视图改名为"v_计算机系学生"。

④ 修改"v_计算机系学生"视图的内容,使得该视图能查询到计算机系的所有女生。

⑤ 删除"v_计算机系学生"视图。

3. 实训总结

通过本章上机实训,读者应当掌握使用 SELECT 语句进行数据库查询的各种方法,掌握简单 SELECT 查询和复杂 SELECT 查询,从而能够自如地对数据库中的表进行查询访问。

本 章 小 结

本章主要介绍数据查询,包括单表查询和多表连接查询。本章内容为本课程教学的重点内容,也是读者需要熟练掌握的内容。表 5.3 列出了本章介绍的 T-SQL 语句。

表 5.3 本章介绍的 T-SQL 语句

语　句		语 法 格 式
查询语句	SELECT	SELECT 字段列表 　　[INTO 目标数据表] 　　FROM 源数据或视图列表 　　[WHERE 条件表达式] 　　[GROUP BY 分组表达式[HAVING 搜索表达式]] 　　[ORDER BY 排序表达式[ASC]|[DESC]] 　　[COMPUTE 行聚合函数名 1(表达式 1)[,...n][BY 表达式[,...n]]]
子句	SELECT 子句	SELECT[ALL|DISTINCT][TOP n [PERCENT]] 列 1[,...n] (1)　＊　　　　　　　　　　　　　　　//所有列 (2)[{表名|视图名|表别名}.]列名　　　//指定列 (3) 列表达式[AS]别名|计算字段名＝表达式　//列别名 (4)[ALL|DISTINC]　　　　　　　//所有结果或去掉重复的结果 (5)[TOP n [PERCENT]]　　　　//前 n 条(n%)的结果

续表

语 句		语 法 格 式
子句	FROM 子句	(1) FROM 表1[[AS]表别名1] | 视图1[[AS]视图别名1][,...n] (2) FROM 表1[inner] JOIN 表2 ON 条件表达式 (3) FROM 表1 LEFT [OUTER] JOIN 表2 ON 条件表达式 (4) FROM 表1 RIGHT[OUTER] JOIN 表2 ON 条件表达式 (5) FROM 表1 FULL[OUTER] JOIN 表2 ON 条件表达式 (6) FROM 表1 CROSS JOIN 表2 或 FROM 表1,表2
	WHERE 子句	WHERE 条件表达式: (1) 表达式 比较运算符 表达式 (2) 表达式 AND | OR 表达式 或:NOT 表达式 (3) 表达式 [NOT] BETWEEN 表达式1 AND 表达式2 (4) 表达式 [NOT] IN (表达式1,[...表达式 n]) (5) 表达式 [NOT] LIKE 格式串 通配符:%、[]、[^]
	ORDER BY 子句	ORDER BY 表达式1[[ASC | DESC][,...n]]
	INTO 子句	INTO 目标数据表
	GROUP BY 子句	[GROUP BY 分组表达式[,...n][HAVING 搜索表达式]]
	COMPUTE 子句	COMPUTE 行聚合函数名1(统计表达式1)[,...n] [BY 分类表达式[,...n]]
	UNION 运算符	查询语句1 UNION [ALL] 查询语句2

习　题

(1) SELECT 语句由哪些子句构成? 其作用是什么?

(2) 在 SELECT 语句中 DISTINCT、TOP 各起什么作用?

(3) 什么是嵌套子查询? 与多表查询有何区别? 与相关子查询有何区别?

(4) 什么是连接查询? 分为几类?

(5) NULL 代表什么含义? 将其与其他值进行比较会产生什么结果? 如果数值型列中存在 NULL,会产生什么错误?

(6) LIKE 匹配字符有哪几种? 如果要检索的字符中包含匹配字符,应该如何处理?

(7) 在一个 SELECT 语句中,当 WHERE 子句、GROUP 子句和 HAVING 子句同时出现在一个查询中时,SQL 的执行顺序如何?

(8) 什么是视图? 使用视图的优点和缺点是什么?

(9) 为什么说视图是虚表? 视图的数据存在什么地方?

(10) 修改视图中的数据会受到哪些限制?

(11) 创建视图用_____语句,修改视图用_____语句,删除视图用_____语句,查看视图中的数据用_____语句。查看视图的依赖关系用_____存储过程,查看视图的定义信息用_____存储过程。

第 6 章　索引及其应用

数据库中的索引与书的目录类似。在一本书中，利用索引可以快速查找所需的信息，无须阅读整本书。在数据库中，使用索引使得数据库程序无须对整个表进行扫描就可以在其中找到所需数据。书中的索引是一个词语列表，其中注明了含有各个词的页码。在数据库中，索引通过记录表中的关键值指向表中的记录，这样数据库引擎就不用扫描整个表而定位到相关的记录。相反，如果没有索引，则会导致 SQL Server 搜索表中的所有记录，以读取匹配结果。

通过学习本章，读者应掌握以下内容：

- 了解索引的概念和功能；
- 掌握使用对象资源管理器和 T-SQL 语句两种方式创建、修改、删除索引的方法；
- 掌握全文索引的定义与使用。

6.1　索引概述

索引概述

索引是一个列表，这个列表是索引表中一列或者若干列的集合，以及这些值的记录在数据表中存储位置的物理地址。

如果没有建立索引，在数据表中查询符合某种条件的记录时，系统将会从第一条记录开始对表中的所有记录进行扫描。如果有索引，就可以通过索引快速地查询结果。扫描整个表格是从存储表格的起始地址开始依次比较记录，直到找到位置。通过索引查找时，由于索引是有序排列的，所以，可以通过高效的有序查找算法找到索引项，再根据索引项中记录的物理地址找到查询结果的存储位置。

一般情况下，当按条件查找表中的某些记录时，为了提高查找效率，应在要查找的数据所在的字段上建立索引。也就是说，查询语句的 WHERE 子句中所提到的关键字就是要建立索引的字段。例如，要查找姓名为"秦建兴"的记录时，应先在数据表的姓名字段建立索引，然后执行查询语句：

```
SELECT * FROM 学生信息 WHERE stu_name='秦建兴'
```

由于该索引包括一个指向姓名的指针，因此数据库服务器只沿着姓名索引排列的顺序对数据进行读取，直到索引指针指向相应的记录为止。由于索引只是按照索引字段进行查找，没有对整个表进行遍历，因此提高了查询的速度。

6.1.1　索引的功能

索引是对数据表中一个或多个字段的值进行排序所创建的一种分散存储结构。索引是一个单独的、物理的数据库结构，它是某个表中一列或若干列值的集合和相应的指向表中物理标识这些值的数据页的逻辑指针清单。索引是依赖于表建立的，它提供了数据库中编排表中数据的内部方法。

合适的索引具有以下功能。

（1）加快数据查询：在表中创建索引后，SQL Server 将在数据表中为其建立索引页。每个索引页中的行都含有指向数据页的指针，当进行以索引为条件的数据查询时将大大提高查询速度。也就是说，经常用来作为查询条件的列应当建立索引；相反，不经常作为查询条件的列可以不建索引。

（2）加快表的连接、排序和分组工作：在进行表的连接或使用 ORDER BY 和 GROUP BY 子句检索数据时，都涉及数据的查询工作，建立索引后，可以显著减少表的连接及查询中的分组和排序时间。加速表与表之间的连接，在实现数据的参照完整性方面有特别的意义。但是，并不是在任何查询中都需要建立索引。索引带来的查找效率的提高是有代价的，因为索引也要占用存储空间，而且为了维护索引的有效性，会使添加、修改和删除数据记录的速度变慢。所以，过多的索引不一定能提高数据库的性能，必须科学地设计索引才能提高数据库的性能。

（3）索引能提高 WHERE 语句的数据提取的速度，也能提高更新和删除数据记录的速度。

（4）确保数据的唯一性：当创建 PRIMARY KEY 和 UNIQUE 约束时，SQL Server 会自动为其创建一个唯一的索引，而该唯一索引的用途就是确保数据的唯一性。当然，并非所有的索引都能确保数据的唯一性，只有唯一索引才能确保列的内容绝对不重复。如果索引只是为了提高访问的速度，则不需要进行唯一性检查，同时也没有必要建立唯一的索引，只需创建一般的索引即可。

尽管索引存在许多优点，但并不是多多益善，如果不合理地运用索引，系统反而会付出一定的代价。因为创建和维护索引，系统会消耗时间，当对表进行增加、删除、修改等操作时，索引要进行维护，否则索引的作用也会下降。另外，索引本身会占一定的物理空间，如果占用的物理空间过多，就会影响整个 SQL Server 的性能。

6.1.2　创建索引的原则

那么，到底怎样创建索引呢？到底应该创建多少索引才算合理呢？其实很难有一个确定的答案，这里提供了 5 个创建索引的原则，仅供读者参考。

（1）PRIMARY KEY 约束定义的作为主键的字段（此索引由 SQL Server 自动创建），主键可以加快定位到相应的记录。

（2）应用 UNIQUE 约束的字段（此索引也由 SQL Server 自动创建），唯一键可以加快定位到相应的记录，还能保证键的唯一性。

（3）FOREIGN KEY 约束定义的作为外键的字段，因为外键通常用来做连接，在外键上建索引可以加快表间的连接。

（4）在经常被用来搜索数据记录的字段建立索引，键值就会排列有序，查找时就会加快查询速度。

（5）对经常用来作为排序基准的字段建立索引。

除了上述情况外的字段，基本上不建议为它创建索引。此外，SQL Server 也不允许为 bit、text、ntext、image 数据类型的字段创建索引。对于很少或从来不在查询中引用的列，系统很少或从来不根据这个列的值去查找数据行；对于只有两个或很少几个值的列（如性别只有"男"和"女"两个值），以这样的列创建索引并不能得到建立索引的好处；数据行数很少的小表一般也没有必要创建索引。

6.1.3 索引的分类

从不同的角度来讲，对索引类型有不同的划分方法。索引按存储结构区分，有聚集索引和非聚集索引；按数据的唯一性来区分，有唯一索引和非唯一索引；按键列的个数区分，有单列索引和多列索引。

1. 聚集索引和非聚集索引

聚集索引（Clustered Index）对表在物理数据页中的数据按列进行排序，然后再重新存储到磁盘上，也就是说聚集索引确定表中数据的物理顺序。由于表中的数据行只能以一种排序方式存储在磁盘上，所以一个表只能有一个聚集索引。正是由于聚集索引会使键列内容相近的数据记录排列在一起，因此要搜索介于某范围的数据值时特别有效率。因为一旦使用聚集索引找到第一条符合条件的数据记录，同范围的后续键值的数据记录一定是相邻排列的。聚集索引的大小是表的 5%。聚集索引不适用于频繁更改的列，这将导致整行数据移动。

当建立主键约束时，如果表中没有聚集索引，SQL 会用主键作为关键字建立聚集索引。用户可以在表的任何列或列的组合上建立聚集索引，在实际应用中，一般是将定义为主键约束的列建立为聚集索引。

注意：定义聚集索引键时使用的列越少越好，如果定义了一个大型的聚集索引键，则同一个表上定义的任何非聚集索引都将增大许多，因为非聚集索引条目包含聚集键。

与聚集索引不同的是，非聚集索引（Nonclustered Index）尽管包含按升序排列的键值，但它丝毫不影响表中数据记录实际排列的顺序。当针对表执行以下操作时，SQL Server 会自动重建此表所有现存的非聚集索引：

（1）将表的聚集索引删除；

（2）为表创建一个聚集索引；

（3）更改聚集索引的键列。

在创建非聚集索引之前，应先创建聚集索引。在创建了聚集索引的表上执行查询操作，比在只创建了非聚集索引的表上执行查询操作的速度快。但是，执行修改操作比在只创建了非聚集索引的表上执行的速度慢，这是因为表数据的改变需要更多的时间来维护聚集索引。一个表最多能够拥有 249 个非聚集索引。

2. 唯一索引和非唯一索引

如果要求索引中的字段值不能重复,可以建立唯一索引(Unique Index)。

唯一索引要求所有数据行中任意两行的被索引列或索引列组合不能存在重复值,包括不能有两个空值(NULL),而非唯一索引(Nonunique Index)则不存在这样的限制。也就是说,对于表中的任何两行记录来说,索引键的值都是不同的。如果表中有多行记录在某个字段上具有相同的值,则不能基于该字段建立唯一索引;同样,对于多个字段的组合,如果在多行记录上有重复值或多个 NULL,也不能在该组合上建立唯一索引。在使用 INSERT、UPDATE 语句添加或修改记录时,SQL Server 将检查所使用的数据是否会造成唯一性索引键值的重复,如果会造成重复,则 INSERT 或 UPDATE 语句的执行将失败。

SQL Server 自动为 UNIQUE 约束列创建唯一索引,可以强制 UNIQUE 约束的唯一性要求。如同它的名字,非唯一索引允许对其值重复地进行复制。

3. 单列索引和多列索引

单列索引是指为某单一字段创建索引;多列索引则是为多个字段的组合创建索引。多列索引也称复合索引,适用于以下 5 种情况。

(1) 最多可以为 16 个字段的组合创建一个多列索引,而且这些字段的总长度不能超过 900B。

(2) 多列索引的各个字段必须来自同一列表。

(3) 在定义多列索引时,识别高的字段或是能返回较低百分比数据记录的字段应该放在前面。例如,假设要为 column1、column2 两个字段的组合创建一个多列的索引,虽然(column1、column2)与(column2、column1)只是字段次序不同,但所创建的索引不一样。

(4) 查询的 WHERE 语句务必引用多列索引的第一个字段,如此才能让查询优化器使用该多列索引。

(5) 既能提高查询速度又能减少表索引的数目,是使用多列索引的最高境界。

前面所讲的索引通常是建立在数值字段或较短的字符串字段上的,一般不会选择大的字段作为索引字段。如果需要使用大的字符串字段来检索数据,则需要使用 SQL Server 所提供的全文索引功能。

4. 全文索引

全文索引(Full-text Index)是 Microsoft 全文引擎创建并管理的一种特殊类型的基于标记的功能性索引,由 Microsoft SQL Server 全文引擎(MSFTESQL)服务创建和维护,它可以大大提高从字符串中搜索数据的速度,用于帮助用户在字符串数据中搜索复杂的词。

创建索引

6.2　创建索引

索引可以在创建表的约束时由系统自动创建,也可以通过 SQL Server Management Studio 或 CREATE INDEX 语句创建,在创建表之后的任何时候都可以创建索引。

6.2.1　系统自动创建索引

在创建或修改表时,如果添加了一个 PRIMARY KEY 约束或 UNIQUE 约束,则系统将自动在该表上以该键值作为索引列创建一个唯一索引。该索引是聚集索引还是非聚集索引,要根据当前表中的索引状况和约束语句或命令而定。如果当前表上没有聚集索引,系统将自动以该键创立聚集索引,除非约束语句或命令指明是创建非聚集索引。如果当前表上已有聚集索引,系统将自动以该键创立非聚集索引,如果约束语句或命令指明是创建聚集索引,则系统报错。

【例 6.1】　在 jxgl 数据库中创建"学生信息"表时,将"学号"字段设置为主键,使用存储过程 sp_helpindex 查看"学生信息"表的索引情况。

输入的 SQL 语句如下:

```
EXEC sp_helpindex 学生信息
```

程序的执行结果如图 6.1 所示。

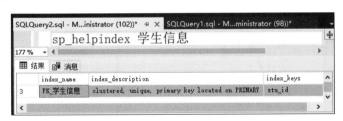

图 6.1　查看表的索引情况

由上面的执行结果可以看出,系统自动生成了名为"PK_学生信息"的唯一聚集索引,使用的索引字段为学号。

6.2.2　使用对象资源管理器创建索引

使用 SQL Server Management Studio 建立和修改索引很便捷,下面通过实例说明其使用方法。

为了能体现出建立索引前后对查询引起的变化,先将"学生信息"表中的主键移除(刷新"学生信息"表),这时"学生信息"表中不存在任何索引,然后在"学生信息"表中查找"王"姓同学的记录,运行以下命令:

```
SELECT * FROM 学生信息 WHERE stu_name LIKE '王%'
```

查询结果如图 6.2 所示。

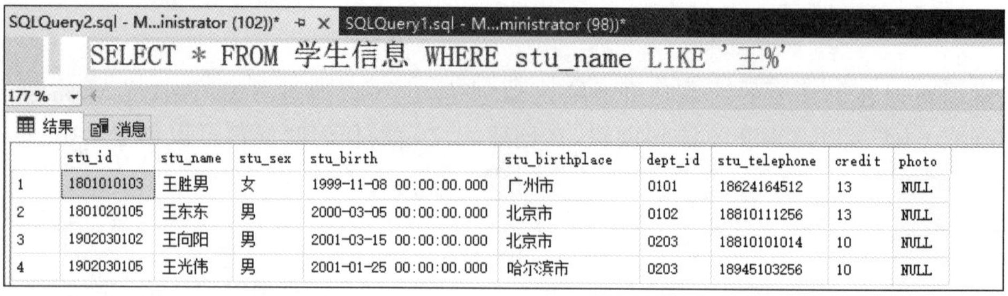

SQLQuery2.sql - M...inistrator (102))*
SQLQuery1.sql - M...ministrator (98))*
SELECT * FROM 学生信息 WHERE stu_name LIKE '王%'
177 %
结果
消息
stu_id stu_name stu_sex stu_birth stu_birthplace dept_id stu_telephone credit photo
1 1801010103 王胜男 女 1999-11-08 00:00:00.000 广州市 0101 18624164512 13 NULL
2 1801020105 王东东 男 2000-03-05 00:00:00.000 北京市 0102 18810111256 13 NULL
3 1902030102 王向阳 男 2001-03-15 00:00:00.000 北京市 0203 18810101014 10 NULL
4 1902030105 王光伟 男 2001-01-25 00:00:00.000 哈尔滨市 0203 18945103256 10 NULL

图 6.2　未建立索引前的查询结果

【例 6.2】　在“学生信息”表上为 stu_name 字段添加非唯一的聚集索引,将该索引命名为 IX_xm。

创建索引的步骤如下。

(1) 启动 SQL Server Management Studio 工具,在“对象资源管理器”中依次展开各结点,直到数据库 jxgl 下的“表”结点。

(2) 展开“学生信息”表,右击“索引”项,在弹出的快捷菜单中选择“新建索引”→“聚集索引”命令,如图 6.3 所示。

对象资源管理器
连接
DWConfiguration
DWDiagnostics
DWQueue
jxgl
数据库关系图
表
系统表
FileTables
外部表
图形表
dbo.XS_NEW
dbo.成绩
dbo.教师信息
dbo.课程
dbo.男生表
dbo.系部
dbo.学生信息
列
键
约束
触发器
视图
同义词
安全性
新建索引(N)
全部重新生成(B)
全部重新组织(O)
全部禁用(E)
筛选器(T)
启动 PowerShell(H)
报表(P)
刷新(F)
聚集索引(C)...
非聚集索引(N)...
主 XML 索引(P)...
辅助 XML 索引(X)...
空间索引(S)...
聚集列存储索引(C)...
非聚集列存储索引(O)...
SQLQuery2.sql - M...inistrator
177 %
结果
消息
stu_id stu_name
1 1801010103 王胜男
2 1801020105 王东东
3 1902030102 王向阳
4 1902030105 王光伟

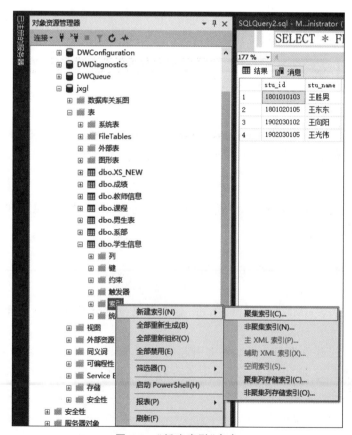

图 6.3　“新建索引”命令

（3）弹出"新建索引"对话框，如图 6.4 所示。

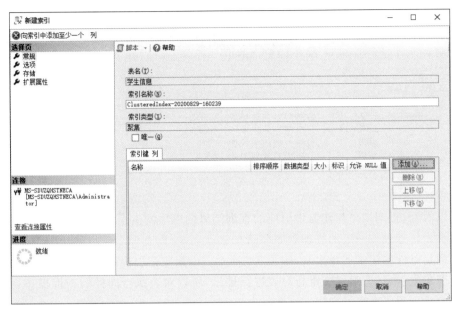

图 6.4　"新建索引"对话框

（4）在"索引名称"文本框中输入索引的名称 IX_xm，在"索引类型"下拉列表框中设置索引类型，其中共有聚集、非聚集和主 XML 3 个选项，这里选择"聚集"选项，选中"唯一"复选框表示创建唯一索引，这里不选。

（5）单击"添加"按钮，弹出如图 6.5 所示的"从'dbo.学生信息'中选择列"对话框，选择 stu_name 列，单击"确定"按钮。

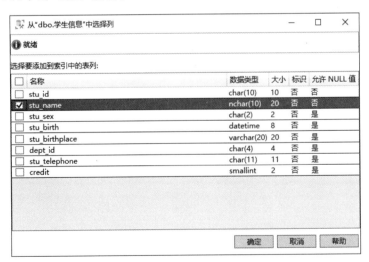

图 6.5　"从'dbo.学生信息'中选择列"对话框

（6）返回到"新建索引"对话框，其中的"排序顺序"列用于设置索引的排列顺序，默认为“升序”，单击“确定”按钮。

此时再查找“王”姓同学的记录，就会得到如图 6.6 所示的结果。

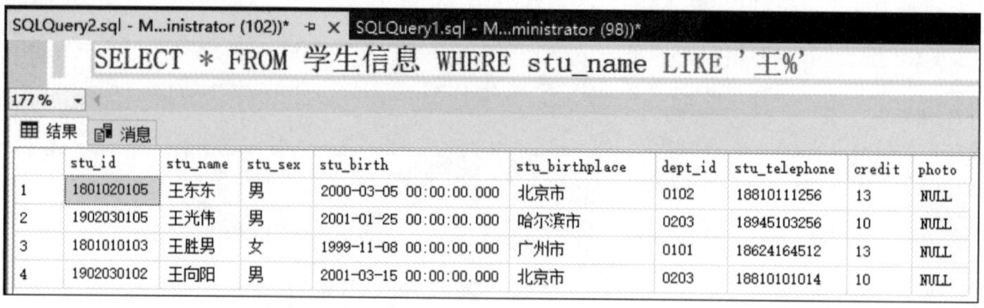

	stu_id	stu_name	stu_sex	stu_birth	stu_birthplace	dept_id	stu_telephone	credit	photo
1	1801020105	王东东	男	2000-03-05 00:00:00.000	北京市	0102	18810111256	13	NULL
2	1902030105	王光伟	男	2001-01-25 00:00:00.000	哈尔滨市	0203	18945103256	10	NULL
3	1801010103	王胜男	女	1999-11-08 00:00:00.000	广州市	0101	18624164512	13	NULL
4	1902030102	王向阳	男	2001-03-15 00:00:00.000	北京市	0203	18810101014	10	NULL

图 6.6 建立索引后的查询结果

可以看到，查询结果与建立索引前的查询结果的顺序发生了改变，这是因为没有建立索引时学生信息表按一定的物理顺序存储在磁盘上，所以查询结果以遍历的方式从表中逐条将满足条件的记录选择出来，如图 6.2 所示。而聚集索引会改变表的物理存储顺序，在建立聚集索引后，按索引列重新对表进行排序，所以对表执行同样的查询操作，结果集中记录的排列顺序发生了变化。

需要注意的是，并不是按任何条件查找都要在相应的字段上建立聚集索引，一个表只能有一个聚集索引，这里在姓名字段建立聚集索引是为了使读者能清晰地看到查询结果的变化情况。一般情况下，在查找字段上建立非聚集索引就可以了，由于非聚集索引不改变表的物理顺序，所以查找结果在索引建立前后看不出变化，但它与聚集索引一样，会加快查询速度。

6.2.3 使用 T-SQL 语句创建索引

用户可以利用 CREATE INDEX 语句创建索引，既可以创建一个能够改变表的物理顺序的聚集索引，也可以创建提高查询性能的非聚集索引。其语法形式如下：

```
CREATE [UNIQUE] [CLUSTERED|NONCLUSTERED] INDEX index_name
ON table_name|view_name(column_name[ASC|DESC],...n)
[WITH
[PAD_INDEX]
[[,]FILLFACTOR=fillfactor]
[[,]IGNORE_DUP_KEY]
[[,]DROP_EXISTING]
[[,]STATISTICS_NORECOMPUTE]]
[ON filegroup]
```

其中各参数的含义如下。

（1）UNIQUE：用于指定为表或视图创建唯一索引。

（2）CLUSTERED：用于指定所创建的索引为聚集索引，一个表或视图只允许有一个聚集索引。在创建任何非聚集索引之前创建聚集索引,因为聚集索引的键值的逻辑顺序决定表中对应行的物理顺序。如果没有指定 CLUSTERED,则创建非聚集索引。

(3) NONCLUSTERED:用于指定所创建的索引为非聚集索引,对于非聚集索引,数据行的物理排序独立于索引排序,每个表最多可包含 249 个非聚集索引,默认值为 NONCLUSTERED。

(4) index_name:用于指定索引标识名,索引标识名必须符合标识符规则。

(5) table_name|view_name:用于指定创建的索引的表或视图名称。

(6) column:用于指定被索引的列,如果使用两个或两个以上的列组成一个索引,则称为复合索引。

(7) ASC|DESC:用于指定某个具体索引列的升序或降序排序方向,默认值是 ASC。

(8) PAD_INDEX:用于指定索引中间级中每个页上保持开放的空间。

(9) FILLFACTOR=fillfactor(填充因子):在创建索引时用于指定每个索引页的数据占索引页大小的百分比,填充因子的值为 1~100。如果没有指定此选项,SQL Server 默认其值为 0。0 是一个特殊的值,与其他 FILLFACTOR 值(如 1、2)的意义不同,其结点页被完全填满,而在索引页中还有一些空间。用户可以用存储过程 sp_configure 来改变默认的 FILLFACTOR 值。通常在数据表较空时指定较小的填充因子,以便减少添加记录时产生页拆分的概率。

(10) ON filegroup:用于指定存放索引的文件组,使用创建索引向导给表创建索引。

【例 6.3】 使用 CREATE INDEX 语句在"学生信息"表的 dept_id 列和 stu_name 列上创建名为 IX_zyxm 的非聚集复合索引。

运行以下命令:

```
CREATE NONCLUSTERED INDEX IX_zyxm ON 学生信息(dept_id,stu_name)
GO
```

使用系统存储过程 sp_helpindex 查看"学生信息"表的索引情况。

```
EXEC sp_helpindex 学生信息
```

创建索引结果如图 6.7 所示。

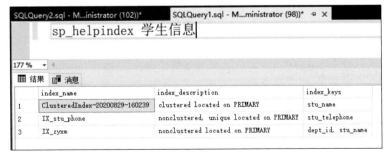

图 6.7 用命令创建索引并查看结果

然后查找计算机系(0102)的"王"姓同学的记录,运行以下命令:

```
SELECT * FROM 学生信息 WHERE dept_id='0102' and stu_name LIKE '王%'
```

【例 6.4】 为"系部"表中的"系部名称"创建唯一索引，索引标识为 IDX_dept_name。命令如下：

```
USE jxgl
GO
CREATE UNIQUE INDEX IDX_dept_name ON 系部(dept_name)
GO
```

用户在创建和使用唯一索引时应注意以下事项。

（1）在建有唯一聚集索引的表上执行 INSERT 语句或 UPDATE 语句时，SQL Server 将自动检验新的数据中是否存在重复值。如果存在，当创建索引的语句指定了 IGNORE_DUP_KEY 选项时，SQL Server 将发出警告消息并忽略重复的行。如果没有为索引指定 IGNORE_DUP_KEY，SQL Server 会发出一条警告消息，并回滚整个 INSERT 语句。

（2）具有相同组合列、不同组合顺序的复合索引彼此是不同的。

（3）如果表中已有数据，那么在创建唯一索引时 SQL Server 将自动检验是否存在重复的值，若有重复值，则不能创建唯一索引。

管理和维护索引

6.3 管理和维护索引

在索引建成以后要根据查询的需要调整或重建索引，还要确保索引统计信息的有效性，这样才能提高查询速度。随着数据更新操作的不断执行，数据会变得十分混乱，这些碎片会导致额外的访问开销，用户应当定期整理索引，清除数据碎片，以提高数据查询的性能。

6.3.1 查看和维护索引信息

查看表的索引信息可以使用 sp_helpindex 系统存储过程，例如查看"学生信息"表的索引信息使用以下语句：

```
EXEC sp_helpindex 学生信息
```

运行结果如图 6.7 所示。

在 SQL Server Management Studio 的"对象资源管理器"中依次展开选项，直到展开表的"索引"选项，可以查看或修改已建索引。

注意：在创建和修改聚集索引时，SQL Server 要在磁盘上对表进行重组，当表中存储了大量的记录时会产生很大的系统开销，花费的时间可能会较长。

6.3.2 更改索引标识

用户可以使用系统存储过程 sp_rename 更改索引标识名称，语法格式如下：

```
Sp_rename table_name.OldName,NewName[,object_type]
```

其中,table_name 是索引所在的表的名字,OldName 是要重命名的索引名称,NewName
是新的索引名称。

【例 6.5】　更改"学生信息"表中的索引标识 IX_zyxm 为 IDX_dept_name。

命令如下:

```
USE jxgl
GO
EXEC sp_rename '学生信息.IX_zyxm','IDX_dept_name'
GO
```

6.3.3　删除索引

删除索引可以在 SQL Server Management Studio 的"对象资源管理器"中完成或使
用 DROP INDEX 语句完成。在 SQL Server Management Studio 的"对象资源管理器"中
删除索引的方法与查看索引的定义语句类似,即选择要删除的索引右击,在弹出的快捷菜
单中选择"删除"命令,出现的"删除对象"对话框,单击"确定"按钮。

使用 DROP INDEX 语句删除索引的格式如下:

```
DROP INDEX table_name.index_name[,...n]
```

【例 6.6】　用 DROP INDEX 语句删除"学生信息"表中的 IDX_dept_name 索引。

运行以下命令:

```
USE jxgl
GO
DROP INDEX 学生信息.IDX_dept_name
GO
```

在用 DROP INDEX 命令删除索引时需要注意以下事项。

(1) 不能用 DROP INDEX 命令删除由 PRIMARY KEY 约束或 UNIQUE 约束创建
的索引。这些索引必须删除 PRIMARY KEY 约束或 UNIQUE 约束,由系统自动删除。

(2) 删除一个索引会腾出其原来在数据库中所占的空间,这些腾出来的空间可以被
数据库中的任何对象使用。

(3) 在删除聚集索引时,表中的所有非聚集索引都将被重建。当删除一个表时,该表
的所有索引会自动删除。

6.3.4　索引的分析与维护

无论何时对基础数据执行插入、更新或删除操作,SQL Server 都会自动维护索引。
随着操作的增多,这些修改可能会导致索引中的信息分散在数据库中(含有碎片)。碎片

多的索引会降低查询性能,导致应用程序的响应变慢,此时可以通过重新组织索引来修复索引碎片。

1. 显示碎片信息

当向表中添加或从表中删除数据行以及索引的值发生改变时,SQL Server 将调整索引页维护索引数据的存储。页拆分时会产生碎片,使用 DBCC SHOWCONTIG 语句可以显示指定的表或视图的数据和索引的碎片信息。

【例 6.7】 显示"学生信息"表中索引标识为 IX_xm 的索引的碎片统计信息。

代码如下:

```
USE jxgl
GO
DBCC SHOWCONTIG(学生信息,IX_xm)
GO
```

执行结果如图 6.8 所示。

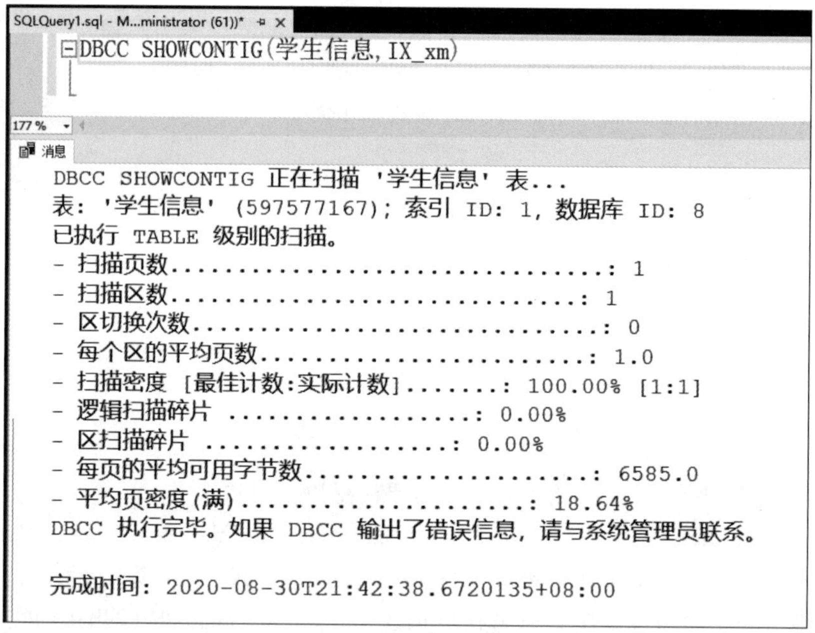

图 6.8 显示索引碎片信息

2. 索引的分析

SQL Server 内部存在一个查询优化器,如何进行数据查询是由它决定的,针对数据库中的情况它可以使 SQL Server 动态调整数据的访问方式,无须程序员或数据库管理员干预。查询优化器总能针对数据库的状态为每个查询生成一个最佳的执行计划。

在查询中是否使用索引,使用了哪些索引,都是由查询优化器决定的。用户要考察索引的作用,需要了解系统在查询过程中的执行计划。SQL Server 提供了多种分析索引和查询性能的方法,下面介绍常用的显示查询计划和数据 I/O 统计的方法。

1) 显示执行计划

SQL Server 提供了两种显示查询中的数据处理步骤以及访问数据的方式。

(1) 以图形方式显示执行计划。

执行完查询语句后,选择"查询"→"显示估计执行计划"命令,查看执行计划输出的图形表示,该图形给出了查询的最佳执行计划。图形中每个逻辑运算符或物理运算符显示为一个图标,将鼠标指针放到图标上会显示特定操作的附加信息。

【例 6.8】　执行学生成绩的查询,以图形方式显示执行计划。

执行下面的查询语句:

```
SELECT * FROM 学生信息 A INNER JOIN 成绩 B ON A.stu_id=B.stu_id
GO
```

然后选择"查询"→"显示估计执行计划"命令,完成显示执行计划的设置。

在"执行计划"选项卡中有如图 6.9 所示的结果。

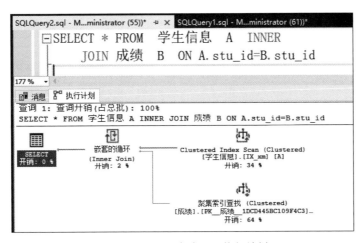

图 6.9　以图形方式显示执行计划

将鼠标指针放到图标上,会弹出相应图标含义的详细说明,显示的信息如图 6.10 所示。

(2) 以表格方式显示执行计划。

通过在查询语句中设置 SHOWPLAN 选项,可以选择是否让 SQL Server 显示执行计划。

设置是否显示执行计划的命令如下:

```
SET SHOWPLAN_ALL ON|OFF
```

或

```
SET SHOWPLAN_TEXT ON|OFF
```

SHOWPLAN_ALL 和 SHOWPLAN_TEXT 两个命令类似,只是后者的输出格式更简洁。当设置了要显示执行计划后,查询语句并不实际执行,只是返回查询树形式的查询计划。查询树在结果集中使用一行表示树上的一个结点,每个结点表示一个逻辑或物理运算符。

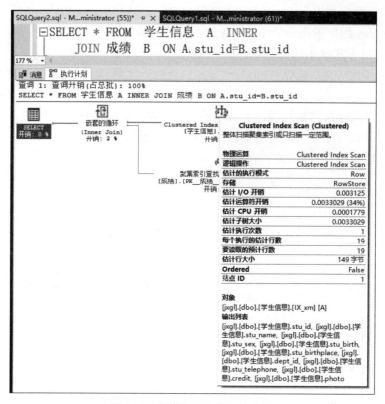

图 6.10 扫描表聚集索引的说明

【例 6.9】 执行学生成绩的查询,以表格方式显示执行计划。

```
SET SHOWPLAN_TEXT ON        --打开计划显示
GO
SELECT * FROM 学生信息 A INNER JOIN 成绩 B ON A.stu_id=B.stu_id
GO
```

显示执行计划的结果如图 6.11 所示。

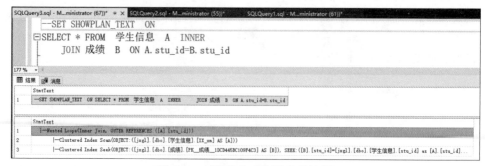

图 6.11 以表格方式显示执行计划

2）数据 I/O 统计

数据检索语句所花费的磁盘活动量也是用户比较关心的性能之一。通过设置 STATISTICS IO 选项，可以使 SQL Server 显示磁盘 I/O 信息。

设置是否显示磁盘 I/O 统计的命令如下：

```
SET STATISTICS  IO  ON|OFF
```

【例 6.10】 给出执行学生成绩查询的 I/O 统计。

在查询分析器中运行以下命令：

```
SET STATISTICS  IO ON      --打开 I/O 统计
GO
SELECT * FROM 学生信息 A INNER JOIN 成绩 B ON A.stu_id=B.stu_id
GO
SET STATISTICS IO OFF      --关闭 I/O 统计
GO
```

在运行结果窗口中选择"结果"选项卡，显示结果如图 6.12 所示。

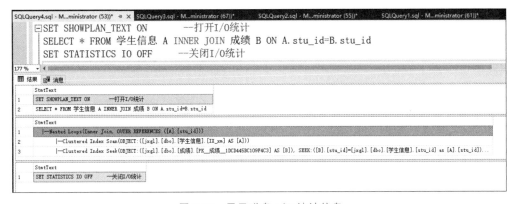

图 6.12　显示磁盘 I/O 统计信息

3. 重新组织索引

重新组织索引是重新进行物理排序，从而对表或视图的聚集索引和非聚集索引进行碎片整理，提高索引扫描的性能。

【例 6.11】 重新组织"学生信息"表上的索引 PK_学生信息。

代码如下：

```
USE jxgl
GO
ALTER  INDEX  PK_学生信息 ON 学生信息 REORGANIZE
GO
```

全文索引

6.4 全文索引

全文索引技术是目前搜索引擎的关键技术。试想在 1MB 的文件中搜索一个词,可能需要几秒,在 100MB 的文件中可能需要几十秒,如果在更大的文件中搜索就需要更大的系统开销,这样的开销是不现实的,所以在这样的矛盾下出现了全文索引技术。全文索引存储关于重要词和这些词的特定列中的位置信息,全文查询利用这些信息可以快速搜索包含具体某个词或一组词的行,从而可以大大提高搜索数据的速度。

全文索引包含在全文目录中,每个数据库可以包含一个或多个全文目录。一个目录不能属于多个数据库,但每个目录可以包含一个或多个表的全文索引。一个表只能有一个全文索引,因此每个有全文索引的表只属于一个全文目录。全文索引必须在基本表上定义,不能在视图、系统表或临时表上定义。全文索引和普通索引的区别如表 6.1 所示。

表 6.1 全文索引和普通索引的区别

普 通 索 引	全 文 索 引
存储时受定义它们所在的数据库的控制	存储在文件系统中,但通过数据库管理
每个表允许有若干普通索引	每个表只允许有一个全文索引
当对作为其基础的数据进行插入、更新或删除时,它们会自动更新	将数据添加到全文索引称为填充,全文索引可通过调度或特定请求来请求,也可以在添加新数据时自动发生
不分组	在同一个数据库中分为一个或多个全文目录
使用 SQL Server 对象资源管理器、向导或 T-SQL 语句创建和删除	使用 SQL Server 对象资源管理器、向导或存储过程创建、管理和删除

在 SQL Server 数据库中使用全文索引需要以下步骤。

(1) 启动数据库的全文处理功能(sp_fulltext_database)。

(2) 建立全文目录(sp_fulltext_catalog)。

(3) 在全文目录中注册需要全文索引的表(sp_fulltext_table)。

(4) 指出表中需要全文索引的列名(sp_fulltext_column)。

(5) 为表创建全文索引(sp_fulltext_table)。

(6) 填充全文目录(sp_fulltext_catalog)。

下面分别以对象资源管理器和 SQL 命令两种方法介绍全文索引的使用过程。

6.4.1 使用对象资源管理器创建全文索引

在 SQL Server 中使用全文索引,首先要确认 SQL Server 是否安装了全文检索组件和服务。Express 版本默认是不安装的,其他默认是安装的。

1. 允许数据库使用全文索引

在 SQL Server Management Studio 的"对象资源管理器"中选择要操作的数据库 jxgl,然后右击,在弹出的快捷菜单中选择"属性"命令,在属性对话框的"文件"选项卡中选中"使用全文索引"复选框。

2. 创建全文目录

(1) 启动对象资源管理器,选择本地数据库实例 jxgl,在展开的项目中选择"存储"选项,在展开的存储选项中再选择"全文目录"。然后右击"全文目录",在弹出的快捷菜单中选择"新建全文目录"命令,如图 6.13 所示。

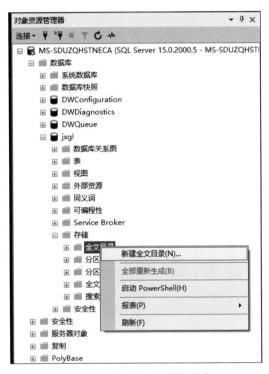

图 6.13 "新建全文目录"命令

(2) 弹出"新建全文目录"对话框,如图 6.14 所示,在"全文目录名称"文本框中输入全文目录的名称。依次按要求设置各个选项,其中"设置为默认目录"复选框可以将此目录设置为全文目录的默认目录;"所有者"为数据库的所有者;"区分重音"用于指明目录是否区分标注字符。

3. 查看和修改全文目录

全文目录添加完毕后,用户可以在对象资源管理器的"全文目录"下看到新建的全文目录。双击该全文目录,或右击该全文目录,在弹出的快捷菜单中选择"属性"命令,将会弹出"全文目录属性"对话框,如图 6.15 所示,在该对话框中可以查看全文目录的属性内容。

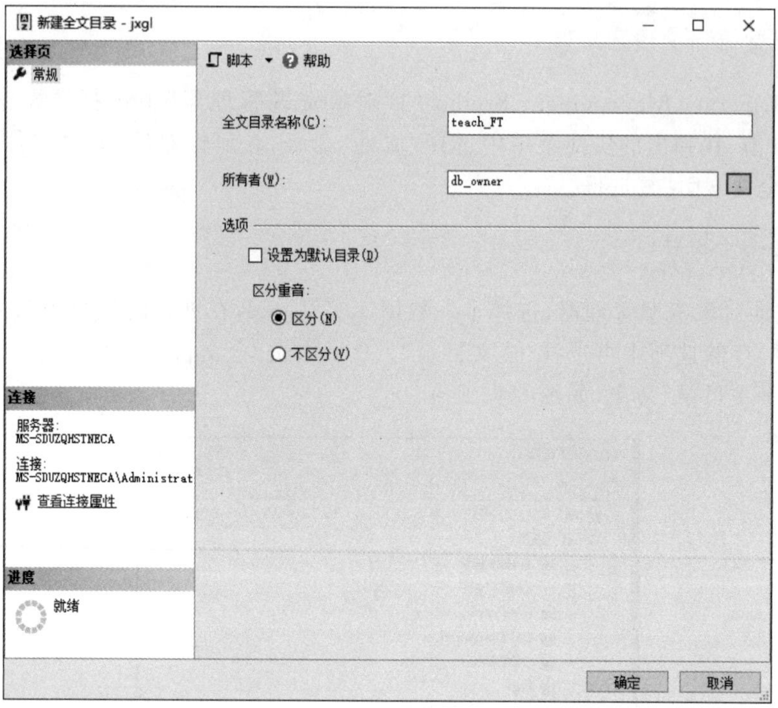

图 6.14 "新建全文目录"对话框

图 6.15 "全文目录属性"对话框

在"全文目录属性"对话框中有 3 个标签：在"常规"选项卡中可以查看和修改全文目录的设置；在"表/视图"选项卡中可以查看和修改为全文目录分配的表和视图；在"填充计划"选项卡中可以添加或修改确定何时填充或重新填充全文目录的计划。

4. 创建全文索引

在创建全文索引之前，首先介绍创建全文索引要注意的事项。

(1) 全文索引是针对数据表的，用户只能对数据表创建全文索引，不能对数据库创建全文索引。

(2) 在一个数据库中可以创建多个全文目录，每个全文目录都可以存储一个或多个全文索引，但是每个数据表只能创建一个全文索引，在一个全文索引中可以包含多个字段。

(3) 创建全文索引的数据表必须有一个唯一的针对单列的非空索引，也就是说必须要有主键，或者是具备唯一的非空索引，并且这个主键或具有唯一性的非空索引只能是一个字段，不能是多个字段的组合，包含在全文索引中的字段只能是字符型的或 image 型的字段。

下面以 jxgl 数据库中的"教师信息"表为例介绍创建全文索引的过程。为了更好地体现全文索引的作用，在"教师信息"表中增加一个字段 teacher_research，并分别输入字段的内容，以说明各位教师的教学研究方向。完成上述操作后进行教师信息表的全文索引的创建，其过程如下。

(1) 启动对象资源管理器，选择 jxgl 数据库中的"教师信息"表。

(2) 右击"教师信息"表，在弹出的快捷菜单中选择"全文索引"→"定义全文索引"命令，出现如图 6.16 所示的"全文检索向导"对话框。

图 6.16 "全文检索向导"对话框

(3) 此对话框中显示的是全文索引向导介绍，单击"下一步"按钮，弹出如图 6.17 所示的"选择索引"界面。

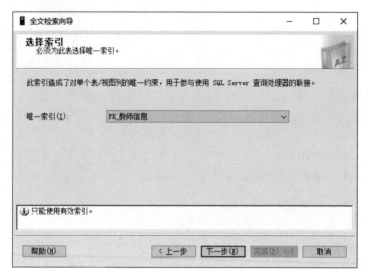

图 6.17 "选择索引"界面

(4) 此时可以选择要创建全文索引的数据表的唯一索引,使用该索引作为全文索引的唯一索引,在"唯一索引"下拉列表框中列出了该表中所有的唯一索引。在该界面中选择唯一索引后,单击"下一步"按钮,弹出如图 6.18 所示的"选择表列"界面。

图 6.18 "选择表列"界面

(5) 此时可以选择要加入全文索引的字段。在该界面中可以选择一个或多个字段加入全文索引,SQL Server 可以对存储在 image 类型的字段中的文件进行全文检索,在 image 类型的字段中可以存入各种文件。如果要对 image 类型的字段中的文件进行全义检索,必须还要有一个字符串类型的字段用于指明存储在 image 字段中的文件的扩展名。

选择完毕后单击"下一步"按钮,弹出"选择更改跟踪"界面,如图 6.19 所示。

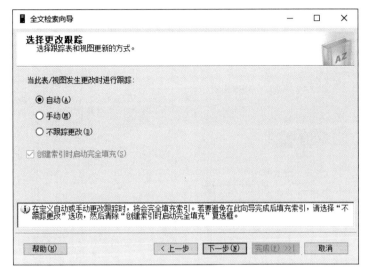

图 6.19 "选择更改跟踪"界面

在该界面中可以定义全文索引的更新方式,一共有 3 种更新方式。

① 自动:选中此单选按钮后,当基础数据发生更改时,全文索引将自动更新。

② 手动:如果不希望基础数据发生更改时自动更新全文索引,选中此单选按钮,对基础数据的更改将保留下来。若要将更改应用到全文索引,必须手动安排此进程。

③ 不跟踪更改:如果不希望使用基础数据的更改对全文索引进行更新,选中此单选按钮。

设置完毕后,单击"下一步"按钮,弹出如图 6.20 所示的"选择目录、索引文件组和非索引字表"界面。

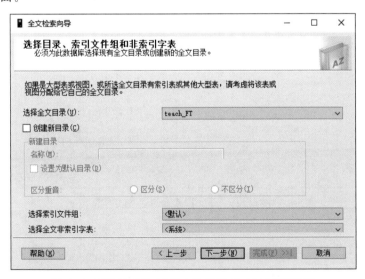

图 6.20 "选择目录、索引文件组和非索引字表"界面

（6）在此可以选择全文目录索引所存储的全文目录。如果没有要选择的全文目录，也可以在此新建一个全文目录。选择完毕后单击"下一步"按钮，弹出"定义填充计划"窗口，再单击"下一步"按钮，弹出如图 6.21 所示的"全文检索向导说明"界面。

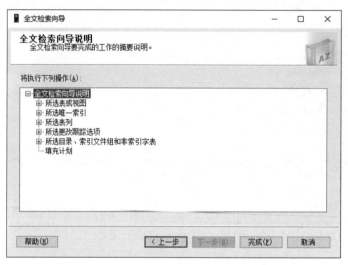

图 6.21 "全文检索向导说明"界面

（7）单击"完成"按钮，弹出如图 6.22 所示的"全文检索向导进度"界面，完成创建全文索引和填充全文索引。填充全文索引实际上就是更新全文索引，其目的是让全文索引能够反映最新数据表的内容。

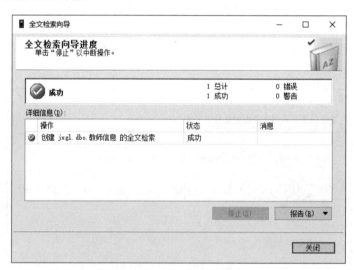

图 6.22 "全文检索向导进度"界面

5. 使用全文检索查询

设置完全文索引并填充完毕后，就可以通过全文索引查询数据了。使用全文检索查询数据所用到的 T-SQL 语句(也是 SELECT 语句),只是在设置查询条件时和前面所说过的 SELECT 语句的查询条件设置有些不同。在 T-SQL 中,可以在 SELECT 语句的 WHERE 子句中设置全文检索的查询条件,也可以在 FROM 子句中设置查询条件,此时将返回结果作为 FROM 子句中的表格来使用。

如果要在 WHERE 子句中设置全文检索的查询条件,可以使用 CONTAINS 和 FREETEXT 两个谓词;如果要在 FROM 子句中设置全文检索的查询条件,可以使用 CONTAINSTABLE 和 FREETEXTTABLE 两个行集函数。在这里只介绍前者。

(1) 使用 CONTAINS 进行全文查询,语法格式如下:

```
SELECT column_list
  FROM table_name
  WHERE CONTAINS(column_name|*,'search_condition')
```

(2) 使用 FREETEXT 进行全文查询。使用 FREETEXT 进行全文查询时,全文查询引擎将对指定的项目建立一个内部查询,可以从表中搜索一组单词或短语甚至完整的句子。语法格式如下:

```
SELECT column_list
  FROM table_name
  WHERE FREETEXT(column_name|*,'free_text')
```

【例 6.12】 在"教师信息"表中搜索 teacher_research 中含有"数据库"的记录。其代码如下:

```
SELECT *
  FROM 教师信息
  WHERE CONTAINS(teacher_research,'*数据库*')
GO
```

以上代码的执行结果如图 6.23 所示。

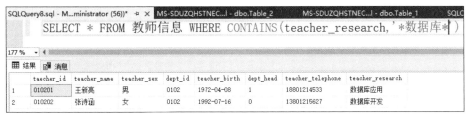

图 6.23 全文索引查询结果

6.4.2 使用 T-SQL 语句创建全文索引

在 SQL Server 2012 以前的一些版本中,创建与管理全文目录、全文索引主要使用存储过程来完成。从 SQL Server 2012 开始新增加了一些与全文索引相关的 T-SQL 语句,可以用来创建与管理全文目录和全文索引。

1. 启用数据库的全文索引

命令格式如下：

```
sp_fulltext_database enable        --启用数据库的全文索引
GO
```

2. 建立全文目录(创建 full_ext catalog)

命令格式如下：

```
CREATE FULLTEXT CATALOG  catalog_name
  [ON FILEGROUP filegroup]
  [IN PATH 'rootpath']
  [WITH <catalog_option>]
  [AS DEFAULT]
  [AUTHORIZATION owner_name]
```

其中：

```
<catalog_option>::=
  ACCENT_SENSITIVITY={ON|OFF}
```

对其中参数说明如下。

(1) catalog_name：全文目录名称。

(2) ON FILEGROUP filegroup：包含全文目录的文件组名。

(3) IN PATH 'rootpath'：全文目录的路径。AS DEFAULT 用于指定该全文目录为默认目录。

【例 6.13】 在 jxgl 数据库中创建一个名为 teachers_FT 的全文目录。

其代码如下：

```
CREATE FULLTEXT CATALOG  teachers_FT
  ON FILEGROUP [PRIMARY]
  IN PATH 'E:\book\SQL Server 2019\'
  AS DEFAULT
```

3. 建立全文索引

有了全文目录以后，可以在全文目录中创建全文索引。

创建全文索引的 T-SQL 语句的格式如下：

```
CREATE FULLTEXT INDEX ON table_name
  [(column_name [TYPE COLUMN type_column_name]
  [LANGUAGE languages_term] [,...n])]
  KEY INDEX index_name
```

```
[ON fulltext_catalog_name]
[WITH {CHANGE_TRACKING {MANUAL|AUTO|OFF [,ON POPULATION]}}]
```

对其中参数说明如下。

（1）table_name：数据表名。

（2）column_name 为全文索引中包含的一列或多列的名称。用户只能对类型为 char、varchar、nchar、nvarchar、text、ntext、image、xml 和 varbinary 的列进行全文索引。

（3）TYPE COLUMN type_column_name：用于存储 column_name 的文档类型的数据表中的列名。

（4）LANGUAGE languages_term：存储在 column_name 中的数据所用的语言。

（5）KEY INDEX index_name：数据表中唯一键索引的字段名。

（6）ON fulltext_catalog_name：全文目录名。

（7）MANUAL|AUTO|OFF[,ON POPULATION]：MANUAL 指定使用 SQL Server 代理还是手动传播跟踪日志。AUTO 为当关联的数据表中修改了数据时，SQL Server 自动更新全文索引。OFF[,ON POPULATION]为不保留对索引数据的更改列表。

【例 6.14】 为"教师信息"表的 teach_sex、teach_research 两个字段创建全文索引。

其代码如下：

```
CREATE FULLTEXT INDEX ON 教师信息(teacher_sex,teacher_research)
  KEY INDEX PK_教师信息 ON teachers_FT WITH CHANG_TRACKING AUTO
```

系统会显示以下信息。

已为表或索引视图"教师信息"创建了全文索引。

在"教师信息"表的 teach_sex、teach_research 列上创建了一个全文索引，只有要进行全文索引的列类型是 varchar(max)或 image 时，才有必要使用 TYPE COLUMN 子句来帮助 SQL Server 解释存储的数据，普通的文本数据（如 char、varchar、nchar、nvarchar、text、ntext 和 xml）不需要使用 TYPE COLUMN 子句。"KEY INDEX PK_教师信息"标识表的非空唯一列名称（由于要创建全文索引的数据表必须要有一个唯一的针对单列的非空索引，也就是说，必须要有主键或具备唯一性的非空索引，并且这个主键或具有唯一性的非空索引只能是一个字段，不能是多个字段的组合，为了提高性能，最好使用聚集索引）。ON teachers_FT 指定全文索引要存储的全文目录。WITH CHANG_TRACKING AUTO 指定全文索引的填充方式。

4. 使用全文检索查询示例

【例 6.15】 搜索"教师信息"表的 teacher_research 中含有"数据库"的"男"老师的记录。

其代码如下：

```
SELECT *
  FROM 教师信息
```

```
WHERE FREETEXT(teacher_research,'数据库')AND teacher_sex='男'
```

6.5 实训项目：索引的创建及操作

1. 实训目的

（1）掌握创建索引的方法。

（2）掌握删除索引的方法。

（3）掌握修改索引的方法。

（4）掌握显示执行计划的方法。

2. 实训内容

（1）使用对象资源管理器与 T-SQL 语句两种方式创建索引。

① 在 jxgl 数据库的"系部"表上按 dept_id 创建一个名为 dept_id_index 的聚集索引。

② 在 jxgl 数据库的"成绩"表上按 stu_id 和 course_id 创建一个名为 stu_course_index 的复合索引。

③ 在 jxgl 数据库的"学生信息"表上按 stu_id 建立聚集索引 stu_id_index。

④ 在 jxgl 数据库的"学生信息"表上按 stu_birthplace 建立全文索引。

⑤ 通过"学生信息"表上的 stu_birthplace 全文索引信息查找籍贯是"北京"的学生。

（2）重建索引。

① 重建"学生信息"表中的所有索引。

② 重建"教师信息"表中的所有索引。

（3）重命名索引。

将 jxgl 数据库中"系部"表上的 dept_id_index 索引改名为 dept_new_index。

（4）查看索引

使用 sp_help、sp_helpindex 查看"学生信息"表和"教师信息"表上的索引信息。

（5）删除索引。

使用 DROP 命令删除建立在"教师信息"表上的索引。

3. 实训总结

通过本章上机实训，读者应当掌握用命令和菜单方式创建各种索引、删除索引的操作，以及维护索引、用图形方式和表格方式显示执行计划的方法。

本 章 小 结

本章介绍了 SQL Server 中的重要的概念——索引。索引是可以加快数据检索的一种结构，理解和掌握索引的概念和操作对于学习和加快数据查询是非常有帮助的。

（1）索引是对数据表中一个或多个字段的值进行排序所创建的一种分散存储结构。

建立索引的主要目的是加快查询、连接速度,强制实现唯一性等操作。一个表只可以创建一个聚集索引,但可以创建多个非聚集索引。用户可以在一列上创建索引,也可以在多列上创建组合索引,主键索引和唯一索引能够强制保证键值的唯一性。

(2) 全文索引技术是目前搜索引擎的关键技术,使用全文索引可以实现在大的字段上快速检索数据的功能。在使用全文索引搜索时,需要在 WHERE 子句中使用 CONTAINS 或 FREETEXT 两个谓词。

读者通过本章的学习,应掌握索引的定义、修改、删除的方法,了解索引的分析与维护。

习　题

(1) 什么是索引? 创建索引有哪些好处?

(2) 索引可以分为哪几类? 各有什么特点?

(3) 聚集索引和非聚集索引的主要区别是什么?

(4) 在对表执行什么操作时,SQL 会自动重建此表的所有现存的非聚集索引?

(5) 建立唯一索引时有哪些限制因素?

(6) 复合索引适用于哪些情况?

(7) 使用哪个存储过程可以查看索引信息?

(8) 有几种方法可以删除索引? 分别是什么?

(9) 什么是全文索引? 创建全文索引需要哪几个步骤?

(10) 分别用对象资源管理器和系统存储过程 sp_fulltext_database 为 jxgl 数据库启用全文检索。

(11) 分别用对象资源管理器和系统存储过程 sp_fulltext_catalog 为 jxgl 数据库建立全文目录,目录名为 jxgl_FT。

第 7 章 事务处理与锁

数据库的使用一般是在多用户并发的情况下，很多时候会出现多用户同时存取同一数据的情况，这将导致数据的不一致性问题。为了使数据库中的数据保证一致性，数据库管理系统需要对并发操作进行正确的调度。本章所介绍的事务处理与锁就是为了保证多用户并发操作时仍然可以实现数据一致性。

通过学习本章，读者应掌握以下内容：

- 了解 SQL Server 中事务与锁的概念；
- 了解并发控制，掌握事务控制语句；
- 了解可以锁定的资源项和锁的类型；
- 了解死锁的概念、死锁的排除、锁定信息的显示。

事务

7.1 事务概述

多用户并发存取同一数据可能会产生数据的不一致性问题，正确地使用事务处理可以降低这类问题发生的概率。

7.1.1 事务的概念

事务（Transaction）是用户自定义的一个数据库操作序列，是一个不可分割的工作单位。也就是要么所有操作顺序完成，要么一个也不要做，绝不能只完成部分操作，还有一些没有完成。

在关系数据库中，一个事务可以是一条 SQL 语句、一组 SQL 语句或整个程序。例如，使用 DELETE 语句或 UPDATE 语句对数据库进行更新时一次只能操作一个表，这会带来数据库数据的不一致性问题。例如下面的例子。

第一条 DELETE 语句修改"学生信息"表：

```
DELETE FROM 学生信息 WHERE stu_id='1801010101'
--把学号为"1801010101"的同学从"学生信息"表中删除
```

第二条 DELETE 语句修改"成绩"表：

```
DELETE FROM 成绩 WHERE stu_id='1801010101'
--把学号为"1801010101"的选课成绩记录从"成绩"表中删除
```

在执行第一条 DELETE 语句后，数据库中的数据已处于不一致状态，因为此时学号为 1801010101 的同学已经被删除了，但在"成绩"表中仍然保存着该同学的选课成绩记录。从参照完整性上讲，这违背了参照完整性原则；从语义上讲，一位不存在的同学选了课并取得了成绩。

只有在执行了第二条 DELETE 语句后，数据才重新处于一致状态。如果执行完第一条语句后计算机突然出现故障，无法继续执行第二条 DELETE 语句，则数据库中的数据将处于永远不一致的状态，因此必须保证这两条 DELETE 语句同时执行。为解决类似的问题，数据库系统通常引入了事务机制。

7.1.2 事务的特征

事务是作为单个逻辑工作单元执行的一系列操作。事务作为一个逻辑工作单元有 4 个属性，称为 ACID(原子性、一致性、隔离性和持久性)属性。

(1) 原子性(Atomicity)：事务必须是原子工作单元，对于其数据修改，要么全部执行，要么全部不执行。

(2) 一致性(Consistency)：事务在完成时必须使所有的数据保持一致状态。在相关数据库中，所有规则应用于事务的修改，以保持所有数据的完整性。事务结束时，所有的内部数据结构都必须是正确的。

(3) 隔离性(Isolation)：由并发事务所做的修改必须和任何其他并发事务所做的修改隔离，保证事务查看数据时数据所处的状态，只能是一个并发事务修改它之前的状态或者是另一个事务修改它之后的状态，不能查看事务修改中间状态的数据。

(4) 持久性(Durability)：事务完成之后对系统的影响是永久的。事务一旦提交，它对数据库的更新不再受后继操作或故障的影响。

在 DBMS 中事务处理必须保证其 ACID 特性，这样才能保证数据库中数据的安全和正确。

7.2 事务处理

SQL Server 事务处理语句包括 BEGIN TRANSACTION、COMMIT TRANSACTION、ROLLBACK TRANSACTION、SAVE TRANSACTION 等，下面对这些语句进一步说明。

1. 显式启动事务(BEGIN TRANSACTION)

BEGIN TRANSACTION 语句用来显式定义事务，其语法格式如下：

```
BEGIN TRAN[SACTION]
[transaction_name|@tran_name_variable
[WITH MARK['description']]]
```

参数说明如下。

(1) transaction_name：给事务分配的名称，transaction_name 必须遵循标识符规则，但是不允许标识符多于 32 个字符。另外，仅在嵌套的 BEGIN…COMMIT 或 BEGIN…ROLLBACK 语句的最外层语句上使用事务名。

（2）@tran_name_variable：用户自定义的、含有有效事务名称的变量名称，必须用 char、varchar、nchar 或 nvarchar 数据类型声明该变量。

（3）WITH MARK ['description']：用来指定在日志中标记事务。description 是描述该标记的字符串。如果使用了 WITH MARK，则必须指定事务名，WITH MARK 允许将事务日志还原到命名标记。

2. 隐式启动事务

通过 API 函数或 T-SQL SET IMPLICIT_TRANSACTION ON 语句将隐式事务模式设置为打开，下一个 T-SQL 语句自动启动一个新事务。当该事务完成时，下一个 T-SQL 语句又将启动一个新事务。应用程序再使用 SET IMPLICIT_TRANSACTION OFF 语句关闭隐式事务模式。

3. 事务提交（COMMIT TRANSACTION）

COMMIT TRANSACTION 语句用来标志一个成功的隐式事务或显式事务的结束。其语法格式如下：

```
COMMIT [TRAN[SACTION] [transaction_name|@tran_name_variable]]
```

4. 事务回滚（ROLLBACK TRANSACTION）

将显式事务或隐式事务回滚到事务的起点或事务内的某个保存点。其语法格式如下：

```
ROLLBACK TRAN[SACTION] [transaction_name|@tran_name_variable|
                        savepoint_name|@savepoint_variable]]
```

对各参数说明如下。

（1）transaction_name：BEGIN TRANSACTION 上的事务指派的名称。transaction_name 必须遵循标识符规则。嵌套事务时，transaction_name 必须是来自最远的 BEGIN TRANSACTION 语句的名称。

（2）@tran_name_variable：用户自定义的、含有有效事务名称的变量名称。

（3）savepoint_name：来自 SAVE TRANSACTION 语句的保存点名称，必须符合标识符规则。

（4）@savepoint_variable：用户自定义的、含有有效保存点名称的变量，必须用 char、varchar、nchar 或 nvarchar 数据类型声明该变量。

不带事务名称的 ROLLBACK TRANSACTION 回滚到事务的起点。嵌套事务时，该语句将所有内层事务回滚到最外层的 BEGIN TRANSACTION 语句，事务名称也只能是来自最外层的 BEGIN TRANSACTION 语句中指定的事务名称，否则会出错。

在执行 COMMIT TRANSACTION 语句后不能回滚事务。

如果在事务执行过程中出现任何错误，SQL Server 实例将回滚事务，某些错误（如死锁）会自动回滚事务。

5. 设置保存点（SAVE TRANSACTION）

在事务内设置保存点，其语法格式如下：

```
SAVE TRAN[SACTION] { savepoint_name|@savepoint_variable }
```

6. 事务嵌套

与 BEGIN…END 语句类似，BEGIN TRANSACTION 和 COMMIT TRANSACTION 语句也可以进行嵌套，即事务可以嵌套执行。

【例 7.1】 定义一个事务，向"学生信息"表添加一条记录，并设置保存点。然后删除该记录，并回滚到事务的保存点，提交事务。

代码如下：

```
USE jxgl
GO
BEGIN TRANSACTION
INSERT INTO 学生信息(stu_id,stu_name,stu_sex,stu_birth)
  VALUES('2001020222','张小明','男','2002/09/23')
SAVE TRANSACTION savepoint_1
DELETE FROM 学生信息
  WHERE stu_id='2001020222'
ROLLBACK TRANSACTION savepoint_1
COMMIT TRANSACTION
GO
```

说明：本例使用 BEGIN TRANSACTION 定义了一个事务，向学生信息表添加一条记录，并设置保存点 savepoint_1，然后删除该记录，但由于使用 ROLLBACK TRANS-ACTION 回滚到了保存点 savepoint_1，使得 COMMIT TRANSACTION 提交该事务时本条记录并没有被删除。

【例 7.2】 事务的隐式启动。
代码如下：

```
USE jxgl
GO
SET IMPLICIT_TRANSACTIONS ON          --启动隐式事务模式
GO
--第一个隐式事务由 INSERT 语句启动
INSERT INTO 成绩 VALUES('2001020222','100101',100)
COMMIT TRANSACTION                    --提交第一个隐式事务
GO
--第二个隐式事务由 SELECT 语句启动
SELECT COUNT(*) FROM 成绩
DELETE FROM 成绩 WHERE stu_id='2001020222'
```

```
COMMIT TRANSACTION                    --提交第二个隐式事务
GO
SET IMPLICIT_TRANSACTIONS OFF         --关闭隐式事务模式
GO
```

如果在事务活动时由于任何原因(如客户端应用程序终止;客户端计算机关闭或重新启动;客户端网络连接中断等)中断了客户端和 SQL Server 实例之间的通信,SQL Server 实例将在收到网络或操作系统发出的中断通知时自动回滚事务。在所有这些错误情况下将回滚任何未完成的事务,以保护数据的完整性和一致性。

锁简介及
死锁

7.3 锁简介

为了保证事务的隔离性和一致性,数据库管理系统需要对并发操作进行正确调度。如果没有调度好而导致多个用户同时访问一个数据库,那么当他们的事务同时使用相同的数据时可能会产生数据的不一致性。

这些问题主要体现在以下 3 方面。

1. 读"脏"数据库(Dirty Read)

事务 T_1 修改某一数据,并将其写回磁盘,事务 T_2 读取同一数据后,事务 T_1 由于某种原因被撤销,这时事务 T_1 已修改过的数据恢复原值,事务 T_2 读到的数据就与数据库中的数据不一致,是不正确的数据,又称"脏"数据。如表 7.1 所示,事务 T_1 将 R 改为 800,事务 T_2 读到 R 为 800,而事务 T_1 将 R 恢复原值 1000,事务 T_2 读到的就是"脏"数据。

表 7.1 数据不一致现象——读"脏"数据

时 间	读"脏"数据		
	事务 T_1	数据库中 R 的值	事务 T_2
t_0		1000	
t_1	READ R		
t_2	$R = R - 200$		
t_3	UPDATE R		
t_4		800	
t_5			READ R
t_6	ROLLBACK		
t_7		1000	

2. 不可重复读(None-Repeatable Read)

不可重复读是指事务 T_1 读取数据后,事务 T_2 执行更新操作,使事务 T_1 无法再现前一次读取结果。如表 7.2 所示,事务 T_1 读到 R 为 100,事务 T_2 执行更新操作,将 R 改为 700,事务 T_1 再次读取时与第一次读取的值不一致了。

表 7.2　数据不一致现象——不可重复读

时　间	不可重复读		
	事务 T_1	数据库中 R 的值	事务 T_2
t_0		1000	
t_1	READ R		
t_2			READ R
t_3			$R = R - 300$
t_4			UPDATE R
t_5			COMMIT
t_6		700	
t_7	READ R		

3. 丢失修改(Lost Update)

丢失修改是指事务 T_1 与事务 T_2 从数据库中读入同一数据并修改,事务 T_2 的提交结果破坏了事务 T_1 提交的结果,导致事务 T_1 的修改被丢失。如表 7.3 所示,事务 T_2 对 R 的修改把事务 T_1 对 R 的修改覆盖了。

表 7.3　数据不一致现象——丢失数据

时　间	丢　失　数　据		
	事务 T_1	数据库中 R 的值	事务 T_2
t_0		1000	
t_1	READ R		
t_2			READ R
t_3	$R = R - 200$		
t_4			$R = R - 300$
t_5	UPDATE R		
t_6	READ R	800	UPDATE R
t_7		700	

锁是防止其他事务访问指定资源的手段,也是实现并发控制的主要方法,是多个用户能够同时操作同一个数据库中的数据而不发生数据不一致现象的重要保障。

7.3.1　SQL Server 锁的模式

根据锁定资源的方式的不同,SQL Server 提供了共享锁、更新锁、排他锁、意向锁等。

1. 共享(Shared)锁

共享锁也称 S 锁,允许并发事务读取一个资源。当资源上存在共享锁时,任何其他事务都不能修改数据。一旦已经读取数据,便立即释放资源上的共享锁,除非将事务隔离级别设置为可重复读或更高级别,或者在事务生存周期内用锁定提示保留共享锁。共享锁用于不更改或不更新数据的操作(只读操作),例如 SELECT 语句。

2. 更新(Update)锁

更新锁也称 U 锁,它可以防止常见的死锁。更新锁用来预定要对资源施加排他锁(也称 X 锁),它允许其他事务读,但不允许再施加 U 锁或 X 锁。

3. 排他(Exclusive)锁

排他锁可以防止并发事务对资源进行访问。其他事务不能读取或修改排他锁锁定的数据。排他锁用于数据修改操作,例如 INSERT、UPDATE 或 DELETE,确保不会同时对同一资源进行多重更新。

4. 意向(Intent)锁

数据库引擎使用意向锁来保护共享锁或排他锁,放置在锁层次结构的底层资源上。意向锁的类型为意向共享(IS)锁、意向排他(IX)锁以及意向排他共享(SIX)锁。

5. 架构修改(Schema)锁

执行表的数据定义语言(DDL)操作(例如添加列或删除列)时使用架构修改锁(也称 Sch-M 锁)。在架构修改锁起作用期间,会防止对表的并发访问。

6. BU 大容量更新(Bulk Update)锁

当将数据大容量复制到表,且指定了 TABLOCK 提示或者使用 sp_tableoption 设置了 table lock on bulk 表选项时,将使用大容量更新锁(也称 BU 锁)。

7. 键范围(Key-Range)锁

在使用可序列化事务隔离级别时,对于 T-SQL 语句读取的记录集,键范围锁(也称 RANGE 锁)可以隐式保护该记录集中包含的行范围。

其他是上述锁的变种组合,例如 IS 锁表示进程当前持有或想持有低层资源(页或行)的共享锁。

7.3.2 SQL Server 中锁的查看

SQL Server 为了尽量减少锁定的开销,允许一个事务锁定不同类型的资源,具有多粒度锁定机制。SQL Server 可以对行、页、扩展盘区、索引、表或数据库获取锁。

(1) 数据行(Row):数据页中的单行数据。

(2) 索引行:索引页中的单行数据,即索引的键值。

(3) 页(Page):是 SQL Server 存取数据的基本单位,其大小是 8KB。

(4) 扩展盘区(Extent):一个盘区由 8 个连续的页组成。

(5) 表(Table)。

(6) 数据库(Database)。

锁定在较小的粒度(如行)可以提高并发度,因为如果锁定了许多行,则需要持有更多的锁,开销较高;锁定在较大的粒度(如表)会降低并发度,因为如果锁定整个表限制了其他事务对表中任意部分的访问,则需要维护的锁较少,开销较低。

可以使用系统存储过程 sp_lock 查看 SQL Server 所持有的所有锁的信息。系统存储过程 sp_lock 的语法格式如下:

```
sp_lock [[@spid1=] 'spid1'][,@spid2=] 'spid2']
```

参数 spid1、spid2 都是来自 master.dbo.sysprocessesr SQL Server 的进程 ID 号。spid1 的数据类型为 int,默认值为 NULL。如果没有指定 spid,则显示所有锁的信息。

【例 7.3】 查看 SQL Server 中当前持有的所有锁的信息。

语句如下:

```
USE master
EXEC sp_lock
```

执行结果如图 7.1 所示。其中,Type 列显示当前锁定的资源类型,Mode 列显示锁定的模式。

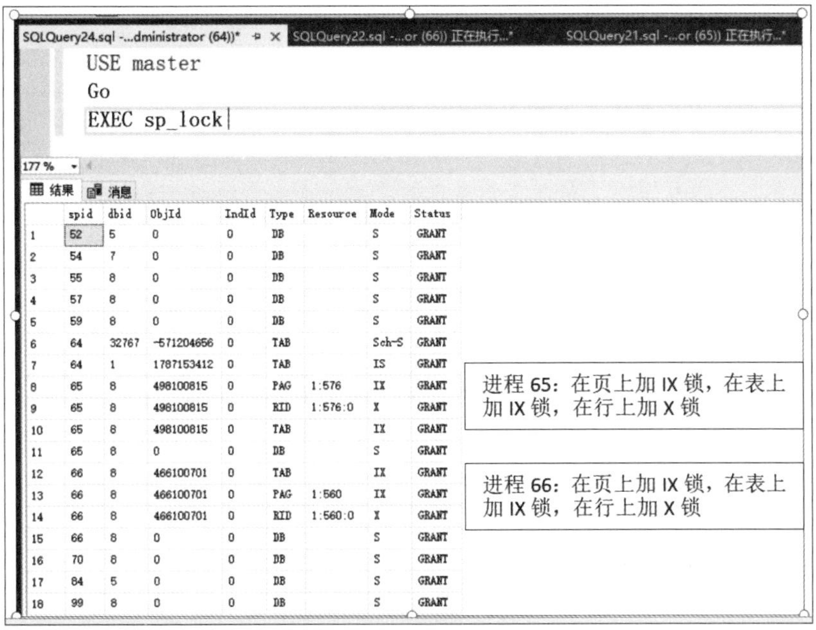

SQLQuery24.sql -...dministrator (64))* SQLQuery22.sql -...or (66)) 正在执行...* SQLQuery21.sql -...or (65)) 正在执行...*

```
USE master
Go
EXEC sp_lock
```

177 %

结果 消息

	spid	dbid	ObjId	IndId	Type	Resource	Mode	Status
1	52	5	0	0	DB		S	GRANT
2	54	7	0	0	DB		S	GRANT
3	55	8	0	0	DB		S	GRANT
4	57	8	0	0	DB		S	GRANT
5	59	8	0	0	DB		S	GRANT
6	64	32767	-571204656	0	TAB		Sch-S	GRANT
7	64	1	1787153412	0	TAB		IS	GRANT
8	65	8	498100815	0	PAG	1:576	IX	GRANT
9	65	8	498100815	0	RID	1:576:0	X	GRANT
10	65	8	498100815	0	TAB		IX	GRANT
11	65	8	0	0	DB		S	GRANT
12	66	8	466100701	0	TAB		IX	GRANT
13	66	8	466100701	0	PAG	1:560	IX	GRANT
14	66	8	466100701	0	RID	1:560:0	X	GRANT
15	66	8	0	0	DB		S	GRANT
16	70	8	0	0	DB		S	GRANT
17	84	5	0	0	DB		S	GRANT
18	99	8	0	0	DB		S	GRANT

图 7.1 例 7.3 执行结果

执行 sp_lock 后结果集中各列的含义如表 7.4 所示。

表 7.4　执行 sp_lock 后结果集中各列的含义

列	数 据 类 型	含　　义
Spid	smallint	SQL Server 进程标识号
Dbid	smallint	锁定资源的数据库标识号
Objid	int	锁定资源的数据库对象标识号
Indid	smallint	锁定资源的索引标识号
Type	nchar(4)	锁定的资源类型：DB(数据库)、FIL(文件)、IDX(索引)、PAG(页)、KEY(键)、TAB(表)、EXT(区域)、RID(行标识符)
Resource	nchar(164)	被锁定的资源的信息
Mode	nvarchar(8)	请求资源的锁信息,例如 S 表示 Shared Locks,共享锁
Status	int	锁的请求状态：GRANT 表示锁定,WAIT 表示阻塞,CNVRT 表示转换

锁定的资源类型如表 7.5 所示。

表 7.5　锁定的资源类型

资 源 类 型	描　　述
RID	用于锁定表中的一行的行标识符
KEY	索引中的行锁,用于保护可串行事务中的键范围
PAG	数据或索引页
EXT	相邻的 8 个数据页或索引页构成的一组
TAB	包括所有数据和索引在内的整个表
DB	数据库

7.4　死锁及其排除简介

在使用事务和锁的过程中,死锁是不可避免的。

一般来说,对数据库的修改由一个事务组成,此事务读取记录,获取资源的共享锁,如果要修改记录行,需要转换成排他锁。如果两个事务获得了资源上的共享锁,然后试图同时更新数据,都要求加排他锁,就会发生两个事务互相等待对方释放共享锁的情况,这种现象称为死锁,如果不加干预,死锁中的两个事务都将无限期地等待下去。

【例 7.4】 死锁示例。

(1) 测试用的基础数据。

```
CREATE TABLE Locktable1(c1 int default(0));
CREATE TABLE Locktable2(c1 int default(0));
```

```
INSERT INTO Locktable1 values(1);
INSERT INTO Locktable2 values(1);
```

（2）打开两个查询窗口，分别执行下面两段 SQL 代码。

```
--查询语句 1
BEGIN TRAN
  UPDATE Locktable1 SET c1=c1+2;
  WAITFOR Delay '00:01:00';
  SELECT * FROM Locktable2
ROLLBACK TRAN;
--查询语句 2
BEGIN TRAN
  UPDATE Locktable2 SET c1=c1+1;
  WAITFOR Delay '00:01:00';
  SELECT * FROM  Locktable1
ROLLBACK TRAN;
```

两个查询的运行结果有一个产生死锁，结果如图 7.2 所示。

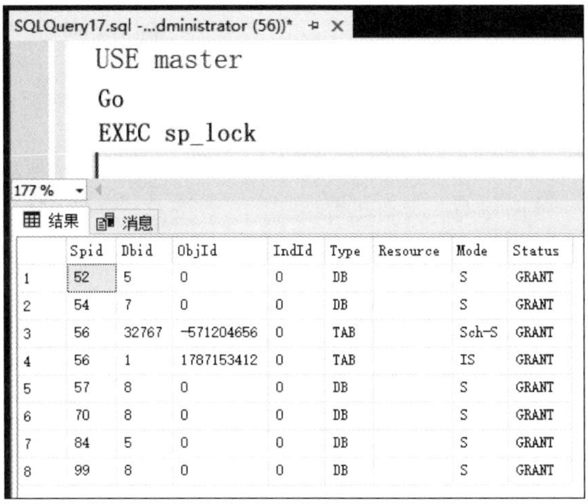

图 7.2　查询产生死锁的结果

（3）查看锁的情况，如图 7.3 所示。

在查询 1 中，持有 Locktable1 中第一行的行排他锁（RID：X），并持有该行所在页的意向排他锁（PAG：IX）、该表的意向排他锁（TAB：IX）；在查询 2 中，持有 Locktable2 中第一行（表中只有一行数据）的行排他锁（RID：X），并持有该行所在页的意向排他锁（PAG：IX）、该表的意向排他锁（TAB：IX）；执行完 WAITFOR 命令后，查询 1 查询 Locktable2，请求在资源上加 S 锁，但该行已经被查询 2 加上了 X 锁，查询 2 查询 Locktable1，请求在资源上加 S 锁，但该行已经被查询 1 加上了 X 锁，并且两个查询持有资源互不相让，于是构成死锁。

在上面的两个查询运行结束后，用户会发现有一条 SQL 语句能正常执行完毕，而另

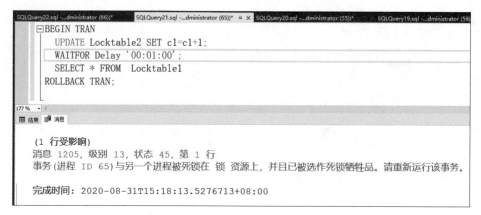

图 7.3　查看锁的情况

一个系统会报错,如图 7.2 所示。

这是由于数据库管理系统的死锁监视器定期检查陷入死锁的任务。如果监视器检测到循环依赖关系,将选择其中一个任务(如该例中的进程 ID 为 54)作为牺牲品,然后终止其事务并提示错误。

一般来说,死锁不能完全避免,但遵守以下特定的编码规则可以将发生死锁的概率降到最低。

(1)尽量避免并发地执行涉及修改数据的语句。

(2)要求每个事务一次就将所有要使用的数据全部加锁,否则不予执行。

(3)预先规定一个封锁顺序,所有的事务都必须按这个顺序对数据执行封锁。

(4)每个事务的执行时间不可太长,对程序段长的事务可考虑将其分割成几个事务。

7.5　实训项目:事务处理与锁的应用

1. 实训目的

(1)熟悉 SQL Server 的事务机制。

(2)熟悉 SQL Server 的锁机制。

2. 实训内容

(1)在数据库 jxgl 中定义事务;向"教师信息"表中输入新的数据记录,如果输入的 teacher_name 与表中重复,则回滚事务,否则提交事务。

(2)创建一个事务,同时更新"教师信息"表和"系部"表中的 teacher_id 列,如果数据更新有错,则取消更新操作。

(3)验证例 7.4,观察死锁现象。

本 章 小 结

本章介绍了事务与锁的概念,读者需要理解这些概念。

(1) 事务是一个不可分割的操作序列,有原子性、一致性、隔离性和持久性 4 个属性。通常在程序中用 BEIGIN TRANSACTION 语句来标识一个事务的开始,用 COMMIT TRANSACTION 语句标识事务的结束。ROLLBACK TRANSACTION 可以使事务回滚。

(2) 为了保证事务的隔离性和一致性,数据库管理系统需要对并发操作进行正确调度。锁是防止其他事务访问指定资源的手段,也是实现并发控制的主要方法,是多个用户能够同时操作同一个数据库中的数据而不发生数据不一致现象的重要保障。

(3) 在使用事务和锁的过程中,死锁是不可避免的。一般来说,死锁不能完全避免,但遵守特定的编码规则可以将发生死锁的概率降到最低。

习 题

(1) 什么是事务? 如果要取消一个事务,使用什么语句? 举例说明事务处理的作用。

(2) 什么是事务的 4 个基本属性? 说明 3 种事务的特点。

(3) 简述锁机制,解释死锁的含义。

(4) 定义一个事务,向"系部"表输入新的数据记录,如果输入的 dept_name 与表中重复,则回滚事务,否则提交事务。

(5) 创建一个事务,同时更新"学生信息"表和"成绩"表的 stu_id 列,如果数据更新有错,则取消更新操作。

(6) 在网上订购系统中使用存储过程,保证数据操作的完整性,下面是操作步骤:

① 从数据库中取出订购信息。

② 用户查看订阅信息,并修改订单。

③ 提交事务。

④ 将修改信息保存到数据库中。

⑤ 开始一个事务。

上述操作步骤的正确顺序是什么?

第 8 章　T-SQL 程序设计基础

SQL Server 中的编程语言 T-SQL 是一种非过程化的语言，用户或应用程序都是通过它来操作数据库的。当要执行的任务不能由单个 SQL 语句完成时，也可以通过某种方式将多条 SQL 语句组织到一起共同完成一项任务。本章主要介绍 T-SQL 的编程基础。

通过学习本章，读者应掌握以下内容：

- 批处理的概念；
- 数据类型与常量的表示方法；
- 全局变量与局部变量的使用；
- 运算符与表达式的使用；
- 流程控制语句的使用；
- 系统内置函数与用户自定义函数；
- 游标的使用。

批处理、脚本和注释

8.1　批处理、脚本和注释

批处理就是一个或多个 T-SQL 语句的集合，用户或应用程序一次性将它发送给 SQL Server，由 SQL Server 编译成一个执行单元，此单元称为执行计划。

8.1.1　批处理

建立批处理如同编写 SQL 语句，区别在于它是多条语句同时执行的，用 GO 语句作为一个批处理的结束。

注意：GO 语句行必须单独存在，不能含有其他的 SQL 语句，也不能有注释。

如果在一个批处理中有语法错误，如某条命令拼写错误，则整个批处理就不能成功地编译，也就无法执行。如果在批处理中某条语句执行错误，如违反了规则，则只影响该语句的执行，不影响其他语句的执行。

在 SQL Server 中可以利用 ISQL、OSQL 及 ISQLW 实用程序执行批处理，前两个实用程序是在命令界面下运行的，例如在 DOS 命令提示符下运行；ISQLW 是一个图形界面下的查询工具，本书的实例均是在该实用程序下运行的。

有些 SQL 语句不可以放在一个批处理中进行处理，它们需要遵守以下规则。

（1）大多数 CREATE 命令要在单个批处理命令中执行，但 CREATE DATABASE、CREATE TABLE 和 CREATE INDEX 例外。

（2）调用存储过程时，如果它不是批处理中的第一个语句，则在其前面必须加上 EXECUTE，或简写为 EXEC。

（3）不能在把规则和默认值绑定到表的字段或用户自定义的数据类型上后就在同一
个批处理中使用它们。

（4）不能在给表字段定义了一个 CHECK 约束之后在同一个批处理中使用该约束。

（5）不能在修改表的字段名之后在同一个批处理中引用该新字段名。

【例 8.1】　查询学生成绩信息，要求使用"学生信息"表和"成绩"表，并且显示课程名。

```
--新建视图"成绩"
CREATE VIEW 成绩
 AS
 SELECT A.stu_id,A.stu_name,A.dept_id,B.course_id,B.score
    FROM 学生信息 A INNER JOIN 成绩 B ON A.stu_id=B.stu_id
GO
--查询学生成绩信息
SELECT A.stu_name,C.dept_name,B.course_name,A.score FROM 成绩 A
    INNER JOIN 课程 B ON A.course_id=B.course_id
    INNER JOIN 系部 C ON A.dept_id=C.dept_id
GO
```

执行结果如图 8.1 所示。

	stu_name	dept_name	course_name	score
1	耿娇	金融系	金融学	85
2	耿娇	金融系	马克思主义基本原理	85
3	耿娇	金融系	大学英语	83
4	耿明	数学系	数据结构	83
5	耿明	数学系	数据库原理	86
6	耿明	数学系	马克思主义基本原理	81
7	耿明	数学系	大学英语	81
8	郭波	金融系	金融学	79
9	郭波	金融系	马克思主义基本原理	79
10	郭波	金融系	大学英语	89
11	贾志强	计算机系	数据结构	91
12	贾志强	计算机系	操作系统原理	91
13	贾志强	计算机系	马克思主义基本原理	77
14	贾志强	计算机系	大学英语	87
15	李红	金融系	金融学	49
16	李红	金融系	马克思主义基本原理	49
17	李红	金融系	大学英语	69
18	李楠楠	数学系	数据结构	45
19	李楠楠	数学系	数据库原理	61
20	李楠楠	数学系	马克思主义基本原理	55
21	李楠楠	数学系	大学英语	56
22	牛不文	计算机系	数据结构	84

图 8.1　学生成绩查询结果

因为建立视图语句 CREATE VIEW 不能和其使用语句在一个批处理中，所以需要
用 GO 命令将 CREATE VIEW 语句与其下面的语句（SELECT）分成两个批处理，否则
SQL Server 将报语法错误。

8.1.2 脚本

脚本是批处理的存在方式，将一个或多个批处理组织到一起就是一个脚本，例如执行命令的各个实例都可以称为一个脚本。将脚本保存到磁盘文件上称为脚本文件，其扩展名为 sql。使用脚本文件对于重复操作或在几台计算机之间交换 SQL 语句是非常有用的。

例 8.1 的脚本文件演示如图 8.2 所示。

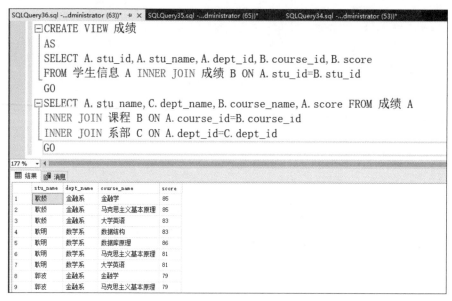

图 8.2 脚本文件演示

8.1.3 注释

注释也称注解，是写在程序代码中的说明性文字，用于对程序的结构及功能进行说明。注释内容既不会被系统编译，也不会被程序执行。使用注释对代码进行说明，不仅能使程序易读易懂，而且有助于日后的管理和维护。注释通常用于记录程序名称、作者姓名和主要代码更改的日期。注释还可以用于描述复杂的计算或者解释编程的方法。

注释分为两种：行内注释和块注释。

1. 行内注释

行内注释的语法格式如下：

--注释文本

从双连字符"--"开始到行尾均为注释,但前面可以有执行的代码。对于多行注释,必须在每个注释行的开始都使用双连字符。

2. 块注释

块注释的语法格式如下:

/ * 注释文本 * /

或

/ *
注释文本
* /

这些注释文本可以与执行代码处于同一行,也可以另起一行,甚至可以放在可执行代码内。从开始注释字符"/ * "到结束字符" * /"之间的全部内容均为注释部分。

8.2 常量、变量和表达式

常量、变量和
表达式

常量、变量和表达式是程序设计中不可缺少的元素。始终保持不变的数据称为"常量",存放数据的存储单元称为"变量",表达式用来表示某个求值规则,每个表达式都产生唯一的值。

8.2.1 常量

常量是一个固定的数据值、一个标量值或者一个代表特定数据值的符号,常量的格式按其所代表数据值的数据类型有所不同,常量的值在程序运行过程中不会改变。

1. 字符串常量

字符串常量包含在单引号内,由字母、数字和符号(如!、@和♯)组成。例如'处理中,请稍候……'。如果字符串常量中含有一个单引号,例如 It's legs are long,则要用两个单引号表示这个字符串常量内的单引号,即表示为'It''s legs are long'。

在字符串常量前面加上字符 N,表明该字符串常量是 Unicode 字符串常量,例如 N'Mary'是 Unicode 字符串常量,而'Mary'是字符串常量。Unicode 数据中的每个字符都使用两字节存储,字符数据中的每个字符都使用一字节存储。

注意:大于 8000B 的字符常量为 varchar(max)类型的数据。

2. 二进制常量

二进制常量具有前缀 0x 并且是十六进制数字字符串,这些常量不使用引号。例如,0x8E。

3. bit 常量

bit 常量使用数字 0 或 1 表示，并且不使用引号。如果使用一个大于 1 的数字，它将被转换为 1。

4. 数值常量

数值常量分为整型常量、浮点常量、精确数值常量、uniqueidentifier 常量。

（1）整型常量是没有用引号括起来且不含小数点的一串数字表示。例如，12、546。

（2）浮点常量主要采用科学记数法表示。例如，5101%+5、0.56E-3。

（3）精确数值常量由没有用引号括起来且包含小数点的一串数字表示。例如，1238.456、0.145。

（4）uniqueidentifier 常量是表示全局唯一标识符（GUID）值的字符串，可以使用字符或二进制字符串格式指定。

5. 货币常量

货币常量以可选的小数点和可选的货币符号"$"的数字字符串来表示。money 常量不使用引号括起来，例如，$612、$4589.2345。

6. 日期时间常量

日期时间常量必须包含在一对单引号中，可以只包含日期、只包含时间或日期时间都有，例如'1988-10-20'、'2008/8/8'、'1997.9.10'、'Oct 15,2008'、'9:25:30'、'2:30PM' 等。

使用 SET DATEFORMAT 语句可以设置日期数据中的年份、月份和日期数值的先后顺序。例如执行完 SET DATEFORMAT MDY 语句，日期常量 '8/11/2008' 采用"月/日/年"格式，代表 2008 年 8 月 11 日。如果将 SQL Server 的语言设置成 us_english，则日期格式的默认顺序是"MM/DD/YY"。

在 SQL Server 2019 中设置两位数年份的方法如下。

（1）在 SQL Server Management Studio 的"对象资源管理器"中依次展开选项，直到展开本地服务器，然后右击，在弹出的快捷菜单中选择"属性"命令，如图 8.3 所示。

（2）将弹出的"服务器属性"对话框切换到"高级"选项设置界面，在"两位数年份截止"项中设置相应的年份，默认值为 2049，如图 8.4 所示。用户可以指定 1753～9999 的整数，该整数表示将两位数年份解释为四位数年份的截止年份。

8.2.2　变量

变量又分为局部变量和全局变量两种，局部变量是一个能够保存特定数据类型实例的对象，是程序中各种类型数据的临时存储单元，用于在批处理的 SQL 语句之间传递数据。全局变量是系统给定的特殊变量。

图 8.3 本地服务器快捷菜单

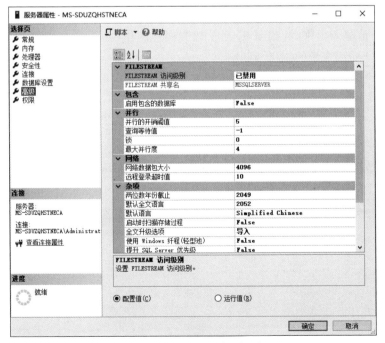

图 8.4 "服务器属性"对话框

1. 局部变量

局部变量是用户在程序中定义的变量,一次只能保存一个值,仅作用于声明它的批处理、存储过程或触发器中。批处理结束后,存储在局部变量中的信息将丢失。

局部变量的定义遵守 SQL Server 标识符的命名规则,其开始必须使用@符号,最长为 128 个字符。

1) 局部变量的定义

局部变量必须用 DECLARE 语句定义后才可以使用,定义局部变量的语法形式如下:

```
DECLARE {@变量名 数据类型}[,...n]
```

其中,变量的数据类型及大小可以是任何由系统提供的或由用户自定义的数据类型。但是,局部变量不能是 text、ntext 或 image 数据类型,另外,一次可以定义多个局部变量。

2) 局部变量的赋值方法

使用 DECLARE 命令声明并创建局部变量之后,系统将其初始值设为 NULL,如果想要设定局部变量的值,必须使用 SET 语句或者 SELECT 语句。其语法格式如下:

```
SET {@变量名=表达式}
```

或

```
SELECT{@变量名=表达式}[,...n]
```

SET 语句一次只能给一个局部变量赋值,SELECT 语句可以给一个变量或同时给多个变量赋值。如果 SELECT 语句返回了多个值,则这个局部变量将取得该语句返回的最后一个值。另外,在使用 SELECT 语句赋值时,如果省略了赋值号及后面的表达式,则可以将局部变量值显示出来,起到和 PRINT 语句同样的作用。

【例 8.2】 局部变量的定义与赋值。

```
DECLARE @MY_VAR1 VARCHAR(5),@MY_VAR2 CHAR(8)
SELECT @MY_VAR1='你好!',@MY_VAR2='happy'
PRINT @MY_VAR1+@MY_VAR2
SELECT @MY_VAR1+@MY_VAR2
```

PRINT 结果显示在"消息"提示框中,SELECT 结果显示在"结果"提示框中,运行结果如图 8.5 和图 8.6 所示。

【例 8.3】 创建局部变量@C,然后为@C 赋值,最后显示@C 的值。

```
--声明局部变量@C
DECLARE @C CHAR(14)
--给局部变量@C 赋值
SET @C='中华人民共和国'
--显示局部变量@C 的值
SELECT @C
GO
```

```
DECLARE @MY_VAR1 VARCHAR(5),@MY_VAR2 CHAR(8)
SELECT @MY_VAR1='你好!',@MY_VAR2='happy'
PRINT @MY_VAR1+@MY_VAR2
--SELECT @MY_VAR1+@MY_VAR2
```

```
你好!happy

完成时间: 2020-09-01T14:11:27.8435305+08:00
```

图 8.5 "消息"提示框

```
DECLARE @MY_VAR1 VARCHAR(5),@MY_VAR2 CHAR(8)
SELECT @MY_VAR1='你好!',@MY_VAR2='happy'
--PRINT @MY_VAR1+@MY_VAR2
SELECT @MY_VAR1+@MY_VAR2
```

	(无列名)
1	你好!happy

图 8.6 "结果"提示框

程序的执行结果如图 8.7 所示。

```
DECLARE @C CHAR(14)
SET @C='中华人民共和国'
SELECT @C
GO
```

	(无列名)
1	中华人民共和国

图 8.7 显示局部变量

【例 8.4】 查询"学生信息"表,将返回的记录数赋给局部变量@NUM。

```
USE jxgl                      --打开 jxgl 数据库
GO
```

```
DECLARE @NUM INT                              --声明局部变量
SET @NUM=(SELECT COUNT(*)FROM 学生信息)        --给局部变量赋值
--上面的语句也可以写成
SELECT @NUM=COUNT(*)FROM 学生信息
SELECT @NUM AS '总人数'                         --显示局部变量的值
GO
```

程序的执行结果如图 8.8 所示。

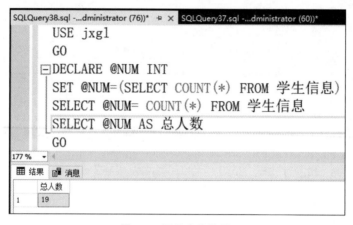

图 8.8　显示查询结果

【例 8.5】　查询"学生信息"表中女同学的记录(在 SELECT 语句中使用由 SET 赋值的局部变量)。

```
USE jxgl                                      --打开 jxgl 数据库
GO
DECLARE @S CHAR(2)                            --声明局部变量
SET @S='女'                                    --给局部变量赋值
--根据局部变量的值进行查询
SELECT stu_id AS 学号,stu_name AS 姓名,stu_sex AS 性别,stu_birth AS 出生时间
    FROM 学生信息 WHERE stu_sex=@S
GO
```

程序的执行结果如图 8.9 所示。

2. 全局变量

全局变量是 SQL Server 系统提供并赋值的变量。用户不能定义全局变量,也不能用 SET 语句修改全局变量。通常将全局变量的值赋给局部变量,以便保存和处理。事实上,在 SQL Server 中,全局变量是一组特定的函数,它们的名称以@@开头,而且不需要任何参数,在调用时无须在函数名后面加圆括号,这些函数也称无参数函数。

SQL Server 提供了 30 多个全局变量,表 8.1 中列出了 9 个常用的全局变量。

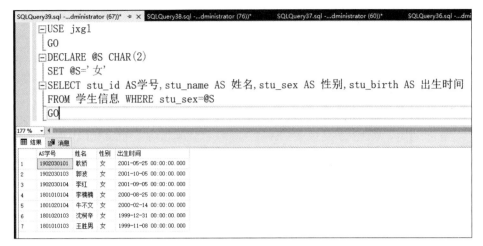

图 8.9　显示女同学的记录

表 8.1　SQL 常用的全局变量

名　　称	说　　明
@@CONNECTIONS	返回当前服务器连接的数目
@@ROWCOUNT	返回上一条 T-SQL 语句影响的数据行数
@@ERROR	返回上一条 T-SQL 语句执行后的错误号
@@PROCID	返回当前存储过程的 ID 号
@@SERVICENAME	返回正在运行 SQL Server 服务器所使用的登录表键名
@@SERVERNAME	返回运行 SQL Server 的本地服务器名称
@@VERSION	返回当前 SQL Server 服务器的版本和处理器的类型
@@LANGUAGE	返回当前 SQL Server 服务器的语言
@@MAX_CONNECTIONS	返回 SQL Server 上允许同时连接的最大用户数

【例 8.6】　利用全局变量查看 SQL Server 的版本和当前所使用的语言。

```
SELECT @@VERSION AS 版本
SELECT @@LANGUAGE AS 语言
GO
```

程序的执行结果如图 8.10 所示。

8.2.3　运算符与表达式

运算符是一些符号,能够用来执行算术运算、字符串连接、赋值,并在字段、常量和变量之间进行比较。表达式用来表示某个求值规则,它由运算符和配对的圆括号将常量、变量、函数等操作数以合理的形式组合而成。每个表达式都产生唯一的值,表达式的类型由

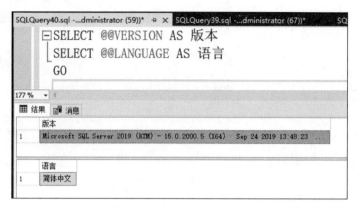

图 8.10   全局变量的使用

运算符的类型决定。在 SQL Server 中,运算符和表达式主要有以下 6 大类。

1. 算术运算符与算术表达式

算术运算符包括加(+)、减(-)、乘(*)、除(/)和取模(%)。对于加、减、乘、除这 4 种算术运算符,计算的两个表达式可以是任何数值型数据;对于取模运算符,要求操作数的数据类型为 int、smallint 和 tinyint。

如果在一个表达式中出现了多个算术运算符,则运算符的优先级顺序为乘、除、取模运算为同一优先级,加、减运算符的优先级次之。

【例 8.7】   算术运算符的使用。

```
SELECT 5/4,5.0/4,10%3                --运算结果为 1    1.250000    1
SELECT 25/(3 * 6), 25%(3 * 6)        --运算结果为 1    7
```

2. 字符串连接运算符与字符串表达式

字符串连接运算符使用加号(+)表示,可以实现字符串的连接。其他的字符串操作都是通过函数(如 SUBSTRING)来操作的。

字符串连接运算符可以操作的数据类型有 char、varchar、text、nchar、nvarchar 和 ntext。在 INSERT 语句或者赋值语句中,如果字符串为空,那么就作为空的字符串来处理。

【例 8.8】   字符串连接运算符的使用。

```
SELECT 'abc'+''+'def'                --运算结果为 abcdef
```

但是,如果将 sp_dbcmptlevel 兼容性的级别设置为 65,空的字符串就被当作空格处理。

【例 8.9】   修改兼容性的级别后字符串连接运算符的使用。

```
sp_dbcmptlevel 'jxgl',100
SELECT 'abc'+''+'def'                --运算结果为 abc def
```

3. 位运算符与位表达式

使用位运算符可以对整型或二进制数据进行按位与(&)、或(|)、异或(^)、求反(~)等逻辑运算。在对整型数据进行位运算时,首先把它们转换为二进制数,然后再进行计算。其中,与、或、异或运算需要两个操作数,它们可以是整型或二进制数据(image 数据类型除外),但运算符左、右两侧的操作数不能同时为二进制数据。求反运算符是一个单目运算符,它只能对 int、smallint、tinyint 或 bit 类型的数据进行求反运算。

【例 8.10】 位运算符的使用。

```
SELECT 10&20,10|20,10^20,~20          --运算结果为 0  30  30  -21
```

4. 比较运算符与比较表达式

比较运算符用来对多个表达式进行比较,比较运算符可以比较除 text、ntext 和 image 数据类型以外的所有数据类型。在 SQL Server 中,比较运算符包括等于(=)、大于(>)、大于或等于(>=)、小于(<)、小于或等于(<=)、不等于(<>或!=)、不小于(!<)、不大于(!>)。

比较运算符的结果是布尔值 TRUE、FALSE 或 UNKNOWN,返回布尔数据类型的表达式称为布尔表达式。

当 SET ANSI_NULLS 设置成 ON,而且被比较的表达式中有一个或两个 NULL 时,布尔表达式将返回 UNKNOWN;当 SET ANSI_NULLS 设置成 OFF,只有两个表达式且都是 NULL,而且运算符为等号时,返回值为 TRUE,其他情况与 SET ANSI_NULLS 设置成 ON 相同。

比较表达式用于 WHERE 子句以及流程控制语句(例如 IF 和 WHILE)中,用来过滤符合搜索条件的行。

【例 8.11】 比较运算符的使用。

```
DECLARE @M CHAR(3),@N CHAR(2)
SELECT @M='ABC',@N='EF'
IF @M>@N
  PRINT 'A 的 ASCII 码大于 E 的 ASCII 码。'
ELSE
  PRINT 'A 的 ASCII 码小于 E 的 ASCII 码。'
```

程序的执行结果如下:

```
A 的 ASCII 码小于 E 的 ASCII 码。
```

5. 逻辑运算符与逻辑表达式

逻辑运算符用于检测特定的条件是否为真,逻辑运算符如表 8.2 所示。逻辑运算符与比较运算符相似,返回值为 TRUE 或者 FALSE 的布尔数据类型。

表 8.2　SQL 逻辑运算符

运 算 符	含 义
AND	如果两个布尔表达式都为 TRUE,那么就为 TRUE
OR	如果两个布尔表达式中的一个为 TRUE,那么就为 TRUE
NOT	对任何布尔运算符的值取反
IN	如果操作数等于表达式列表中的一个,那么就为 TRUE
LIKE	如果操作数与一种模式相匹配,那么就为 TRUE
BETWEEN	如果操作数在某个范围之内,那么就为 TRUE
EXISTS	如果子查询包含一些行,那么就为 TRUE
ALL	如果一系列的比较都为 TRUE,那么就为 TRUE
ANY	如果在一系列的比较中有一个为 TRUE,那么就为 TRUE
SOME	如果在一系列比较中有些为 TRUE,那么就为 TRUE

【例 8.12】　逻辑运算符的使用。

```
SELECT stu_name AS 姓名,stu_sex AS 性别,stu_birth AS 出生时间 FROM 学生信息
    WHERE  stu_sex='女'  AND stu_birth>'2001-01-01'
GO
```

程序的执行结果如图 8.11 所示。

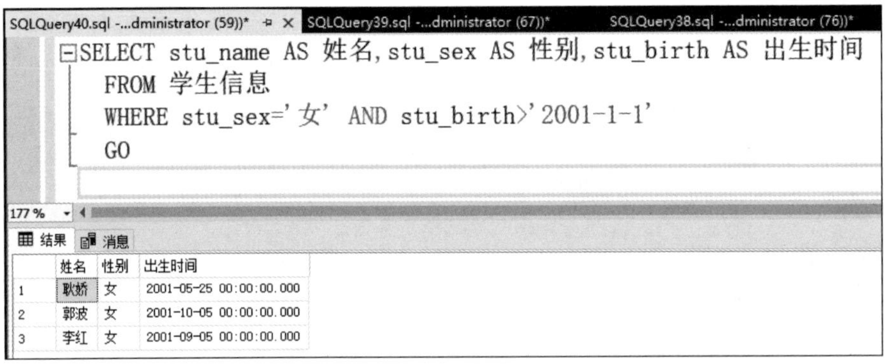

图 8.11　使用逻辑运算符的执行结果

6. 赋值运算符

T-SQL 中有一个赋值运算符,即等号(=)。赋值运算符能够将数据值指定给特定的对象;另外,还可以使用赋值运算符在列标题和为列定义值的表达式之间建立关系。

7. 运算符的优先级

当一个复杂的表达式中包含多种运算符时,运算符的优先顺序将决定表达式的计算

和比较顺序。在 SQL Server 中,运算符的优先等级从高到低的顺序如下:

- ＋(正)、－(负)、~(位求反)
- ＊(乘)、/(除)、%(求余)
- ＋(加)、＋(连接)、－(减)
- ＝、＞、＜、＞＝、＜＝、＜＞、!＝、!＞、!＜比较运算符
- ^(位异或)、&(位与)、|(位或)
- NOT
- AND、ANY、BETWEEN、IN、LIKE、OR、SOME
- ＝(赋值)

如果表达式中有两个相同等级的运算符,将按它们在表达式中的位置由左到右计算。在表达式中还可以使用括号改变运算符的优先级。

8.3　流程控制语句

流程控制语句是组织较复杂的 T-SQL 语句的语法元素,在批处理、存储过程、脚本和特定的检索中使用,包括条件控制语句、无条件转移语句和循环语句等。

流程控制语句及系统内置函数

8.3.1　BEGIN…END 语句

BEGIN…END 语句用于将多条 T-SQL 语句组成一个语句块,并将它们视为一个语句。在条件语句和循环语句等控制流程语句中,当符合特定条件需要执行两个或者多个语句时,应该使用 BEGIN…END 语句将这些语句组合在一起。其语法格式如下:

```
BEGIN
    {语句或语句块}
END
```

8.3.2　IF…ELSE…语句

IF…ELSE…语句用来实现选择结构。其语法格式如下:

```
IF 逻辑表达式
    {语句 1 或语句块 1}
[ELSE
    {语句 2 或语句块 2}]
```

如果逻辑表达式的条件成立(为 TRUE),执行语句 1 或语句块 1,否则(为 FALSE)执行语句 2 或语句块 2,语句块要用 BEGIN 和 END 定义。如果没有 ELSE 部分,则当逻辑表达式不成立时什么都不执行。

IF…ELSE…语句可以嵌套使用,而且嵌套层数没有限制。

【例 8.13】 在"成绩"表中查询是否开过"数据库原理"课,如果开过,计算该课的平均分(这里假设已知"数据库原理"的课程号为"010003")。

```
IF EXISTS(SELECT course_id FROM 成绩 WHERE course_id='010003')
  BEGIN
    DECLARE @AVG FLOAT
    SET @AVG=(SELECT AVG(score)FROM 成绩
            WHERE course_id='010003')
    SELECT '已开过"数据库原理"课。',@AVG AS 平均分
  END
ELSE
  PRINT '没有开过"数据库原理"课。'
```

程序的执行结果如图 8.12 所示。

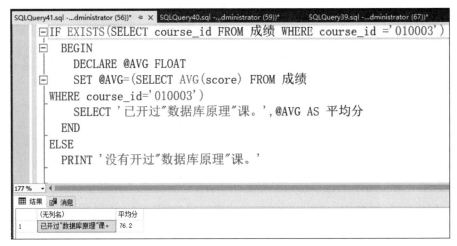

图 8.12　IF…ELSE…语句的执行结果

【例 8.14】 比较两个数的大小。

```
DECLARE @VAR1 INT,@VAR2 INT
SET @VAR1=50
SET @VAR2=80
IF @VAR1!=@VAR2
  IF @VAR1>@VAR2
    PRINT '第一个数比第二个数大。'
  ELSE
    PRINT '第一个数比第二个数小。'
ELSE
  PRINT '两个数字相同。'
```

程序的执行结果如下:

第一个数比第二个数小。

8.3.3 CASE 表达式

利用 CASE 表达式可以进行多分支选择。在 SQL Server 中,CASE 表达式分为简单表达式和搜索表达式两种。

1. 简单表达式

简单 CASE 表达式就是将一个测试表达式与一组简单表达式进行比较,如果某个简单表达式与测试表达式的值相等,则返回相应结果表达式的值。其语法格式如下:

```
CASE 测试表达式
    WHEN 测试值 1 THEN 结果表达式 1
    WHEN 测试值 2 THEN 结果表达式 2
    …
    [ELSE 结果表达式 N]
END
```

其中,测试表达式的值必须与测试值的数据类型相同,测试表达式可以是局部变量,也可以是表中的字段变量名,还可以是用运算符连接起来的表达式。

在执行 CASE 表达式时,会按顺序将测试表达式的值与测试值依次进行比较,只要发现一个相等,就返回相应结果表达式的值,CASE 表达式执行结束;否则,如果有 ELSE 子句,返回相应结果表达式的值,如果没有 ELSE 子句,返回一个 NULL 值,CASE 表达式执行结束。

在 CASE 表达式中,若同时有多个测试值与测试表达式的值相同,则只返回第一个与测试表达式的值相同的 WHEN 子句后的结果表达式的值。

【例 8.15】 显示"成绩"表中的数据,并使用 CASE 语句将课程号替换为课程名。

```
SELECT stu_id AS 学号,
    课程名=CASE course_id
                WHEN '010001' THEN '大学计算机基础'
                WHEN '010002' THEN '数据结构'
                WHEN '010003' THEN '数据库原理'
                WHEN '010004' THEN '操作系统原理'
                WHEN '020001' THEN '金融学'
                WHEN '100101' THEN '马克思主义基本原理'
                WHEN '200101' THEN '大学英语'
            END
            , score AS 成绩
        FROM 成绩
```

程序执行的部分结果如图 8.13 所示。

	学号	课程名	成绩
1	1801010101	数据结构	78
2	1801010101	数据库原理	69
3	1801010101	马克思主义基本原理	89
4	1801010101	大学英语	77
5	1801010102	数据结构	88
6	1801010102	数据库原理	84
7	1801010102	马克思主义基本原理	75
8	1801010102	大学英语	85
9	1801010103	数据结构	75
10	1801010103	数据库原理	81
11	1801010103	马克思主义基本原理	78
12	1801010103	大学英语	76
13	1801010104	数据结构	45
14	1801010104	数据库原理	61
15	1801010104	马克思主义基本原理	55
16	1801010104	大学英语	56
17	1801010105	数据结构	83
18	1801010105	数据库原理	86
19	1801010105	马克思主义基本原理	81
20	1801010105	大学英语	81

图 8.13 成绩查询结果

2. 搜索表达式

与简单表达式不同的是,在搜索表达式中,CASE 关键字后面不跟任何表达式,在各 WHEN 关键字后面跟的都是逻辑表达式。其语法格式如下:

```
CASE
    WHEN 逻辑表达式 1 THEN 结果表达式 1
    WHEN 逻辑表达式 2 THEN 结果表达式 2
    ...
    [ELSE 结果表达式 N]
END
```

在执行 CASE 搜索表达式时,会按顺序测试每个 WHEN 子句后面的逻辑表达式,只要发现一个为 TRUE,就返回相应结果表达式的值,CASE 表达式执行结束;否则,如果有 ELSE 子句,返回相应结果表达式的值,如果没有 ELSE 子句,返回一个 NULL 值,CASE 表达式执行结束。

在 CASE 表达式中,若同时有多个逻辑表达式的值为 TRUE,则只有第一个为 TRUE 的 WHEN 子句后的结果表达式值返回。

【例 8.16】 显示"成绩"表中的数据,并根据成绩输出考试等级。成绩大于或等于 90 分,输出"优";成绩为 80～89 分,输出"良";成绩为 70～79 分,输出"中";成绩为 60～69 分,输出"及格";成绩在 60 分以下,输出"不及格"。

```
SELECT stu_id AS 学号,
    课程名=CASE course_id
            WHEN '010001' THEN '大学计算机基础'
            WHEN '010002' THEN '数据结构'
            WHEN '010003' THEN '数据库原理'
            WHEN '010004' THEN '操作系统原理'
            WHEN '020001' THEN '金融学'
            WHEN '100101' THEN '马克思主义基本原理'
            WHEN '200101' THEN '大学英语'
        END
    ,成绩=CASE
            WHEN score> =90 THEN '优'
            WHEN score> =80 THEN '良'
            WHEN score> =70 THEN '中'
            WHEN score> =60 THEN '及格'
            ELSE '不及格'
        END
FROM 成绩
```

程序执行的部分结果如图 8.14 所示(这里由于字段 score 使用了 CASE 表达式,所以无法命别名)。

	学号	课程名	成绩
1	1801010101	数据结构	中
2	1801010101	数据库原理	及格
3	1801010101	马克思主义基本原理	良
4	1801010101	大学英语	中
5	1801010102	数据结构	良
6	1801010102	数据库原理	良
7	1801010102	马克思主义基本原理	中
8	1801010102	大学英语	良
9	1801010103	数据结构	中
10	1801010103	数据库原理	良
11	1801010103	马克思主义基本原理	中
12	1801010103	大学英语	中
13	1801010104	数据结构	不及格
14	1801010104	数据库原理	及格
15	1801010104	马克思主义基本原理	不及格
16	1801010104	大学英语	不及格
17	1801010105	数据结构	良
18	1801010105	数据库原理	良
19	1801010105	马克思主义基本原理	良
20	1801010105	大学英语	良
21	1801020101	数据结构	优
22	1801020101	操作系统原理	优

图 8.14　成绩等级查询结果

8.3.4 无条件转移语句 GOTO

GOTO 语句可以使程序直接跳到指定的标识符位置处继续执行,而位于 GOTO 语句和标识符之间的程序将不会被执行。标识符后面带有冒号(:)。GOTO 语句可以用在语句块、批处理和存储过程中,GOTO 语句也可以嵌套使用。其语法格式如下:

```
GOTO 标号
```

【例 8.17】 使用 GOTO 语句求 5 的阶乘。

```
DECLARE @I INT,@T INT
SET @I=1
SET @T=1
LABEL:
  SET @T=@T*@I
  SET @I=@I+1
IF @I<=5
  GOTO LABEL
SELECT @T
```

程序的执行结果如下:

```
120
```

8.3.5 WAITFOR 语句

WAITFOR 语句是延迟执行语句,可以指定在某个时间或者过一定的时间后执行语句块或存储过程。其语法格式如下:

```
WAITFOR{DELAY 'time'|TIME 'time'}
```

其中,DELAY 指等待指定的时间间隔,最长可达 24 小时;TIME 指等待到所指定的时间。

【例 8.18】 等待 10 秒,再显示学生信息表的内容。

```
WAITFOR DELAY '00:00:10'
SELECT * FROM 学生信息
```

【例 8.19】 上午 10:00,显示学生信息表的内容。

```
WAITFOR TIME '10:00:00'
SELECT * FROM 学生信息
```

8.3.6 WHILE 语句

使用循环语句 WHILE 可以有条件地重复执行一个 T-SQL 语句或语句块。其语法格式如下：

```
WHILE 逻辑表达式
  BEGIN
     {语句 1 或语句块 1}
     [CONTINUE]
     {语句 2 或语句块 2}
     [BREAK]
     {语句 3 或语句块 3}
  END
```

当 WHILE 后的逻辑表达式为真时，重复执行 BEGIN…END 之间的语句；当逻辑表达式为假时，循环停止执行，直接执行 BEGIN…END 后面的语句。其中，CONTINUE 语句可以使程序跳过其后面的语句，重新回到 WHILE 命令行，进入下一次的循环判断。BREAK 语句则使程序跳出循环，结束 WHILE 语句的执行。WHILE 语句可以嵌套使用。

【例 8.20】 用 WHILE 语句计算 2 的 10 次方。

```
DECLARE @MY_VAR INT,@MY_RESULT INT
SET @MY_VAR=10
SET @MY_RESULT=1
WHILE @MY_VAR>0
  BEGIN
     SET @MY_RESULT=@MY_RESULT * 2
     SET @MY_VAR=@MY_VAR-1
  END
PRINT @MY_RESULT
```

程序的执行结果如下：

```
1024
```

【例 8.21】 改写例 8.20，要求使用 CONTINUE 和 BREAK 语句。

```
DECLARE @MY_VAR INT,@MY_RESULT INT
SET @MY_VAR=10
SET @MY_RESULT=1
WHILE 1=1
  BEGIN
     SET @MY_RESULT=@MY_RESULT * 2
     SET @MY_VAR=@MY_VAR-1
     IF @MY_VAR<=0
        BREAK
     ELSE
        CONTINUE
  END
PRINT @MY_RESULT
```

程序的执行结果如下：

```
1024
```

注意：如果 WHILE 语句嵌套使用，BREAK 语句将中止本层循环退到上一层的循环，而不是退出整个循环。

8.3.7　RETURN 语句

RETURN 语句用于实现无条件退出执行的批处理命令、存储过程或触发器。RETURN 语句可以返回一个整数给调用它的过程或应用程序，返回值 0 表明成功返回，系统保留值−1～−99 代表不同的出错原因，例如−1 指"丢失对象"，−2 指"发生数据类型错误"等。如果未提供用户自定义的返回值，则使用 SQL Server 系统定义值。用户自定义的返回状态值不能与 SQL Server 的保留值冲突，系统当前使用的保留值是 0～−14。其语法格式如下：

```
RETURN［整型表达式］
```

【例 8.22】　在"成绩"表中查询某学生的某科成绩是否及格。

```
--创建存储过程 MY_TEST
CREATE PROCEDURE MY_TEST
    @XH CHAR(10),@KCH CHAR(4)
AS
IF(SELECT score FROM 成绩
        WHERE stu_id=@XH AND course_id=@KCH)>=60
    RETURN 1
ELSE
    RETURN 2
--调用存储过程 MY_TEST,通过返回值判断是否及格
DECLARE @I INT
EXEC @I=MY_TEST '1801010104','010002'
IF @I=1
 PRINT '及格'
ELSE
 PRINT '不及格'
```

程序的执行结果如下：

```
不及格
```

8.4　系统内置函数

SQL Server 提供了许多内置函数，用户可以在 T-SQL 程序中使用这些内置函数方便地完成一些特殊的运算和操作。函数用函数名来标识，在函数名之后有一对圆括号，例

如 GETTIME()。大部分函数需要给出一个或多个参数。

SQL Server 按用途将函数分为行集函数、聚合函数和标量函数。

8.4.1 行集函数

行集函数返回的对象可以像表一样被 T-SQL 语句所引用。行集函数的返回值是不确定的,它们对同一个输入值执行多次操作后每次返回的数值不一定相同。表 8.3 给出了常用的行集函数。

表 8.3 常用的行集函数

行 集 函 数	功　　能
CONTAINSTABLE(table,{column│ * },'<contains_search_condition>'[,top_n_by_rank])	返回具有零行、一行或多行的表格,列中的字符串数据用精确或模糊方式匹配单词或短语,让单词相互近似或进行加权匹配
FREETEXTTABLE(table,{column│ * },'freetext_string'[,top_n_by_rank])	返回具有零行、一行或多行的表格,匹配 freetext_string 中文本的含义。table 是进行全文查询的表,column 是包含字符串数据的列
OPENDATASOURCE (provider_name,init_string)	将特殊的连接信息作为对象名的第一部分,代替连接的服务器名,只能引用 OLE DB 数据源
OPENQUERY(linked_server,'query')	在给定的连接服务器(一个 OLE DB 数据源)上执行指定的直接传递查询
OPENROWSET('provider_name', {'datasource';'user_id';'password'│'provider_string'},{[catalog.][schema.]object│'query'})	返回访问 OLE DB 数据源中的远程数据所需的全部连接信息
OPENXML(idoc int[in],rowpattern nvarchar[in],[flags byte[in]])[WITH(SchemaDeclaration│TableName)]	OPENXML 通过 XML 文档提供行集视图

【例 8.23】 行集函数的使用。

```
SELECT * FROM OPENDATASOURCE
    ('SQLOLEDB',
     'DATASOURCE=theone-pc;
USER ID=sa;PWD=123456').jxgl.DBO.学生信息
```

程序执行返回"学生信息"表的所有记录。

注意:在实际的操作过程中,服务器名称、用户名及用户密码均需根据不同情况进行设置。

8.4.2 聚合函数

聚合函数对集合中的数值进行计算,并返回单个计算结果。聚合函数都具有确定性,任何时候用一组给定的输入值调用它们时都返回相同的值。聚合函数通常和 SELECT

语句中的 GROUP BY 子句一起使用。表 8.4 给出了常用的聚合函数。

表 8.4　常用的聚合函数

聚 合 函 数	功　　能
AVG([ALL|DISTINCT]表达式)	计算表达式中各项的平均值
SUM([ALL|DISTINCT]表达式)	计算表达式中所有项的和
MAX([ALL|DISTINCT]表达式)	返回表达式中的最大值
MIN([ALL|DISTINCT]表达式)	返回表达式中的最小值
COUNT({[ALL|DISTINCT]表达式}|＊)	返回一个集合中的项数,返回值为整型
COUNT_BIG({[ALL|DISTINCT]表达式}|＊)	返回一个集合中的项数,返回值为长整型

【例 8.24】　聚合函数的使用。

```
SELECT 平均分=AVG(score),最高分=MAX(score),
       最低分=MIN(score)  FROM 成绩 WHERE course_id='010003'
```

程序的执行结果如图 8.15 所示。

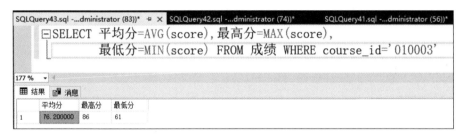

图 8.15　聚合函数的显示结果

8.4.3　标量函数

标量函数只对一个数值进行操作,并返回单个数值。由于标量函数较多,下面按类型介绍一些常用的函数。

1. 字符串函数

字符串函数用于对字符串进行连接、截取等操作。表 8.5 给出了常用的字符串函数。

表 8.5　常用的字符串函数

字符串函数	功　　能
ASCII(字符表达式)	返回字符表达式最左边字符的 ASCII 码
CHAR(整型表达式)	将一个 ASCII 码转换为字符,ASCII 码应为 0~255
SPACE(n)	返回由 n 个空格组成的字符串,n 是整型表达式的值

字符串函数	功　　能
LEN(字符表达式)	返回字符表达式的字符(而不是字节)个数,不包含尾部的空格
LEFT(字符表达式,整型表达式)	从字符表达式中返回最左边的 n 个字符,n 是整型表达式的值
RIGHT(字符表达式,整型表达式)	从字符表达式中返回最右边的 n 个字符,n 是整型表达式的值
SUBSTRING(字符表达式,起始点,n)	返回字符表达式中从"起始点"开始的 n 个字符
STR(浮点表达式[,长度[,小数]])	将浮点表达式转换为给定长度的字符串,小数点后的位数由给出的"小数"决定
LTRIM(字符表达式)	去掉字符表达式的前导空格
RTRIM(字符表达式)	去掉字符表达式的尾部空格
LOWER(字符表达式)	将字符表达式的字母转换为小写字母
UPPER(字符表达式)	将字符表达式的字母转换为大写字母
REVERSE(字符表达式)	返回字符表达式的逆序
CHARINDEX(字符表达式 1,字符表达式 2,[开始位置])	返回字符表达式 1 在字符表达式 2 的开始位置,可从给出的"开始位置"进行查找,如果未指定开始位置,或者指定为负数或 0,则默认从字符表达式 2 的开始位置查找
DIFFERENCE(字符表达式 1,字符表达式 2)	返回两个字符表达式发音的相似程度(0~4),4 表示发音最相似
PATINDEX PRINT PATINDEX("%模式%",表达式)	返回指定模式在表达式中的起始位置,找不到时为 0
REPLICATE(字符表达式,整型表达式)	将字符表达式重复多次,整型表达式给出重复的次数
SOUNDEX(字符表达式)	返回字符表达式所对应的 4 个字符的代码
STUFF(字符表达式 1,整型表达式 1,整型表达式 2,字符表达式 2)	用字符表达式 2 替换字符表达式 1 中从整型表达式 1 开始到整型表达式 2 的字符
NCHAR(整型表达式)	返回 Unicode 的字符
UNICODE(字符表达式)	返回字符表达式最左侧字符的 Unicode 代码

【例 8.25】　CHAR 和 STR 函数的使用。

```
PRINT 'B 对应的 ASCII 码值为'+CHAR(13)+STR(ASCII('B'),2,0)
```

程序的执行结果如图 8.16 所示。

【例 8.26】　其他常用的字符串函数的使用。

```
PRINT CHARINDEX('人民','中华人民共和国')          --运算结果为 3
PRINT UPPER('Hello China!')                    --运算结果为 HELLO CHINA!
```

图 8.16　CHAR 和 STR 函数的执行结果

```
PRINT LOWER('Hello China!')                    --运算结果为 hello china!
PRINT STUFF('ABCDEF',2,4,'mnh')                --运算结果为 AmnhEF
PRINT REPLICATE('*',5)+SPACE(2)+REPLICATE('$',2)
--运算结果为 * * * * * $$
```

2. 数学函数

数学函数用来对数值型数据进行数学运算。表 8.6 给出了常用的数学函数。

表 8.6　常用的数学函数

数 学 函 数	功　　能
ABS(数值表达式)	返回表达式的绝对值(正值)
ACOS(浮点表达式)	返回浮点表达式的反余弦值(值为弧度)
ASIN(浮点表达式)	返回浮点表达式的反正弦值(值为弧度)
ATAN(浮点表达式)	返回浮点表达式的反正切值(值为弧度)
ATN2(浮点表达式 1,浮点表达式 2)	返回以弧度为单位的角度,此角度的正切值在所给的浮点表达式 1 和浮点表达式 2 之间
COS(浮点表达式)	返回浮点表达式的三角余弦
COT(浮点表达式)	返回浮点表达式的三角余切
CEILING(数值表达式)	返回大于或等于数值表达式值的最小整数
DEGREES(数值表达式)	将弧度转换为度
EXP(浮点表达式)	返回数值的指数形式
FLOOR(数值表达式)	返回小于或等于数值表达式值的最大整数,CEILING 的反函数
LOG(浮点表达式)	返回数值的自然对数值
LOG10(浮点表达式)	返回以 10 为底的浮点数的对数
PI()	返回 π 的值 3.141 592 653 589 793 1
POWER(数值表达式,幂)	返回数值表达式的指定次幂的值

续表

数 学 函 数	功　　能
RADIANS(数值表达式)	将度转换为弧度,DEGREES 的反函数
RAND([整型表达式])	返回一个 0~1 的随机十进制数
ROUND(数值表达式,整型表达式)	将数值表达式四舍五入为整型表达式所给定的精度
SIGN(数值表达式)	符号函数,正数返回 1,负数返回−1,0 返回 0
SQUARE(浮点表达式)	返回浮点表达式的平方
SIN(浮点表达式)	返回角(以弧度为单位)的三角正弦
SQRT(浮点表达式)	返回一个浮点表达式的平方根
TAN(浮点表达式)	返回角(以弧度为单位)的三角正切

【例 8.27】　数学函数的使用。

SELECT e 的 1 次幂=EXP(1),约等于=ROUND(EXP(1),2,3)

程序的执行结果如图 8.17 所示。

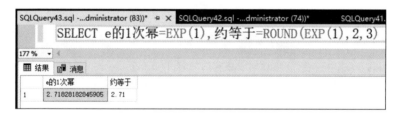

图 8.17　EXP 和 ROUND 函数的执行结果

3. 日期时间函数

日期时间函数用来显示日期和时间的信息。它们处理 datetime 和 smalldatetime 类型的值,并对其进行算术运算。表 8.7 给出了常用的日期时间函数。

表 8.7　常用的日期时间函数

日 期 函 数	功　　能
GETDATE()	返回服务器的当前系统日期和时间
DATENAME(日期元素,日期)	返回指定日期的名字,返回字符串
DATEPART(日期元素,日期)	返回指定日期的一部分,用整数返回
DATEDIFF(日期元素,日期 1,日期 2)	返回两个日期间的差值并转换为指定日期元素的形式
DATEADD(日期元素,数值,日期)	将日期元素加上日期产生新的日期
YEAR(日期)	返回年份(整数)
MONTH(日期)	返回月份(整数)

续表

日 期 函 数	功 能
DAY(日期)	返回日(整数)
GETUTCDATE()	返回表示当前 UTC 时间(协调世界时间或格林尼治标准时间)的日期值

表 8.8 给出了日期元素及其缩写和取值范围。

表 8.8 日期元素及其缩写和取值范围

日 期 元 素	缩 写	取 值	日 期 元 素	缩 写	取 值
year	yy	1753~9999	hour	hh	0~23
month	mm	1~12	minute	mi	0~59
day	dd	1~31	quarter	qq	1~4
day of year	dy	1~366	second	ss	0~59
week	wk	0~52	millisecond	ms	0~999
weekday	dw	1~7			

【例 8.28】 日期函数的使用。

```
DECLARE @VAR1 DATETIME
SET @VAR1='1986/1/1'
SELECT 当前日期=GETDATE(),
'30 天后的日期'=DATEADD(DAYOFYEAR,30,GETDATE()),
距离现在年数=DATEDIFF(YY,@VAR1,GETDATE()),
距离现在月数=DATEDIFF(MM,@VAR1,GETDATE()),
距离现在天数=DATEDIFF(DD,@VAR1,GETDATE())
```

程序的执行结果如图 8.18 所示。

图 8.18 日期函数的执行结果

4. 系统综合函数

系统综合函数用来获得 SQL Server 的有关信息。表 8.9 给出了常用的系统综合函数。

表 8.9　常用的系统综合函数

系统综合函数	功　　能
APP_NAME()	返回当前会话的应用程序名(如果应用程序进行了设置)
CASE 表达式	计算条件列表,并返回表达式的多个可能结果之一
CAST(表达式 AS 数据类型)	将表达式显式转换为另一种数据类型
CONVERT(数据类型[(长度)],表达式[,style])	将表达式显式转换为另一种数据类型,并指定转换后的数据样式
COALESCE(表达式[,...n])	返回列表清单中的第一个非空表达式
CURRENT_TIMESTAMP	返回当前日期和时间,此函数等价于 GETDATE()
CURRENT_USER	返回当前的用户,此函数等价于 USER_NAME()
DATALENGTH(表达式)	返回表达式所占用的字节数
GETANSINULL(['数据库'])	返回数据库中列值是否为空值的默认特性(简称默认为空性)
HOST_ID()	返回主机标识
HOST_NAME()	返回主机名称
IDENT_CURRENT('表名')	任何会话和任何范围中对指定的表生成的最后标识值
IDENT_INCR('表或视图')	返回表的标识列的标识增量
IDENT_SEED('表或视图')	返回种子值,该值是在带有标识列的表或视图中创建标识列时指定的值
IDENTITY(数据类型[,种子,增量]) AS 列名	在 SELECT INTO 中生成新表时指定标识列
ISDATE(表达式)	表达式为有效日期格式时返回 1,否则返回 0
ISNULL(被测表达式,替换值)	表达式值为 NULL 时用指定的替换值进行替换
ISNUMERIC(表达式)	表达式为数值类型时返回 1,否则返回 0
NEWID()	生成全局唯一标识符
NULLIF(表达式 1,表达式 2)	如果两个指定的表达式相等,则返回空值
PARSENAME('对象名',对象部分)	返回对象名的指定部分
PERMISSIONS([对象标识[,'列']])	返回一个包含位图的值,表明当前用户的语句、对象或列权限
ROWCOUNT_BIG()	返回执行最后一个语句所影响的行数
SCOPE_IDENTITY()	插入当前范围 IDENTITY 列中的最后一个标识值

续表

系统综合函数	功 能
SERVERPROPERTY(属性名)	返回服务器属性的信息
SESSIONPROPERTY(选项)	会话的 SET 选项
STATS_DATE(table_id,index_id)	对 table_id 的 index_id 更新分配页的日期
USER_NAME([id])	返回给定标识号的用户数据库的用户名

【例 8.29】 改写例 8.28,以消息的方式输出结果。

```
DECLARE @VAR1 DATETIME
SET @VAR1='1986/1/1'
PRINT '当前日期是:'+CAST(GETDATE() AS CHAR(21))+CHAR(13)+
  '30 天后的日期:'+
  CAST(DATEADD(DAYOFYEAR,30,GETDATE())
  AS CHAR(21))+CHAR(13)+
  '距离现在年数:'+
  CAST(DATEDIFF(YY,@VAR1,GETDATE())AS CHAR(2))+'年'+
  '距离现在月数:'+
  CAST(DATEDIFF(MM,@VAR1,GETDATE())AS CHAR(3))+'月'+
  '距离现在天数:'+
  CAST(DATEDIFF(DD,@VAR1,GETDATE())AS CHAR(6))+'天'
```

程序的执行结果如图 8.19 所示。

图 8.19 CAST 函数的使用

注意：CAST 函数中的表达式可以是任何有效的 SQL Server 表达式，而数据类型只能是系统数据类型，不能是用户自定义数据类型。

如果希望指定类型转换后数据的样式，应使用 CONVERT 函数进行数据类型转换。其中，表达式可以是任何有效的 SQL Server 表达式，数据类型只能是系统数据类型，不能是用户自定义数据类型。长度是可选参数，用于指定 nchar、nvarchar、char、varchar 等字符串数据的长度；style 也是可选参数，用于指定将 datetime 或 smalldatetime 转换为字符串数据时所返回日期字符串的日期格式，也用于指定将 float、real 转换成字符串数据时所返回的字符串数字格式，或者用于指定将 money、smallmoney 转换为字符串数据时所返回字符串的货币格式。表 8.10 给出了 style 参数的典型取值。

表 8.10　style 参数的典型取值

取　　值		说　　明
日期 style 取值		返回字符串的日期时间格式
两位数年份	4 位数年份	
2	102	yy-mm-dd 返回年月日
8	108	hh:mm:ss 只返回时间
11	111	yy/mm/dd
—	120	yy-mm-dd hh:mm:ss 返回年月日和时间
实数 style 取值		返回数字字符串的格式
0(默认值)		最大为 6 位数，根据需要使用科学记数法
1		始终为 8 位值，始终使用科学记数法
2		始终为 16 位值，始终使用科学记数法
货币 style 取值		返回货币字符串的格式
0(默认值)		小数点左侧每 3 位数字之间不以逗号分隔，小数点右侧取两位数，例如 1234.56
1		小数点左侧每 3 位数字之间以逗号分隔，小数点右侧取两位数，例如 1,234.56
2		小数点左侧每 3 位数字之间不以逗号分隔，小数点右侧取两位数，例如 1234.5678

下面结合 8.2.1 节中讲过的 SET DATEFORMAT 语句说明 CONVERT 函数的使用方法。

【例 8.30】　CONVERT 函数的使用。

```
SET DATEFORMAT mdy
DECLARE @DT DATETIME,@R REAL,@MN MONEY
SET @DT='1/29/2008 10:30:50AM'
SET @R=9834572.4578
SET @MN=3750186.6963
```

```
SELECT 默认格式=@DT,
    日期 1=CONVERT(VARCHAR(10),@DT,102),
    日期 2=CONVERT(VARCHAR(10),@DT,111),
    时间=CONVERT(VARCHAR(10),@DT,108),
    日期和时间=CONVERT(VARCHAR(10),@DT,120)
SELECT 实数 6 位=CONVERT(VARCHAR(20),@R,0),
    实数 8 位=CONVERT(VARCHAR(20),@R,1),
    实数 16 位=CONVERT(VARCHAR(22),@R,2)
SELECT 货币默认=CONVERT(VARCHAR(20),@MN,0),
    货币 1=CONVERT(VARCHAR(20),@MN,1),
    货币 2=CONVERT(VARCHAR(20),@MN,2)
```

程序的执行结果如图 8.20 所示。

图 8.20　CONVERT 函数的执行结果

5. 元数据函数

元数据函数返回有关数据库和数据库对象的信息,是一种查询系统表的快捷方法。表 8.11 给出了常用的元数据函数。

表 8.11　常用的元数据函数

元数据函数	功　能
COL_LENGTH('表名','列名')	返回列的长度(以字节为单位)
COL_NAME('table_id','column_id')	返回数据库列的名称
DB_ID(['database_name'])	返回数据库标识(ID)
DB_NAME(database_id)	返回数据库名
FILE_ID('文件名')	返回当前数据库中逻辑文件名对应的文件标识(ID)
FILE_NAME(文件标识)	返回文件标识(ID)号所对应的逻辑文件名
FILEGROUP_ID('文件组名')	返回文件组名称所对应的文件组标识(ID)
FILEGROUP_NAME(文件组标识)	返回给定文件组标识(ID)号的文件组名
INDEX_COL('table',index_id,key_id)	返回索引列名称
OBJECT_ID('object')	返回数据库对象标识
OBJECT_NAME(object_id)	返回数据库对象名
COLUMNPROPERTY(id,column,property)	返回列的属性值

元数据函数	功 能
DATABASEPROPERTY(database，property)	返回数据库属性值
DATABASEPROPERTYEX(database，property)	返回数据库选项或属性的当前设置
FILEGROUPPROPERTY(filegroup_name，property)	返回文件组属性值
INDEXPROPERTY(table_ID，index，property)	返回索引属性值
OBJECTPROPERTY(id，property)	返回当前数据库的对象信息
TYPEPROPERTY(type，property)	返回有关数据类型的信息
SQL_VARIANT_PROPERTY(expression，property)	返回有关 SQL_VARIANT 值的基本数据类型和其他信息
INDEXKEY_PROPERTY(table_ID，index_ID，key_ID，property)	返回有关索引键的信息
FULLTEXTCATALOGPROPERTY(catalog_name，property)	返回有关全文目录属性的信息
FULLTEXTSERVICEPROPERTY(property)	返回有关全文服务级别属性的信息
fn_listextendedproperty	返回数据库对象的扩展属性值

【例 8.31】 元数据函数的使用。

```
SELECT COL_NAME(OBJECT_ID('学生信息'),2)
```

程序的执行结果如下：

```
stu_name
```

6. 安全函数

表 8.12 给出了常用的安全函数。

表 8.12 常用的安全函数

安 全 函 数	功 能
USER	返回当前用户的数据库用户名
USER_ID(['user'])	返回用户标识(ID)
SUSER_SID(['login'])	返回登录账户的安全标识(SID)
SUSER_SNAME([server_user_sid])	根据用户的安全标识(SID)返回登录账户名
IS_MEMBER({'group'|'role'})	返回当前用户是否为所给定的 Microsoft Windows NT 组或 Microsoft SQL Server 角色的成员，1 为是，0 为不是，参数无效则返回 NULL
IS_SRVROLEMEMBER('role'[,'login'])	指明当前的用户登录是否为所给定的服务器角色的成员，1 为是，0 为不是，参数无效则返回 NULL
HAS_DBACCESS('database_name')	返回用户是否可以访问所给定的数据库，1 为可以，0 为不可以，数据库名无效则返回 NULL

续表

安 全 函 数	功　　能
fn_trace_gettable([@filename=]filename, [@numfiles=]number_files)	以表格格式返回跟踪文件的信息
fn_trace_getinfo([@traceid=]trace_id)	返回给定的跟踪或现有跟踪的信息,所给出的 trace_id 为跟踪的 ID
fn_trace_getfilterinfo([@traceid=]trace_id)	返回有关应用于指定跟踪的筛选的信息
fn_trace_geteventinfo([@traceid=]trace_id)	返回有关跟踪的事件信息

【例 8.32】 返回当前用户的数据库用户名、用户 ID、SA 的登录 ID。

```
SELECT 数据库用户=USER,用户的 ID=USER_ID(USER),
        SA 的登录 ID=SUSER_SID('SA')
```

程序的执行结果如图 8.21 所示。

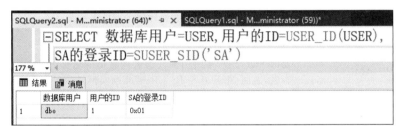

图 8.21　安全函数的使用

7. 游标函数

表 8.13 给出了常用的游标函数。

表 8.13　常用的游标函数

游 标 函 数	功　　能
CURSOR_STATUS(('local','cursor_name') | ('global','cursor_name') | ('variable','cursor_variable'))	一个标量函数,显示过程是否已经为给定的参数返回游标或结果集
@@CURSOR_ROWS	返回所打开游标的符合条件的记录的行数
@@FETCH_STATUS	返回被 FETCH 语句执行的最后游标的状态,0 为 FETCH 成功,−1 为 FETCH 失败,−2 为要提取的行不存在

8.6 节将给出游标函数的应用实例。

8. 配置函数

配置函数可以给出系统当前的参数,它是全局变量的一部分,表 8.14 给出了常用的配置函数。

表 8.14　常用的配置函数

配 置 函 数	功 能
@@DATEFIRST	返回 SET DATEFIRST 参数的当前值。SET DATEFIRST 设置每周哪天为第一天，其中 1 对应星期一，2 对应星期二，以此类推
@@DBTS	返回 timestamp 数据类型的当前值
@@LANGID	返回当前使用语言的 ID
@@LANGUAGE	返回当前使用语言的名称
@@LOCK_TIMEOUT	返回当前会话锁定的超时设置，单位为毫秒
@@MAX_CONNECTIONS	返回允许用户同时连接的最大数
@@MAX_PRECISION	返回 decimal 和 numeric 数据类型的精度
@@NESTLEVEL	返回当前存储过程执行的嵌套层次（初始值为 0）
@@OPTIONS	返回当前 SET 选项的信息
@@REMSERVER	返回远程 SQL Server 数据库服务器的名称
@@SERVERNAME	返回运行 SQL Server 的本地服务器名称
@@SERVICENAME	返回 SQL Server 所用的注册表的键值的名称。若当前实例为默认实例，返回 MSSQLSERVER；若当前实例是命名实例，返回实例名
@@SPID	返回当前用户进程的 ID
@@TEXTSIZE	返回 SET 语句 TEXTSIZE 选项的当前值
@@VERSION	返回 SQL Server 安装的日期、版本和处理器类型

9. 文本和图像函数

文本和图像函数用于对 text 和 image 数据进行操作，返回有关这些值的信息。表 8.15 给出了常用的文本和图像函数。

表 8.15　常用的文本和图像函数

文本和图像函数	功 能
PATINDEX("％模式％",表达式)	返回指定模式的开始位置，若无则返回 0
TEXTPTR(列名)	以二进制形式返回对应 text、image 列的 16 字节
TEXTVALID("表名.列名",textptr)	检查 text 或 image 指针对表列的有效性，若有效返回 1，否则返回 0

8.5　用户自定义函数

SQL Server 提供了系统内置函数，有了这些函数，大大方便了用户的程序设计。但是，在很多情况下，用户需要将一个或多个 T-SQL 语句组成子程序，以便反复进行调用。

为此，SQL Server 提供了用户自定义函数这一数据库对象。

8.5.1　用户自定义函数的创建与调用

用户自定义
函数的创建
与调用

用户自定义函数（User Defined Functions，UDF）是 SQL Server 提供的另外一项强大的功能。与存储过程类似，UDF 也是系列 T-SQL 语句的有序集合，它可以被预优化和编译，并且可以在工作中被作为一个单一的单元来调用。

虽然用户自定义函数与存储过程和触发器有很多共同点，但是与它们相比，用户自定义函数具有某些更加灵活的特点。例如，虽然一个存储过程可以返回一组数据集，但是存储过程却不能作为其他查询表达式的一部分。简单地说，存储过程不能出现在查询语句中的 FROM 之后，而下面介绍的用户自定义函数可以出现在一个查询语句的 FROM 之后。如果用户自定义函数返回一组数据集，那么仍然可以在该数据集的基础上进一步执行查询操作。除此之外，开发人员还可以设计一个只返回特定字段的数据集，这一功能类似于一个视图，但与一个简单的视图不同，采用用户自定义函数实现的视图可以根据需要接受相应的参数。

SQL Server 支持 3 种类型的用户自定义函数，即标量函数、内嵌表值函数和多语句表值函数。标量就是系统数据类型中所定义的值，例如整型值、字符串型值等。标量函数返回在 RETURNS 子句中定义的单个数据值。内嵌表值函数和多语句表值函数返回的是一个表，不同的是内嵌表值函数没有函数主体，是将单个 SELECT 语句的结果集作为返回的表，而多语句表值函数则是在 BEGIN…END 块中定义的函数主体，由 SQL 语句生成一个临时表返回。

1. 标量函数

1）创建标量函数
创建标量函数的语法格式如下：

```
CREATE FUNCTION [schema_name.] function_name
  [({@parameter_name scalar_data_type[=default]}[,...n])]
  RETURNS scalar_data_type *
  [WITH {ENCRYPTION|SCHEMABINDING} [,...n]]
  [AS]
  BEGIN
    function_body
    RETURN scalar_expression
  END
```

对其中各参数说明如下。

（1）schema_name：函数所属架构名称。

（2）function_name：用户自定义函数名，命名需符合标识符规则，对其所有者来说，该名称在数据库中必须唯一。

（3）@parameter_name：用户自定义函数的参数名，在 CREATE FUNCTION 语句中可以声明一个或多个参数，用"@"作为第一个字符来指定参数名，每个函数的参数都局部于该函数。

（4）scalar_data_type：参数的数据可以是 SQL Server 支持的基本标量类型，不能是 timestamp 类型，也不能是非标量类型。

（5）scalar_data_type *：函数的返回值类型，可以是 SQL Server 支持的基本标量类型，text、ntext、image、timestamp 类型除外。

（6）ENCRYPTION：用于指定对 CREATE FUNCTION 语句的文本进行加密，这样就可以避免将函数作为 SQL Server 复制的一部分发布。

（7）SCHEMABINDING：用于指定将函数绑定到它所引用的数据库对象。若函数是用此选项创建的，则不能更改或删除该函数引用的数据库对象。函数与其引用对象之间的绑定关系当函数被删除或使用不带 SCHEMABINDING 选项的 ALTER 语句进行修改后才能解除。

（8）function_body：函数体，由 T-SQL 语句序列构成。

（9）scalar_expression：函数所返回的表达式。

【例 8.33】 在 jxgl 数据库中创建一个计算学生年龄的函数，该函数接收学生的学号，通过查询"学生信息"表返回该学生的年龄。

```
--如果存在同名函数则删除
IF EXISTS(SELECT NAME FROM SYSOBJECTS
          WHERE NAME='年龄' AND TYPE='FN')
   DROP FUNCTION dbo.年龄
GO
--建立新的函数
CREATE FUNCTION dbo.年龄(@XH AS CHAR(10),@CURRENTDATE AS DATETIME)
  RETURNS INT
  AS
  BEGIN
    DECLARE @CSSJ DATETIME
    SELECT @CSSJ=stu_birth FROM 学生信息 WHERE stu_id=@XH
    RETURN DATEDIFF(YY,@CSSJ,@CURRENTDATE)
  END
GO
```

2）调用标量函数

当调用标量函数时，必须提供至少由两部分组成的名称（schema_name.function_name），可按以下方式调用函数。

（1）在 SELECT 语句中调用。

调用形式：

```
schema_name.function_name(参数 1,参数 2,…,参数 n)
```

实参为已赋值的局部变量或表达式,实参的顺序要与函数创建时的顺序完全一致。

【例 8.34】 对例 8.33 创建的函数进行调用。

```
--调用函数显示年龄
USE jxgl
GO
SELECT stu_id AS 学号,stu_name AS 姓名,年龄=dbo.年龄(stu_id,GETDATE())
  FROM 学生信息
GO
```

程序的执行结果如图 8.22 所示。

（2）利用 EXEC 语句执行。

调用形式：

```
EXEC 变量名=schema_name.function_name(实参 1,实参 2,…,实参 n)
```

或

```
EXEC 变量名=schema_name.function_name(形参 1=实参 1,形参 2=实参 2,…,形参 n=实参 n)
```

注意：前者的实参顺序应与函数定义时的形参顺序一致,后者的实参顺序可以与函数定义的形参顺序不一致。

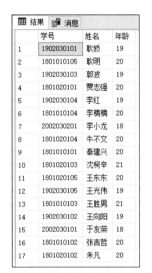

	学号	姓名	年龄
1	1902030101	耿娇	19
2	1801010105	耿明	20
3	1902030103	郭波	19
4	1801020101	贾志强	20
5	1902030104	李红	19
6	1801010104	李楠楠	20
7	2002030201	李小龙	18
8	1801020104	牛不文	20
9	1801010101	秦建兴	20
10	1801020103	沈柯辛	21
11	1801020105	王东东	20
12	1902030105	王光伟	19
13	1801010103	王胜男	21
14	1902030102	王向阳	19
15	2002030101	于友荣	18
16	1801010102	张吉哲	20
17	1801020102	朱凡	20

图 8.22 调用函数显示学生年龄

另外,如果函数的形参有默认值,在调用函数时必须指定 DEFAULT 关键字才能获得默认值。这一点不同于存储过程中有默认值的参数,在存储过程中省略参数意味着使用默认值。

【例 8.35】 定义一个函数 getAverScore,可以根据学生的姓名计算出学生的平均成绩,并调用这个函数。

```
USE jxgl
GO
CREATE FUNCTION dbo.getAverScore(@stu_name varchar(10))
RETURNS int
AS
BEGIN
    DECLARE @averScore int
    SELECT @averScore=avg(score)FROM 成绩
    GROUP BY stu_id
    HAVING stu_id=
(SELECT stu_id  FROM  学生信息 WHERE  stu_name=@stu_name)
    RETURN @averScore
END
--调用函数
```

```
USE jxgl
GO
DECLARE @averScore  int
EXEC @averScore=dbo.getAverScore @stu_name='秦建兴'
SELECT '秦建兴同学平均成绩:'+CONVERT(varchar(10),@averScore)
```

程序的执行结果如图 8.23 所示。

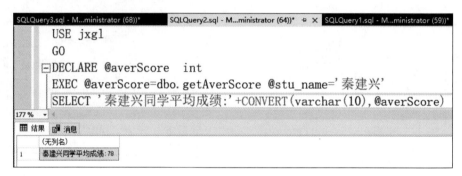

图 8.23　调用函数显示学生的平均成绩

在用户自定义函数中不能调用不确定函数。函数是确定的是指任何时候用一组相同的输入参数值调用该函数都能得到同样的函数值,否则就是不确定的。例如,这里使用的GETDATE()函数就是不确定的函数,它不能出现在用户自定义函数中,而是用在查询语句中。

2. 内嵌表值函数

内嵌表值函数是一种表值型用户自定义函数,这类函数通常被用于一条查询语句的FROM 子句中。换句话说,开发人员可以在任何一个使用数据表(或视图)的地方使用一个表值型用户自定义函数,同时这类表值型用户自定义函数可以根据需要使用相应的参数,从而比数据表或视图更具有动态性。

1) 创建内嵌表值函数

创建内嵌表值函数的语法格式如下:

```
CREATE FUNCTION [schema_name.]function_name
  [({@parameter_name scalar_data_type[=default]}[,...n])]
RETURNS TABLE
[WITH {ENCRYPTION|SCHEMABINDING}[,...n]]
[AS]
RETURN[(SELECT_statment)]
```

参数说明:内嵌表值函数的 RETURNS 子句仅包含关键字 TABLE,表示此函数仅返回一个表。内嵌表值函数的函数体仅有一个 RETURN 语句,并通过参数 SELECT_statment 指定的 SELECT 语句返回相应的记录集。另外,语法格式中的其他参数与标量函数语法格式中的相同。

【例 8.36】　在 jxgl 数据库中创建内嵌表值函数,该函数接收学生的学号,给出该学生的考试科目及成绩。

```
--如果存在同名函数则删除
IF EXISTS(SELECT NAME FROM SYSOBJECTS
        WHERE NAME='kskmcj' AND TYPE='IF')
  DROP FUNCTION dbo.kskmcj
GO
--建立新的函数
CREATE FUNCTION dbo.kskmcj(@stu_id AS varchar(10))
    RETURNS TABLE
    AS
    RETURN(SELECT A.stu_id AS 学号,A.stu_name AS 姓名,
          C.course_name AS 课程名,B.score AS 成绩
          FROM 学生信息 A INNER JOIN 成绩 B ON A.stu_id=B.stu_id
          INNER JOIN 课程 C ON B.course_id=C.course_id
          WHERE A.stu_id=@stu_id)
GO
```

2）内嵌表值函数的调用

内嵌表值函数只能通过 SELECT 语句进行调用,在调用时,可以仅使用函数名。

```
--调用例 8.36 函数显示课程名和成绩
SELECT * FROM dbo.kskmcj('1801010101')
GO
```

程序的执行结果如图 8.24 所示。

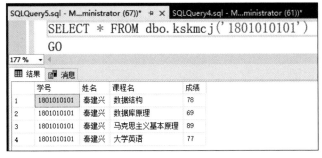

图 8.24　显示学生的考试科目及成绩

3. 多语句表值函数

多语句表值函数和内嵌表值函数都返回表,两者的不同之处在于:内嵌表值函数没有函数主体,返回的表是单个 SELECT 语句的结果集;而多语句表值函数在 BEGIN…END 块中定义的函数主体由 T-SQL 语句序列构成,这些语句可生成记录行并将行插入表中,最后返回表。

使用 T-SQL 语句创建多语句表值函数的语法格式如下：

```
CREATE FUNCTION [schema_name.]function_name
  [({@parameter_name scalar_data_type [=default]}[,...n])]
RETURNS @return_variable TABLE<table_type_definition>
[WITH {ENCRYPTION|SCHEMABINDING} [,...n]]
[AS]
BEGIN
    function_body
    RETURN
END
```

参数说明如下。

(1) @return_variable 为表变量，用于存储作为函数值返回的记录集。

(2) function_body 为 T-SQL 语句序列，在多语句表值函数中，function_body 为一系列在表变量 @return_variable 中插入记录行的 T-SQL 语句。

该语法格式中的其他参数与标量函数语法格式中的相同。

【例 8.37】 在 jxgl 数据库中创建多语句表值函数，该函数接收系别名称，给出该系所有学生的考试科数。

```
--如果存在同名函数则删除
IF EXISTS(SELECT NAME FROM SYSOBJECTS
        WHERE NAME='dept_score' AND TYPE='TF')
  DROP FUNCTION dbo.dept_score
GO
--建立新的函数
CREATE FUNCTION dbo.dept_score(@dept AS varchar(20))
  RETURNS @dept_score TABLE(
        学号 char(10)PRIMARY KEY,
        姓名 varchar(10),
        科数 INT
        )
  AS
  BEGIN
    DECLARE @ks TABLE(
            学号 char(10),
            科数 INT
            )
    INSERT @ks
     SELECT stu_id AS 学号,科数=COUNT(stu_id)FROM 成绩 GROUP BY stu_id
    INSERT @dept_score
     SELECT A.stu_id AS 学号,A.stu_name AS 姓名,B.科数
          FROM 学生信息 A LEFT JOIN @ks B
```

```
                    ON A.stu_id=B.学号 WHERE dept_id=
                        (SELECT dept_id FROM 系部 WHERE dept_name=@dept)
        RETURN
    END
GO
--调用函数显示某一专业的学生的考试科数
SELECT * FROM dept_score('计算机系')
GO
```

程序的执行结果如图 8.25 所示。

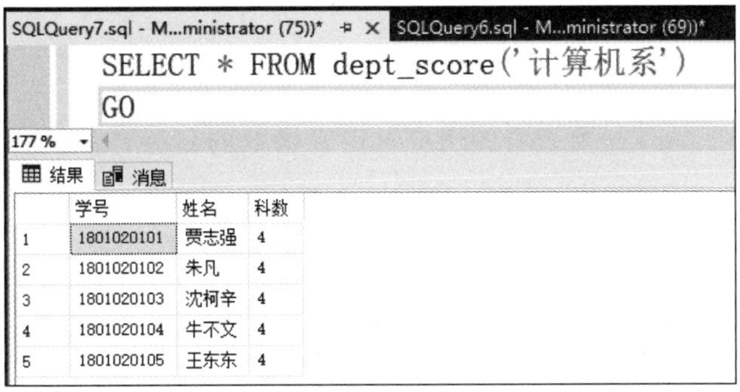

图 8.25　显示计算机系学生的考试科数

8.5.2　查看与修改用户自定义函数

1. 用户自定义函数的查看

用户自定义函数的查看既可以通过对象资源管理器实现，也可以通过系统存储过程查看。使用对象资源管理器查看的过程是在对象资源管理器中展开相应数据库，在数据库文件夹下展开"可编程性"文件夹，在"可编程性"中展开"函数"，找到相应的函数类型，在选定的函数上右击，在弹出的快捷菜单中选择相应命令。

下面详细介绍使用系统存储过程查看用户自定义函数的方法，用户可以在查询分析器中使用系统存储过程 sp_helptext、sp_depends 和 sp_help 等对用户自定义函数的不同信息进行查看。

1) sp_helptext

利用该存储过程可以查看用户自定义函数的定义文本信息，要求该函数在创建时不带 WITH ENCRYPTION 子句。

语法格式：

```
sp_helptext [objname=] 'name'
```

其中，[objname＝] 'name'是要查看的用户自定义函数的名称，要求该函数必须在当前数据库中。

2) sp_depends

利用该存储过程可以查看用户自定义函数的相关性信息。

语法格式:

```
sp_depends [objname=] 'name'
```

其中,[objname=]'name'是要查看的用户自定义函数的名称,要求该函数必须在当前数据库中。

3) sp_help

利用该存储过程可以查看用户自定义函数的一般性信息。

语法格式:

```
sp_help [objname=] 'name'
```

其中,[objname=]'name'是要查看的用户自定义函数的名称,要求该函数必须在当前数据库中。

【例 8.38】 分别利用系统存储过程 sp_helptext、sp_depends 和 sp_help 查看用户自定义函数 dept_score 的信息。

代码如下:

```
USE jxgl
GO
EXEC sp_helptext dept_score
```

以上代码的执行结果如图 8.26 所示。

```
USE jxgl
GO
EXEC sp_depends dept_score
```

以上代码的执行结果如图 8.27 所示。

```
USE jxgl
GO
EXEC sp_help dept_score
```

以上代码的执行结果如图 8.28 所示。

2. 用户自定义函数的修改

使用 ALTER FUNCTION 语句可以修改用户自定义函数,其格式与定义函数相同。修改函数不能更改函数的类型和名称,因此不会破坏用户自定义函数的依附关系。ALTER FUNCTION 命令不能和其他的 T-SQL 语句位于同一个批处理中,这里只给出修改函数的 T-SQL 语句格式。

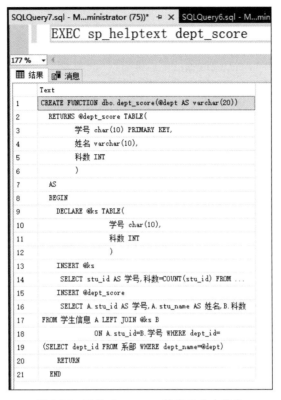

图 8.26 函数 dept_score 的定义文本信息

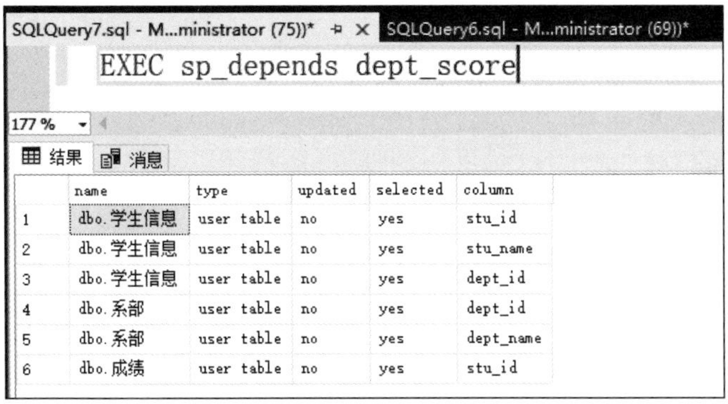

图 8.27 函数 dept_score 的相关性信息

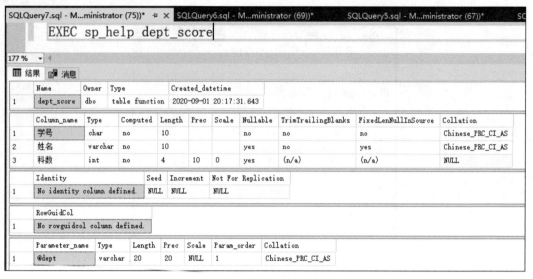

图 8.28　函数 dept_score 的一般性信息

1) 修改标量函数的 T-SQL 语句格式

```
ALTER FUNCTION [schema_name.] function_name
    [({@parameter_name scalar_data_type[=default]}[,...n])]
    RETURNS scalar_data_type
    [WITH {ENCRYPTION|SCHEMABINDING} [,...n]]
    [AS]
    BEGIN
      function_body
      RETURN scalar_expression
    END
```

2) 修改内嵌表值函数的 T-SQL 语句格式

```
ALTER FUNCTION [schema_name.]function_name
  [({@parameter_name scalar_data_type [=default]}[,...n])]
RETURNS TABLE
[WITH {ENCRYPTION|SCHEMABINDING} [,...n]]
[AS]
RETURN[(SELECT_statment)]
```

3) 修改多语句表值函数的 T-SQL 语句格式

```
ALTER FUNCTION [schema_name.]function_name
  [({@parameter_name scalar_data_type [=default]}[,...n])]
RETURNS @roturn_variable TABLE<table_type_definition>
[WITH {ENCRYPTION|SCHEMABINDING} [,...n]]
[AS]
BEGIN
```

```
        function_body
        RETURN
END
```

修改函数语句中的各参数与 CREATE FUNCTION 语句中的各同名参数的含义相同。

3. 用户自定义函数的重命名

用户自定义函数的重命名可以通过对象资源管理器实现,也可以由系统存储过程 sp_rename 实现。使用 sp_rename 命令重命名用户自定义函数的格式如下:

```
EXEC sp_rename 'objname','new_objname'
```

8.5.3 删除用户自定义函数

当用户自定义函数不再需要时可以将其删除。用户自定义函数既可以通过 T-SQL 语句删除,也可以通过对象资源管理器手动删除。使用 T-SQL 语句删除用户自定义函数的语法格式如下:

```
DROP FUNCTION [schema_name.]function_name [,...n]
```

8.6 游标及其使用

在数据库中,游标是一个十分重要的概念,游标提供了一种对从表中检索出的数据进行操作的灵活手段。就本质而言,游标实际上是一种能从包括多条数据记录的结果集中每次提取一条记录的机制。

8.6.1 游标概述

游标允许应用程序对查询语句 SELECT 返回的行结果集中的每行进行相同或不同的操作,而不是一次对整个结果集进行同一种操作;它还提供基于游标位置对表中数据进行删除或更新的能力。正是游标把作为面向集合的数据库管理系统和面向行的程序设计两者联系起来,才使得两个数据处理方式能够进行沟通。游标支持以下 5 个功能。

游标概述及其使用

(1)定位在结果集的特定行。

(2)从结果集的当前位置检索一行或多行。

(3)支持对结果集中当前位置的行进行数据修改。

(4)为由其他用户对显示在结果集中的数据库数据所做的更改提供不同级别的可见性支持。

(5)提供脚本、存储过程和触发器中使用的访问结果集中的数据的 T-SQL 语句。

根据游标的用途不同,将游标分成 3 种类型。

1. T-SQL 游标

T-SQL 游标是由 DECLARE CURSOR 语法定义的,主要用在服务器上,由从客户端发送给服务器的 T-SQL 语句或批处理、存储过程、触发器中的 T-SQL 进行管理。T-SQL 游标不支持提取数据块或多行数据。

2. API 游标

API 游标支持在 OLE DB、ODBC 以及 DB_library 中使用游标函数,主要用在服务器上。每次客户端应用程序调用 API 游标函数,SQL Server 的 OLE DB 提供者、ODBC 驱动器或 DB_library 的动态链接库(DLL)都会将这些客户请求传送给服务器以对 API 游标进行处理。

3. 客户游标

客户游标主要用于在客户机上缓存结果集。在客户游标中,有一个默认的结果集被用来在客户机上缓存整个结果集。客户游标仅支持静态游标,不支持动态游标。由于服务器游标并不支持所有的 T-SQL 语句或批处理,所以客户游标常被用作服务器游标的辅助。在一般情况下,服务器游标能支持绝大多数的游标操作。

由于 API 游标和 T-SQL 游标用在服务器端,所以被称为服务器游标,也被称为后台游标,而客户端游标被称为前台游标。在本节主要讲述服务器游标。

根据 T-SQL 服务器游标的处理特性不同,SQL Server 将游标分为以下 4 种。

1) 静态游标

静态游标是在打开游标时在 tempdb 中建立 SELECT 结果集的快照。静态游标总是按照打开游标时的原样显示结果集,并不反映它在数据库中对任何结果集成员所做的更新。

2) 动态游标

动态游标与静态游标相对。当滚动游标时,动态游标反映结果集中所做的所有更改。结果集中的行数据值、顺序和成员在每次提取时都会改变,所有用户做的全部 UPDATE、INSERT 和 DELETE 语句均通过游标可见。

3) 只进游标

只进游标不支持滚动,它只支持游标从头到尾顺序提取数据,游标从数据库中提取一条记录并进行操作,操作完毕后再提取下一条记录。

4) 键集游标

键集游标中各行的成员身份和顺序是固定的。键集驱动游标由一组唯一标识符(键)控制,这组键称为键集。键是根据以唯一方式标识结果集中各行的一组列生成的。键集是打开游标时来自符合 SELECT 语句要求的所有行中的一组键值。键集驱动的游标对应的键集是打开游标时在数据库 tempdb 中生成的。

8.6.2　游标的定义与使用

在 SQL Server 中使用游标需要声明游标、打开游标、获取数据、关闭游标、释放游标、利用游标修改数据 6 个步骤，下面详细介绍各步骤。

1. 声明游标

在内存中创建游标结构是游标语句的核心。

DECLARE 定义了一个游标的标识名，并把游标标识名和一个查询语句关联起来，但尚未产生结果集。

声明游标使用 DECLARE CURSOR 语句，这里简单介绍 T-SQL 扩展的语法，具体可参考联机帮助。T-SQL 扩展的语法格式如下：

```
DECLARE cursor_name CURSOR                    /* 指定游标名 */
[LOCAL|GLOBAL]                                /* 游标作用域 */
[FORWARD_ONLY|SCROLL]                         /* 游标移动方向 */
[STATIC|KEYSET|DYNAMIC|FAST_FORWARD]          /* 游标类型 */
[READ_ONLY|SCROLL_LOCKS|OPTIMISTIC]           /* 访问属性 */
[TYPE_WARNING]                               /* 类型转换警告信息 */
FOR SELECT_statement
[FOR UPDATE[OF column_name[,...n]]]           /* 可修改的列 */
```

各参数说明如下。

（1）LOCAL|GLOBAL：LOCAL 说明游标只适用于建立游标的存储过程、触发器或批处理文件内。当建立它的存储过程等结果执行时，即自动解除（Deallocate）。GLOBAL 适用于 session 的所有存储过程、触发器或批处理文件内，结束连接时即自动解除。

（2）FORWARD_ONLY|SCROLL：FORWARD_ONLY 读取游标中的数据只能由第一行数据向前读至最后一行，默认为此选项。SCROLL 让用户可以看前后行的数据，具体取值如表 8.16 所示。

表 8.16　声明游标命令中 SCROLL 的取值

SCROLL 选项	含　义
FIRST	提取游标中的第一行数据
LAST	提取游标中的最后一行数据
PRIOR	提取游标当前位置的上一行数据
NEXT	提取游标当前位置的下一行数据
RELATIVE n	提取游标当前位置之前或之后的第 n 行数据（n 为正数表示向下，n 为负数表示向上）
ABSOLUTE n	提取游标中的第 n 行数据

（3）STATIC：表示游标为静态游标，即游标内的数据不能被修改。

（4）KEYSET：指定当游标打开时系统在 tempdb 内部建立一个 keyset，keyset 的键值可唯一识别游标的数据。当用户更改非键值时能反映其变动。当新增一行符合游标范围的数据时，无法由此游标读到；当删除游标中的一行数据时，由此游标读取该行数据时会得到一个@@FETCH_status 值为－2 的返回值。

（5）DYNAMIC：当游标在流动时能反映游标内最新的数据。

（6）FAST_FORWARD：当设定 FOR READ_ONLY 或 READ_ONLY 时设置这一选项可启动系统的效能最佳化。

（7）READ_ONLY：内容不能更改。

（8）SCROLL_LOCKS：当数据读入游标时，系统将这些数据锁定，可确保更新或删除游标内的数据是成功的，与选项 FAST_FORWARD 冲突。

（9）OPTIMISTIC：若使用 WHERE CURRENT OF 的方式修改或删除游标内的某行数据时，如果该行数据已被其他用户变动过，则这种 WHERE CURRENT OF 的更新方式不会成功。

（10）TYPE_WARNING：若游标的类型被内部更改为和用户要求说明的类型不同时发送一个警告信息给客户。

【例 8.39】 定义游标"成绩_CUR"，以便查询学生各课程的成绩。

```
DECLARE 成绩_CUR CURSOR FOR
SELECT 学生信息.stu_id,学生信息.stu_name,课程.course_name,成绩.score
    FROM 学生信息,课程,成绩
    WHERE 学生信息.stu_id=成绩.stu_id AND 成绩.course_id=课程.course_id
GO
```

2. 打开游标

打开游标语句执行游标定义中的查询语句，查询结果存在游标缓冲区中，并使游标指针指向游标区中的第一个元组作为游标的默认访问位置，查询结果的内容取决于查询语句的设置和查询条件。打开游标的语句格式如下：

```
OPEN {{[GLOBAL] cursor_name}|@cursor_variable_name}
```

其中，GLOBAL 参数表示要打开的是全局游标；cursor_name 为游标名称；@cursor_variable_name 为游标变量名称，该变量引用一个游标。如果要判断打开游标是否成功，可以通过判断全局变量@@ERROR 是否为 0 来确定，值为 0 表示成功，否则表示失败。游标打开成功之后，可以通过全局变量@@CURSOR_ROWS 获取游标中的记录行数。@@CURSOR_ROWS 变量有以下 4 种取值。

（1）－m：游标采用异步方式填充，m 为当前键集中已填充的行数。

（2）－1：游标为动态游标，游标中的行数是动态变化的，因此不能确定。

（3）0：指定的游标没有被打开，或者打开的游标已被关闭或释放。

（4）n：游标已完全填充，返回值为游标中的行数。

可见，只有静态游标和扩展语法的 KEYSET 游标才能知道游标中记录的行数。

注意：只能打开已经声明但还没有打开的游标。

【例 8.40】　使用游标的@@CURSOR_ROWS 变量统计学生信息表中的人数，假定每个学生有一个唯一的记录。

如果要通过@@CURSOR_ROWS 变量得到记录的个数，则要声明不敏感游标或扩展语法格式的静态游标或键集游标，运行下面的语句：

```
DECLARE rs INSENSITIVE CURSOR FOR SELECT * FROM 学生信息
OPEN rs                      --打开游标
IF @@ERROR=0
  BEGIN
    PRINT '游标打开成功。'
    PRINT '学生总数为'+
      CONVERT(VARCHAR(3),@@CURSOR_ROWS)
  END
CLOSE rs                    --关闭游标
DEALLOCATE rs              --释放游标
GO
```

程序的执行结果如图 8.29 所示。

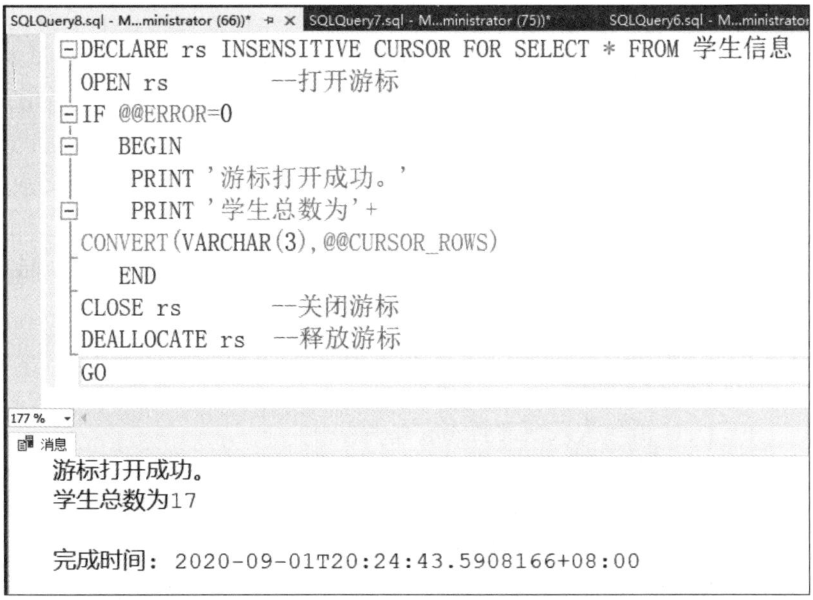

图 8.29　使用游标统计学生总数

3. 获取数据

游标被打开后，可以用 FETCH 语句从结果集中检索单独的行。其语法格式如下：

```
FETCH [NEXT|PRIOR|FIRST|LAST|ABSOLUTE{n|@nvar}|RELATIVE{n|@nvar}]
FROM {{[GLOBAL]cursor_name}|@cursor_variable_name}
```

```
[INTO @variable_name][,...n]
```

各参数说明如下。

（1）NEXT：返回紧跟当前行之后的结果行。如果 FETCH NEXT 是对游标的第一次提取操作，则返回结果集中的第一行。NEXT 为默认的游标提取选项。

（2）PRIOR：返回紧临当前行前面的结果行，并且当前行递减为结果行。如果 FETCH PRIOR 是对游标的第一次提取操作，则没有行返回并且游标置于第一行之前。

（3）FIRST：返回游标中的第一行并将其作为当前行。

（4）LAST：返回游标中的最后一行并将其作为当前行。

（5）ABSOLUTE{n|@nvar}：如果 n 或 @nvar 为正数，返回从游标头开始的第 n 行，并将返回的行变成新的当前行。如果 n 或 @nvar 为负数，返回游标尾之前的第 n 行，并将返回的行变成新的当前行。如果 n 或 @nvar 为 0，则没有行返回。n 必须为整型常量，且 @nvar 必须为 smallint、tinyint 或 int。

（6）RELATIVE{n|@nvar}：如果 n 或 @nvar 为正数，返回当前行之后的第 n 行并将返回的行变成新的当前行。如果 n 或 @nvar 为负数，返回当前行之前的第 n 行并将返回的行变成新的当前行。如果 n 或 @nvar 为 0，返回当前行。如果对游标第一次提取操作时将 FETCH RELATIVE 的 n 或 @nvar 指定为负数或 0，则没有行返回。n 必须为整型常量，且 @nvar 必须为 smallint、tinyint 或 int。

（7）INTO@variable_name [,...n]：存入变量，允许将提取操作的列数据放到局部变量中，列表中的各个变量从左到右与游标结果集中的相应列关联。各变量的数据类型必须与相应的结果列的数据类型匹配，变量的数目必须与游标选择列表中的列的数目一致。

注意：游标位置决定了结果集中哪一行的数据可以被提取，如果游标方式为 FOR UPDATE，则可决定哪一行数据可以更新或者删除。

用户可以用@@FETCH_STATUS 返回被 FETCH 语句执行的最后游标的状态，返回类型为 integer。

返回值含义如下。

（1）0：FETCH 语句成功。

（2）−1：FETCH 语句失败或此行不在结果集中。

（3）−2：被提取的行不存在。

在任何提取操作出现之前，@@FETCH_STATUS 的值没有含义。

注意：由于@@FETCH_STATUS 对于在一个连接上的所有游标是全局性的，因此要注意@@FETCH_STATUS 值的状态。在执行一条 FETCH 语句后，必须在对另一个游标执行另一个 FETCH 语句前测试@@FETCH_STATUS 值的形状点，以保证操作的正确。

【例 8.41】 使用游标"成绩_CUR"逐行读取学生成绩。

命令如下：

```
DECLARE 成绩_CUR CURSOR FOR
SELECT 学生信息.stu_id,学生信息.stu_name,课程.course_name,成绩.score
    FROM 学生信息,成绩,课程
    WHERE 学生信息.stu_id=成绩.stu_id AND 成绩.course_id=课程.course_id
```

```
GO
OPEN 成绩_CUR
FETCH NEXT FROM 成绩_CUR
WHILE @@FETCH_STATUS=0
    FETCH NEXT FROM 成绩_CUR
FETCH RELATIVE 2 FROM 成绩_CUR
CLOSE 成绩_CUR
DEALLOCATE 成绩_CUR
```

程序的执行结果如图 8.30 所示。

图 8.30 游标获取数据的顺序

关闭游标、释放游标及利用游标修改数据

4. 关闭游标

使用 CLOSE 语句关闭游标,将游标关闭后,数据不可再读。该过程可以结束动态游标的操作并释放资源,在 CLOSE 语句之后还可以使用 OPEN 语句重新打开。

语法格式:

```
CLOSE cursor_name
```

5. 释放游标

使用 DEALLOCATE 语句从当前会话中移除游标的引用,该过程完全释放分配给游标的所有资源。游标释放之后不能用 OPEN 语句重新打开,必须使用 DECLARE 语句重建游标。

语法格式:

```
DEALLOCATE cursor_name
```

6. 利用游标修改数据

SQL Server 中的 UPDATE 和 DELETE 语句也支持游标操作,它们可以通过游标修改或删除游标基表中的当前数据行。

UPDATE 的语句格式:

```
UPDATE table_name SET 列名=表达式[,...n] WHERE CURRENT OF cursor_name
```

DELETE 的语句格式:

```
DELETE FROM table_name WHERE CURRENT OF cursor_name
```

其中,CURRENT OF cursor_name 表示当前游标指针所指的当前行数据,CURRENT OF 只能在 UPDATE 和 DELETE 语句中使用。

注意:使用游标修改基表数据的前提是声明的游标是可更新的,对相应的数据库对象(游标的基表)有修改和删除的权限。

【例 8.42】 使用游标将 student 表中出生地(stu_birthplace)为"哈尔滨市"的记录中的第 2 条记录的出生地修改为"牡丹江市"。

```
--将学生信息表复制到 student 中
SELECT * INTO student FROM 学生信息
--声明和打开游标
DECLARE xgdz CURSOR FOR SELECT * FROM student WHERE stu_birthplace='哈尔滨市'
OPEN xgdz
--提取两条记录,目的是定位到第 2 条记录
FETCH NEXT FROM xgdz
FETCH NEXT FROM xgdz
--修改出生地
UPDATE student SET stu_birthplace='牡丹江市' WHERE CURRENT OF xgdz
--关闭并释放游标
CLOSE xgdz
DEALLOCATE xgdz
SELECT * FROM student WHERE stu_birthplace='牡丹江市'
GO
```

程序的执行结果如图 8.31 所示。

在删除数据语句 DELETE 中使用子句"WHERE CURRENT OF 游标名"可以删除游标名指定的当前行数据。

【例 8.43】 使用游标删除 student 表中第 2 条总学分小于 10 的记录。

```
SELECT * INTO student FROM 学生信息
SELECT * FROM student WHERE credit<10
DECLARE scxf CURSOR FOR SELECT * FROM student WHERE credit<10
```

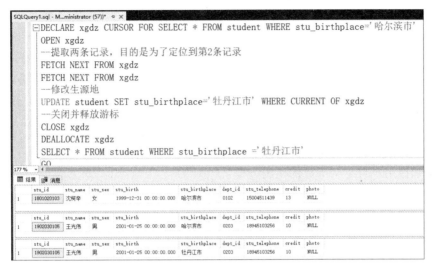

图 8.31 用游标修改成绩

```
OPEN scxf
FETCH NEXT FROM scxf
FETCH NEXT FROM scxf
DELETE FROM student WHERE CURRENT OF scxf
CLOSE scxf
DEALLOCATE scxf
SELECT * FROM student WHERE credit<10
```

程序的执行结果如图 8.32 所示。

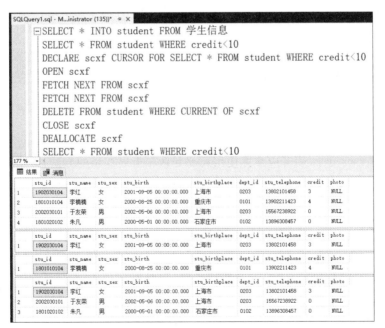

图 8.32 用游标删除数据

8.7 实训项目：T-SQL 程序设计

1. 实训目的

（1）掌握 SQL Server 常用系统内置函数的使用。

（2）掌握程序中的批处理、脚本和注释的基本概念和使用方法。

（3）掌握流程控制语句的使用方法。

（4）掌握用户自定义函数的使用方法。

（5）掌握游标的使用方法。

2. 实训内容

（1）查询学生信息表，将返回的记录数赋给局部变量并显示。

（2）利用全局变量查看 SQL Server 的版本、当前所使用的语言、服务器及服务的名称、SQL Server 上允许同时连接的最大用户数。

（3）李楠楠的生日为 1995/1/12，使用日期函数计算李楠楠的年龄和天数，并以消息的方式输出。

（4）使用 DATEADD 函数编写查询从今天开始 200 天以后日期的语句。

（5）使用 CASE 语句编写程序实现将成绩表中的课程号（course_id）转换为课程名（course_name）的功能。

（6）用 WHILE 循环控制语句编程求 10 的阶乘，并由 PRINT 语句输出。

（7）查询学生信息表复制到 student 表中，并进行以下操作。只要有年龄小于 20 岁的学生，就将年龄最小的那个学生删掉，如此循环下去，直到所有的学生的年龄都不小于 20 岁，或者学生的总人数小于 20 退出循环。

（8）创建一个用户自定义函数 dept_count，根据系部名称返回该系部学生的总人数。

（9）使用游标操作，逐条显示学生信息表中出生地（stu_birthplace）为北京市的学生的信息。

3. 实训总结

通过本章上机实训，读者应掌握使用局部变量和全局变量的方法，常用系统内置函数的使用方法，流程控制语句与用户自定义函数的创建和调用方法，以及游标的使用方法。

本 章 小 结

本章讲述了 T-SQL 的数据类型、T-SQL 的常量与变量、运算符与表达式、流程控制语句、系统内置函数与用户自定义函数以及游标的使用方法。本章是读者学习 T-SQL 的基础，只有理解和掌握它们的用法才能正确编写 SQL 程序和深入理解 SQL。

习　　题

（1）什么是批处理？批处理的结束标志是什么？

（2）SQL Server 的数据类型有哪些？

（3）什么是局部变量？什么是全局变量？

（4）写出 T-SQL 中运算符的优先顺序。

（5）使用游标访问数据需要哪几步？

（6）编写程序查询成绩表，如果分数大于或等于 90 分，显示 A；如果成绩大于或等于 80 分小于 90 分显示 B；如果成绩大于或等于 70 分小于 80 分显示 C；如果成绩大于或等于 60 分小于 70 分显示 D；如果成绩小于 60 分显示 E。

（7）在 jxgl 数据库中声明一个名为 stu_cursor 的游标，返回学生信息表中性别为"男"的学生记录，且该游标允许前后滚动和修改。

第9章 存储过程

存储过程是一段在服务器上执行的 T-SQL 语句程序,它在服务器端对数据库记录进行处理,对于客户-服务器模式(Client-Server Model)的应用系统,只要将结果发给客户端即可,这样既减少了网络上数据的传输量,同时也提高了客户端的工作效率。

通过学习本章,读者应掌握以下内容:

- 了解存储过程的概念、分类及优点。
- 掌握使用对象资源管理器创建和调用存储过程的方法。
- 掌握使用 T-SQL 语句创建和调用存储过程的方法。
- 掌握存储过程的查看、修改、重新编译和删除等常用操作。

9.1 存储过程概述

存储过程
概述

存储过程是指封装了服务器中 T-SQL 语句集合的数据库对象,对这些语句进行封装的目的是便于以后重复使用。这些语句集合经过编译后存储在数据库中,以后用户可以通过指定存储过程的名字并给出相应的参数(如果该存储过程带有参数)来执行它。存储过程作为一个单元进行处理,并由一个名称进行标识。利用它可以向用户返回数据,向数据表中插入、删除和修改数据,还可以执行系统函数并完成某些管理工作。用户在编程过程中,只要给出存储过程的名称和提供所需的参数就可以非常方便地调用。尽管存储过程中大量使用了非过程的 T-SQL 语句,但其本质上仍然是面向过程的,因为在编写过程中体现了要完成指定的功能需要如何执行的算法。

SQL Server 中的存储过程与其他编程语言中的过程类似,原因如下。

(1) 接收输入参数并以输出参数的形式向调用过程或批处理返回多个值。

(2) 包含用于在数据库中执行操作(包括调用其他过程)的编程语句。

(3) 向调用过程或批处理返回状态值,以指明成功或失败(以及失败的原因)。

(4) 可以使用 T-SQL 的 EXECUTE 语句来运行存储过程。

在编写存储过程时,数据库开发人员就可以使用 SQL Server 中所有主要的编程结构,如变量、数据类型、输入输出参数、返回值、选择结构、循环结构、函数和注释等。

9.1.1 存储过程的分类

存储过程是指封装了可重用代码的模块或例程。存储过程可以接受输入参数、向客户端返回表格或标量结果和消息、调用数据定义语言(DDL)和数据操纵语言(DML)语句,然后返回输出参数。

根据编写语句的不同,存储过程有 T-SQL 和公共语言运行时(Common Language

Runtime,CLR)两种类型。T-SQL 存储过程是指保存的 T-SQL 语句集合,可以接收和返回用户提供的参数;CLR 存储过程是指对 Microsoft.NET Framework CLR 方法引用可以接收返回用户提供的参数。本章只讨论 T-SQL 存储过程。

从功能上看,SQL Server 支持 5 种类型的存储过程。在不同的情况下,需要执行不同的存储过程。

1. 系统存储过程

SQL Server 中的许多管理活动都是通过一种特殊的存储过程执行的,这种存储过程称为系统存储过程。系统存储过程主要存储在 master 数据库中,并且带有 sp_ 前缀。系统存储过程主要从系统表中获取信息,从而为数据库管理员(DBA)管理 SQL Server 提供支持。尽管这些系统存储过程存储在 master 数据库中,但仍可以在其他数据库中对其进行调用。在调用时,也不必在存储过程名前添加数据库名的前缀。另外,当创建一个新数据库时,一些系统存储过程会在新数据库中自动创建。

系统存储过程能完成很多操作。例如提供帮助的存储过程,sp_help 提供关于存储过程或其他数据库对象的信息;sp_helptext 显示存储过程或其他对象的文本信息;sp_depends 列举引用或依赖指定对象的所有相关信息。

如果某一存储过程以 sp_ 开头,又在当前数据库中找不到,则 SQL Server 会到 master 数据库中寻找。另外,以 sp_ 前缀命名的过程中所引用的数据表如果不在当前数据库中,SQL Server 也会到 master 数据库中查找。

2. 用户自定义存储过程

用户自定义存储过程也称本地存储过程,是由用户自行创建并存储在用户数据库中的存储过程。本章中涉及的存储过程主要是指用户自定义存储过程。

3. 临时存储过程

临时存储过程可分为以下两种。

(1) 本地临时存储过程:在创建存储过程时,若以"♯"作为其名称的第一个字符,则该存储过程将成为一个存放在数据库 tempdb 中的本地临时存储过程。这种存储过程只有创建它的连接用户可以执行,而且该用户一旦断开与服务器的连接,该存储过程会自动删除。所以,本地临时存储过程的适用范围仅限于本次连接。

(2) 全局临时存储过程:在创建存储过程时,若以"♯♯"作为其名称的开始字符,则该存储过程将成为一个存放在数据库 tempdb 中的全局临时存储过程。全局临时存储过程一旦创建,以后连接到服务器的任意用户都可以执行,不需要特定权限。

当创建全局临时存储过程的用户断开与服务器的连接时,SQL Server 会检查是否有其他用户正在执行,如果没有,便将全局临时存储过程删除;如果有,SQL Server 会让这些正在执行的操作继续执行,但不允许任何用户再次执行全局临时存储过程,等所有未完成的操作执行完后,全局临时存储过程被自动删除。

4. 远程存储过程

在 SQL Server 中，远程存储过程位于远程服务器上，通常可以使用分布式查询和 EXECUTE 语句执行远程存储过程。

5. 扩展存储过程

扩展存储过程允许使用编程语言创建自己的外部例程。扩展存储过程的名称通常以 xp_开头，并且存储在系统数据库 master 中。扩展存储过程是由 SQL Server 的实例可以动态加载和运行的 DLL。在执行方式上，扩展存储过程与用户自定义存储过程相同，直接在 SQL Server 实例的地址空间中运行。显然，通过扩展存储过程可以弥补 SQL Server 的不足，并按需要自行扩展其功能，可以将参数传递给扩展存储过程，扩展存储过程也能返回结果和状态值。

9.1.2　存储过程的优点

当基于 SQL Server 开发数据库应用程序时，T-SQL 是一种主要的数据处理工具，若使用 T-SQL 进行编程，共有下面两种方法。

（1）在客户端程序中编写用于数据处理的 T-SQL 语句，当需要完成某个功能时，由客户端程序向 SQL Server 发送命令对结果进行处理。

（2）可以把部分用 T-SQL 编写的程序作为存储过程存储在 SQL Server 中，并创建应用程序调用存储过程对数据结果进行处理。

在实际的数据库应用程序开发中一般使用后者，具体原因如下。

（1）存储过程允许标准组件编程。存储过程在被创建以后可以在程序中多次调用，不必重新编写该存储过程的 SQL 语句，而且数据库专业人员可随时对存储过程进行修改，且对应用程序源代码毫无影响，从而极大地提高了程序的可移植性。

（2）存储过程有较快的执行速度。如果某一操作包含大量的 T-SQL 代码或将被多次执行，那么存储过程要比批处理的执行速度快很多。因为存储过程是预编译的，在首次运行一个存储过程时，查询优化器对其进行分析、优化，并给出最终存在系统表中的执行计划，而批处理的 T-SQL 语句在每次运行时都要进行编译和优化，因此速度相对慢一些。

（3）存储过程能够减少网络流量。一个需要数百行 T-SQL 代码的操作可以通过一条执行过程代码的语句执行，而不需要在网络中发送数百行代码，这样可以大大增加网络流量，降低网络负载。

（4）存储过程可被作为一种安全机制充分利用。系统管理员通过对执行某一存储过程的权限进行限制，从而能够实现对相应的数据询问权限的限制，避免非授权用户对数据的访问，保证数据的安全；可以不授权用户直接访问应用程序中的一些表，而是授权用户执行访问这些表的存储过程。另外，参数化存储过程有助于保护应用程序不受 SQL 注入式攻击。

（5）存储过程允许进行模块化程序设计。在编写存储过程时，除了可以使用执行数据处理的 T-SQL 语句外,还可以使用几乎所有的 T-SQL 程序设计要素,这样可以使存储过程具有更强的灵活性和更加强大的功能。

(6) 存储过程可以自动完成需要预先执行的任务。有些过程可以在系统启动时自动执行,而不必在系统启动后人工调用,这样大大方便了用户的使用。

9.2 创建和执行存储过程

简单存储过程类似于给一组 SQL 语句命名生成一个可执行程序,然后就可以在需要时反复调用,复杂一些的存储过程要有输入参数和输出参数。

9.2.1 系统表 sysobjects

存储过程创
建说明

在 SQL Server 中,关于 SQL Server 数据库的一切信息都保存在它的系统表中,通常把这样的表称为元数据表。例如,在数据库中创建的表、视图、用户自定义函数、存储过程、触发器等对象都要在 sysobjects 中记录。如果该数据库对象已经存在,再对其进行创建,则会出现错误。因此,在创建一个数据库对象之前,最好在系统表 sysobjects 中检测该对象是否已存在,若存在,可先删除,然后再定义新的对象。当然,用户也可以根据需要采取其他措施,例如,若该对象已经存在,则不再创建。

下面介绍一下系统表 sysobjects 的主要字段。

(1) Name:数据库对象的名称。

(2) ID:数据库对象的标识符。

(3) Type:数据库对象的类型。

其中,Type 可以取以下值。

- C:CHECK 约束。
- D:默认值或 DEFAULT 约束。
- F:FOREIGN KEY 约束。
- FN:标量函数。
- IF:内嵌表函数。
- K:PRIMARY KEY 或 UNIQUE 约束。
- L:日志。
- P:存储过程。
- PK:主键约束。
- R:规则。
- RF:复制筛选器存储过程。
- S:系统表。
- TR:触发器。
- U:用户表。
- V:视图。

- X：扩展存储过程。

用户可以用下面的命令列出感兴趣的所有对象：

```
SELECT * FROM sysobjects WHERE type=<type of interest>
```

9.2.2 创建存储过程

1. 组成

从逻辑上来说，存储过程由以下两部分组成。

（1）头部：头部定义了存储过程的名称、输入参数和输出参数，以及其他各种各样的处理选项，可以将头部当作存储过程的应用编程接口或声明。

（2）主体：主体包含一个或多个运行时要执行的 T-SQL 语句，即 AS 之后的语句。

2. 语法

格式如下：

```
CREATE  {PROCEDURE|PROC} [schema_name.] procedure_name [;number]
[{@parameter [type_schema_name.] data_type}]
[VARYING] [=default] [[OUT[PUT]] [,...n]
[WITH <procedure_option>[,...n]
[FOR  REPLICATION]
AS {<sql_statement>}[;][,...n]|<method_specifier>}
```

在上面的存储过程语法中，procedure_option、sql_statement 和 method_specifier 的定义如下：

```
<procedure_option>::=[ENCRYPTION][RECOMPILE][EXECUTE_AS_Clause]
<sql_statement>::={[BEGIN] statements [END]}
<method_specifier>::=EXTERNAL NAME assembly_name.class_name.method_name
```

各参数说明如下。

（1）schema_name：存储过程所属架构名。

（2）procedure_name：新存储过程的名称。过程名称必须遵循有关标识符的规则，并且在架构中必须唯一，最好不在过程名称中使用前缀 sp_。此前缀由 SQL Server 使用，以指定系统存储过程。

（3）number：用于对同名过程进行分组的可选整数。使用一个 DROP PROCEDURE 语句可以将这些分组过程一起删除。例如，名称为 orders 的应用程序可以使用名为"orderproc；1""orderproc；2"等过程。DROP PROCEDURE orderproc 语句将删除整个组。如果名称中包含分隔标识符，数字不应包含在标识符中，只应在 procedure_name 前后使用适当的分隔符。

（4）@parameter：过程中的参数。在 CREATE PROCEDURE 语句中可以声明一

个或多个参数,除非定义了参数的默认值或者将参数设置为等于另一个参数,否则用户必须在调用过程时为每个声明的参数提供值。SQL Server 存储过程最多可以有 2100 个参数。通常使用符号"@"作为第一个字符指定参数名称。参数名称必须符合有关标识符规则。每个过程的参数仅用于该过程本身,在其他过程中可以使用相同的参数名称。默认情况下,参数只能代替常量表达式,不能用于代替表名、列名或其他数据库对象的名称。但是,如果指定了 FOR REPLICATION,则无法声明参数。

(5)[type_schema_name.] data_type:过程中的参数以及所属架构的数据类型。除 table 以外的其他所有数据类型均可以用作存储过程的参数。但是,cursor 数据类型只能用于 OUTPUT 参数。如果指定了 cursor 数据类型,还必须指定 VARYING 和 OUTPUT 关键字,用户可以为 cursor 数据类型指定多个输出参数。

(6)VARYING:指定作为输出参数支持的结果集。该参数由存储过程动态构造,其内容可以发生改变,仅适用于 cursor 参数。

(7)default:参数的默认值。如果定义了 default 值,则不用指定此参数的值即可执行过程。默认值必须是常量或 NULL。如果过程使用带 LIKE 关键字的参数,则可包含通配符%、_、[]或[^]。

(8)OUT[PUT]:指示参数是输出参数。此选项的值可以返回给调用 EXECUTE 的语句,使用 OUT[PUT]参数将值返回给过程的调用方。

(9)RECOMPILE:指示数据库引擎不再缓存该过程的计划,该过程在运行时重新编译。如果指定了 FOR REPLICATION,则不能使用此选项。若要指示数据库引擎放弃存储过程内单个查询的计划,使用 RECOMPILE 关键字。

(10)ENCRYPTION:指示 SQL Server 将 CREATE PROCEDURE 语句的原始文本转换为密文格式。该格式的代码输出在 SQL Server 的任何目录视图中都不能直接显示。

(11)EXECUTE_AS_Clause:指定在其中执行存储过程的安全上下文。

(12)FOR REPLICATION:使用 FOR REPLICATION 选项创建的存储过程可用作存储过程筛选器,且只能在复制过程中执行。如果指定了 FOR REPLICATION,则无法声明参数。对于使用 FOR REPLICATION 创建的过程,忽略 RECOMPILE 选项。

(13)<sql_statement>:要包含在过程中的一个或多个 T-SQL 语句。

(14)<method_specifier>:用于创建 CLR 存储过程,本书不再论述。

注意:SQL Server 中的存储过程最大 128MB,另外,只能在当前数据库中创建用户自定义的存储过程。如果未指定架构名称,则使用创建过程的用户默认架构。

在 SQL Server 中创建存储过程有下面两种方法。

(1)在对象资源管理器中找到要创建存储过程的数据库,选择"可编程性"→"存储过程"结点并右击,在弹出的快捷菜单中选择"新建"→"存储过程"命令,如图 9.1 所示,在右侧的查询编辑器中会自动生成一个创建存储过程的模板进行修改,编写自己的源代码后,单击工具栏中的"执行"按钮。

(2)在查询编辑器界面中使用 T-SQL 语句编写相应代码,单击工具栏中的"执行"按钮。

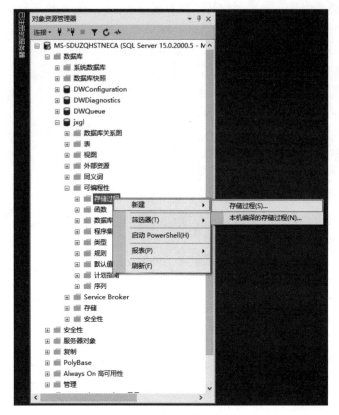

图 9.1 对象资源管理器创建存储过程

9.2.3 创建不带参数的存储过程

创建不带参
数的存储过
程

【例 9.1】 从 jxgl 数据库的"学生信息""课程""成绩"3 个表中查询,返回学生的学号、姓名、课程名和成绩。该存储过程实际上只返回一个查询信息。

```
--创建存储过程
USE jxgl
GO
CREATE  PROCEDURE  stu_cj
AS
SELECT  学生信息.stu_id AS 学号,stu_name AS 姓名,course_name AS 课程名,score AS
成绩
    FROM  学生信息 INNER  JOIN  成绩
ON  学生信息.stu_id=成绩.stu_id INNER  JOIN  课程
ON  成绩.course_id=成绩.course_id
GO
--调用存储过程
EXECUTE  stu_cj
```

运行结果如图 9.2 所示。

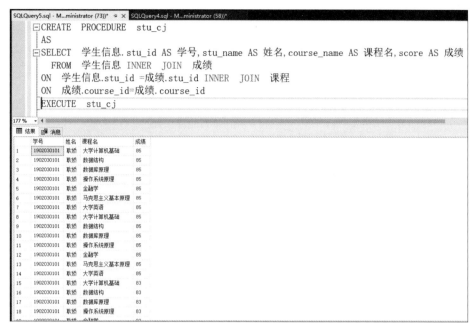

图 9.2 调用简单存储过程后的返回结果

9.2.4 存储过程的执行

存储过程创建成功后,用户可以执行存储过程来检查存储过程的返回结果。执行存储过程的基本语法如下:

```
EXEC[UTE]
{[@return_status=]
{procedure_name [?;number]|@procedure_name_var}
[
[@parmater=]{value|@variable [output][default]}][,...n]
[with recompile]}[?;]
```

参数说明如下。

(1)@return_status:可选的整型变量,用于保存存储过程的返回状态。

(2)procedure_name:调用存储过程的完全或不完全名称,过程名的定义必须符合标识符规则。

(3)number:可选的整数,用来对同名的存储过程进行分组,属于同一组的存储过程可以由 DROP PROCEDURE 语句将同组的过程全部删除。

(4)@procedure_name_var:局部定义变量名,代表存储过程名称。

(5)@parmater=:过程参数,在 CREATE PROCEDURE 语句中定义。

(6)value:过程中参数的值。若没有指定参数名称,参数值必须严格与过程创建时的参数定义顺序相同。若参数值是一个对象名、字符串或通过数据库名、所有者名进行限制,则整个名称必须用单引号括起来。如果参数值是一个关键字,则该关键字必须用双引号括起来。如果在 CREATE PROCEDURE 语句中定义了默认值,用户执行过程时可以不指定参数。若过程使用了带 LIKE 的参数名称,则默认值必须是常量,并且可以包含%、_、[]或[^]通配符。其默认值可以为 NULL,通常过程定义会指定参数值为 NULL 时应执行的操作。

(7) @variable:用来保证参数或返回参数的变量。

(8) output:指定存储过程必须返回一个参数。该存储过程的匹配参数也必须由关键字 OUTPUT 创建,当使用游标变量作为参数时使用该关键字。

(9) default:根据过程定义提供参数的默认值。当过程需要的参数值没有事先定义好的默认值或缺少参数时会出错。

(10) n:占位符,表示在它前面的项目可以多次重复执行。

(11) with recompile:指定在执行存储过程时重新编译执行计划。

在例 9.1 中已经使用了存储过程的执行语句。EXECUTE 命令除了可以执行存储过程外,还可以执行存放 T-SQL 语句的字符串变量,或直接执行 T-SQL 语句字符串。

【例 9.2】 创建一个批处理,查询相应表中的信息。

```
DECLARE  @tab_name varchar(20)
SET @tab_name='学生信息'
EXECUTE('SELECT * FROM'+@tab_name)
GO
```

运行结果如图 9.3 所示。

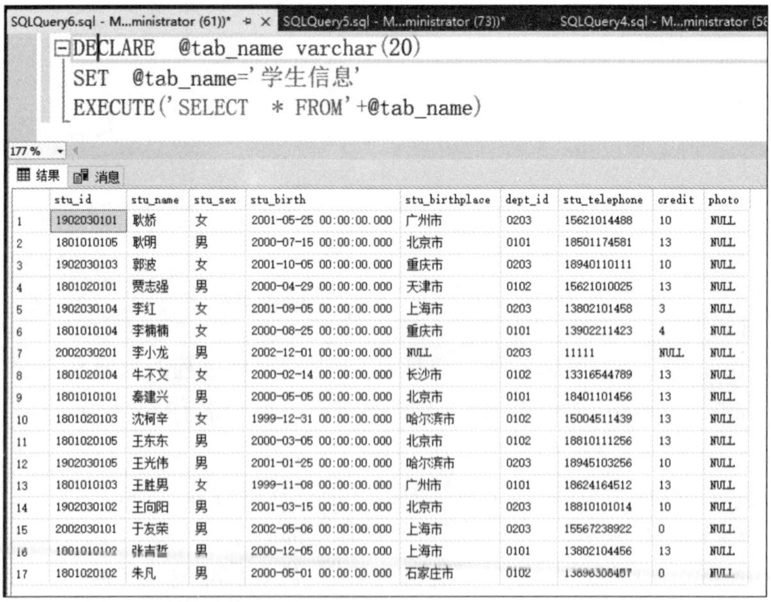

	stu_id	stu_name	stu_sex	stu_birth	stu_birthplace	dept_id	stu_telephone	credit	photo
1	1902030101	耿娇	女	2001-05-25 00:00:00.000	广州市	0203	15621014488	10	NULL
2	1801010105	耿明	男	2000-07-15 00:00:00.000	北京市	0101	18501174581	13	NULL
3	1902030103	郭波	女	2001-10-05 00:00:00.000	重庆市	0203	18940110111	10	NULL
4	1801020101	贾志强	男	2000-04-29 00:00:00.000	天津市	0102	15621010025	13	NULL
5	1902030104	李红	女	2001-09-05 00:00:00.000	上海市	0203	13802101458	3	NULL
6	1801010104	李楠楠	女	2000-08-25 00:00:00.000	重庆市	0101	13902211423	4	NULL
7	2002030201	李小龙	男	2002-12-01 00:00:00.000	NULL	0203	11111	NULL	NULL
8	1801020104	牛不文	女	2000-02-14 00:00:00.000	长沙市	0102	13316544789	13	NULL
9	1801010101	秦建兴	男	2000-05-05 00:00:00.000	北京市	0101	18401101456	13	NULL
10	1801020103	沈柯辛	女	1999-12-31 00:00:00.000	哈尔滨市	0102	15004511439	13	NULL
11	1801020105	王东东	男	2000-03-05 00:00:00.000	北京市	0102	18810111256	13	NULL
12	1902030105	王光伟	男	2001-01-25 00:00:00.000	哈尔滨市	0203	18945103256	10	NULL
13	1801010103	王胜男	女	1999-11-08 00:00:00.000	广州市	0101	18624164512	13	NULL
14	1902030102	王向阳	男	2001-03-15 00:00:00.000	北京市	0203	18810101014	10	NULL
15	2002030101	于友荣	男	2002-05-06 00:00:00.000	上海市	0203	15567238922	0	NULL
16	1801010102	张吉哲	男	2000-12-05 00:00:00.000	上海市	0101	13802104456	13	NULL
17	1801020102	朱凡	男	2000-05-01 00:00:00.000	石家庄市	0102	13898308457	0	NULL

图 9.3　执行字符串语句后的返回结果

9.2.5 带输入参数的存储过程

不带参数的存储过程灵活性不大,而带参数的存储过程提供了参数,大大提高了系统开发的灵活性。向存储过程指定输入、输出参数的主要目的是通过参数向存储过程输入和输出信息来扩展存储过程的功能。通过使用参数,可以多次使用同一存储过程并按用户要求查找所需要的结果。这里首先介绍带输入参数的存储过程。

1. 创建带输入参数的存储过程

一个存储过程可以带一个或多个参数,输入参数是指由调用程序向存储过程传递的参数,它们在创建存储过程语句中被定义,在执行存储过程中给出相应的参数值。

声明带输入参数的存储过程的语法格式如下:

```
CREATE  PROCEDURE 存储过程名
@参数名  数据类型[=默认值][,...n]
[WITH  ENCRYPTION]
[WITH  RECOMPILE]
AS
SQL 语句
```

其中,"@参数名"和定义局部变量一样,必须以符号"@"为前缀,要指定数据类型,尤其要注意数据类型及长度的定义,应与引用表的字段定义保持一致或可转换,否则可能出现错误,多个参数定义要用","隔开。在执行存储过程时所定义的参数将由指定的参数值来代替,如果执行时未提供参数值,则使用时必须定义默认值(默认值可以是常量或 NULL),否则将产生错误。

【例 9.3】 从 jxgl 数据库的"学生信息""课程""成绩"3 个表中查询某人指定课程的成绩。

```
USE jxgl
GO
IF EXISTS(SELECT  name  FROM  SYSOBJECTS
WHERE  name='stu_cj1'  AND  type='P')
    DROP  PROCEDURE  stu_cj1
GO
```

以上操作的目的是避免创建存储过程时产生"数据库对象已经存在"的错误,因此在创建存储过程之前应先将同名存储过程删除,下面创建存储过程。

```
CREATE  PROCEDURE  stu_cj1
  @sname char(10),@cname char(16)
AS
SELECT 学生信息.stu_id,stu_name,course_name,score
  FROM  学生信息 INNER  JOIN  成绩
```

```
ON  学生信息.stu_id=成绩.stu_id INNER  JOIN  课程
ON  成绩.course_id=课程.course_id
  WHERE 学生信息.stu_name=@sname  AND 课程.course_name=@cname
GO
```

2. 执行带输入参数的存储过程

在执行存储过程的语句中有两种方式传递参数值,分别是使用参数名传递参数值和按参数位置传递参数值。

使用参数名传递参数值是通过语句"@参数名=参数值"给参数传递值。当存储过程含有多个输入参数时,对数值可以按任意顺序给出,对于允许空值和具有默认值的输入参数可以不给参数值,其语法格式如下:

```
EXECUTE 存储过程名[@参数名=参数值][,...n]
```

按参数位置传递参数值,不显式地给出"@参数名",而是按照参数定义的顺序给出参数值。按位置传递参数时,也可以忽略允许为空值和有默认值的参数,但不能因此破坏输入参数的指定顺序,必要时使用关键字 DEFAULT 作为参数值的占位。

例 9.3 中的存储过程可以有下列两种执行方式。

```
EXECUTE stu_cj1 @sname='秦建兴',@cname='数据库原理'
```

或

```
EXECUTE stu_cj1 '秦建兴','数据库原理'
```

【例 9.4】 从"学生信息""课程""成绩"3 个表的连接中返回指定学生的学号、姓名、课程名和成绩。如果没有提供参数,则使用预设置的默认值。

```
USE jxgl
GO
CREATE  PROCEDURE stu_cj2
  @sname char(10)='秦建兴'
AS
SELECT 学生信息.stu_id,stu_name,course_name,score
FROM  学生信息 INNER  JOIN  成绩
ON  学生信息.stu_id=成绩.stu_id  JOIN 课程
ON  成绩.course_id=课程.course_id
WHERE 学生信息.stu_name=@sname
GO
```

上面的存储过程有多种执行形式,下面列了一部分。

```
EXECUTE stu_cj2                    --参数使用默认值
```

或

```
EXECUTE stu_cj2  '张吉哲'            --参数不使用默认值
```

从以上语句中可以看出，按参数位置传递参数值比按参数名传递参数值简洁，比较适合参数值较少的情况；而按参数名传递使程序的可读性增强，特别是当参数数量较多时，建议使用按参数名称传递参数的方法，这样的程序可读性、可维护性都要好一些。

9.2.6 带输出参数的存储过程

带输出参数的存储过程

如果需要从存储过程中返回一个或多个值，可以通过在创建存储过程的语句中定义输出参数来实现，为了使用输出参数，需要在创建存储过程的命令中使用 OUTPUT 关键字。

声明带输出参数的存储过程的语法格式如下：

```
CREATE  PROCEDURE 存储过程名
@参数名   数据类型[VARYING][=默认值] OUTPUT [,...n]
[WITH  ENCRYPTION]
[WITH  RECOMPILE]
AS
SQL 语句
```

【例 9.5】 创建一个存储过程用于计算指定学生的各科成绩的总分，在存储过程中使用了一个输入参数和一个输出参数。

```
USE jxgl
GO
CREATE  PROCEDURE  stu_sum
  @sname char(10),@total int OUTPUT
AS
SELECT @total=SUM(score)
  FROM 学生信息,成绩
  WHERE stu_name=@sname  AND 学生信息.stu_id=成绩.stu_id
  GROUP  BY  学生信息.stu_id
GO
```

注意：OUTPUT 变量必须在定义存储过程和使用该变量时进行定义，定义时的参数名和调用时的变量名不一定相同，不过数据类型和参数的位置必须匹配。

例 9.5 中存储过程的执行方法如下，结果如图 9.4 所示。

```
USE jxgl
DECLARE  @total int
EXECUTE  stu_sum  '张吉哲', @total  OUTPUT
SELECT '张吉哲',@total
GO
```

游标可以作为输出参数，在存储过程中返回产生的结果集，但是不能作为输入参数。其中，关键字 VARYING 指定的参数是结果集，专门用于游标作为输出参数的情况。

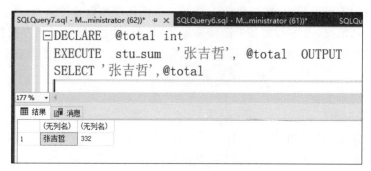

图 9.4　带输出参数的存储过程的执行结果

【例 9.6】　使用存储过程在 jxgl 数据库的"学生信息"表上声明并打开一个游标。

```
USE jxgl
GO
CREATE  PROCEDURE stu_cursor
@stu_cursor CURSOR  VARYING  OUTPUT                  --以游标作为输出参数
AS
SET @stu_cursor=CURSOR  FORWARD_ONLY  STATIC  FOR
SELECT * FROM 学生信息                                --声明游标
OPEN  @stu_cursor                                    --打开游标
GO
```

下面通过一个批处理来运行上面的存储过程。在批处理中声明一个局部变量,执行上述存储过程并将游标赋值给局部游标变量,然后通过该游标变量读取记录。

```
USE jxgl
GO
DECLARE @MyCursor CURSOR                             --声明输出参数
EXECUTE stu_cursor @stu_cursor=@MyCursor OUTPUT      --执行存储过程
WHILE(@@FETCH_STATUS=0)                              --提取游标
  BEGIN
    FETCH NEXT FROM @MyCursor
  END
CLOSE @MyCursor                                      --关闭游标
DEALLOCATE @MyCursor                                 --释放游标
GO
```

该存储过程的执行结果如图 9.5 所示。

【例 9.7】　编写一个存储过程 insert_stu,在插入学生数据前先判断学号是否存在,如果存在,输出"要插入的学生的学号已经存在"的消息;否则插入该学生数据,并返回"数据插入成功"的消息。

```
CREATE PROCEDURE insert_stu
@sid char(10),@sname varchar(10),@ssex char(2),
```

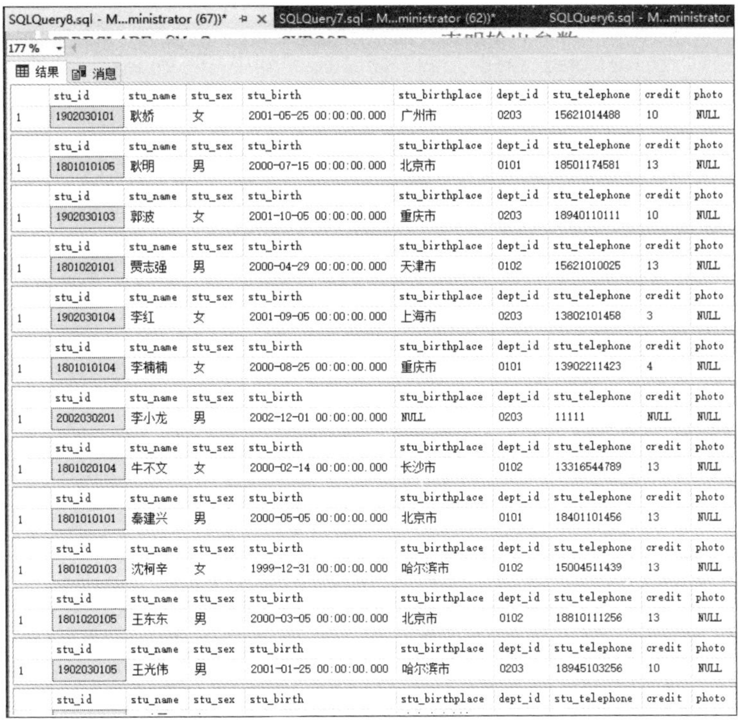

	stu_id	stu_name	stu_sex	stu_birth	stu_birthplace	dept_id	stu_telephone	credit	photo
1	1902030101	耿娇	女	2001-05-25 00:00:00.000	广州市	0203	15621014488	10	NULL
1	1801010105	耿明	男	2000-07-15 00:00:00.000	北京市	0101	18501174581	13	NULL
1	1902030103	郭波	女	2001-10-05 00:00:00.000	重庆市	0203	18940110111	10	NULL
1	1801020101	贾志强	男	2000-04-29 00:00:00.000	天津市	0102	15621010025	13	NULL
1	1902030104	李红	女	2001-09-05 00:00:00.000	上海市	0203	13802101458	3	NULL
1	1801010104	李楠楠	女	2000-08-25 00:00:00.000	重庆市	0101	13902211423	4	NULL
1	2002030201	李小龙	男	2002-12-01 00:00:00.000	NULL	0203	11111	NULL	NULL
1	1801020104	牛不文	女	2000-02-14 00:00:00.000	长沙市	0102	13316544789	13	NULL
1	1801010101	秦建兴	男	2000-05-05 00:00:00.000	北京市	0101	18401101456	13	NULL
1	1801020103	沈柯辛	女	1999-12-31 00:00:00.000	哈尔滨市	0102	15004511439	13	NULL
1	1801020105	王东东	男	2000-03-05 00:00:00.000	北京市	0102	18810111256	13	NULL
1	1902030105	王光伟	男	2001-01-25 00:00:00.000	哈尔滨市	0203	18945103256	10	NULL

图 9.5 带游标输出参数的存储过程的执行结果

```
@sbirth smalldatetime,@sbirthplace varchar(30),@sdept char(4)
AS
BEGIN
IF EXISTS(SELECT * FROM 学生信息 WHERE stu_id=@sid)
    PRINT('要插入的学生的学号已经存在')
ELSE
BEGIN
INSERT INTO 学生信息
(stu_id,stu_name,stu_sex,stu_birth,stu_birthplace,dept_id)
VALUES(@sid,@sname,@ssex,@sbirth,@sbirthplace,@sdept)
PRINT('数据插入成功!')
END
END
```

调用存储过程的代码如下：

```
USE jxgl
GO
EXEC insert_stu @sid='9999',@sname='刘中华',@ssex='男',@sbirth='2020/12/31',
@sbirthplace='哈尔滨市',@sdept='0102'
```

以上代码的执行结果如图 9.6 所示。

图 9.6　执行存储过程 insert_stu 的结果

存储过程的
管理与维护

9.3　存储过程的管理与维护

存储过程创建完成后，如果希望了解存储过程的实现细节需要查看其定义信息，有时要根据需要修改存储过程，数据环境变换后要重新编译存储过程，这些就是对存储过程的管理与维护工作。

9.3.1　查看存储过程的定义信息

存储过程可以在 SQL Server Management Studio 的"对象资源管理器"中查看，可以右击要查看信息的存储过程，在弹出的快捷菜单中选择"属性"命令，弹出"存储过程属性"对话框，如图 9.7 所示，用户可以查看存储过程的常规、权限和扩展属性。在快捷菜单以及其级联菜单中也可以对存储过程进行修改、删除等操作，如图 9.8 所示。

存储过程创建成功后，也可以查看存储过程的定义代码。存储过程的查看可以通过 sys.sql_modules、object_definition 和 sp_helptext 等系统存储过程或视图查看。

1. sys.sql_modules

sys.sql_modules 是 SQL Server 的系统视图，通过该视图可以查看数据库中的存储过程。查看方法如下。

（1）在对象资源管理器中右击要操作的数据库，在弹出的快捷菜单中选择"新建查询"命令。

（2）在打开的查询编辑器中输入代码 SELECT * FROM sys.sql_modules。

（3）执行该代码，在查询结果的 definition 字段内就是每个存储过程的详细定义代码。

2. object_definition

object_definition 用来返回指定对象的定义的 SQL 源文本，即定义该存储过程的 SQL 代码，其语法如下：

图 9.7　"存储过程属性"对话框

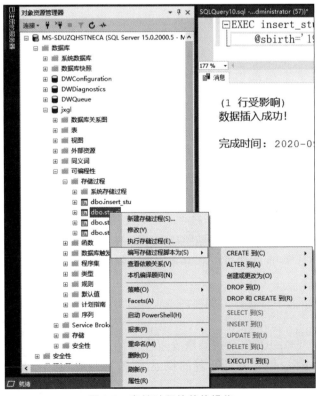

图 9.8　存储过程的其他操作

```
object_definition(id)
```

其中,id 为要查看的存储过程的 id,为 int 类型。如果要查看 id 为 110623437 的存储过程的定义代码,可使用以下语句:

```
SELECT object_definition(110623437)
```

3. sp_helptext

sp_helptext 为系统存储过程,利用它可以显示规则、默认值、未加密的存储过程、用户自定义函数、触发器或视图的文本。

其语法如下:

```
sp_helptext [@objname=] 'name'
```

参数说明:[@objname=] 'name'为对象的名称,将显示该对象的定义信息,对象必须在当前数据库中。sp_helptext 在多行中显示用来创建对象的文本。这些定义只驻留在当前数据库的 syscomments 表的文本中。

【例 9.8】 在 SQL Server Management Studio 服务器中新建查询,使用系统存储过程查看存储过程 insert_stu 的定义、参数和相关性。

运行以下 SQL 语句:

```
EXECUTE sp_helptext insert_stu
EXECUTE sp_help insert_stu
EXECUTE sp_depends insert_stu
```

运行后得到存储过程的定义、参数和相关信息,如图 9.9 所示。

9.3.2 存储过程的修改

存储过程创建后,当不能满足需要时可以进行修改。修改时可以修改其中的参数,也可以修改定义语句。同样的功能,可以先删除该存储过程,再重新创建,但那样会丢失与该存储过程相关联的所有权限。

存储过程的修改有下面两种方法。

(1) 在对象资源管理器中找到要修改的存储过程,然后右击,在弹出的快捷菜单中选择"修改"命令,这样便会在查询编辑器中显示相应的 ALTER PROCEDURE 语句以及存储过程原来定义的文本,这样便可以非常方便地进行修改。修改完成后,单击"执行"按钮即可。

(2) 在查询编辑器中直接输入相应的 ALTER PROCEDURE 语句,然后单击"执行"按钮。

ALTER PROCEDURE 语句用来修改通过执行 CREATE PROCEDURE 语句创建的存储过程,该语句不会影响存储过程的权限,也不会影响与之相关的存储过程和触发器,其语法格式如下:

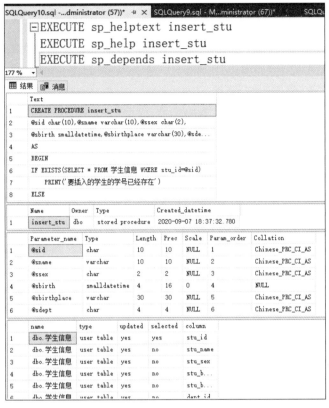

图 9.9　查询存储过程的定义、参数和相关信息

```
ALTER {PROCEDURE|PROC} [schema_name.] procedure_name [;number]
[{@parameter [type_schema_name.] data_type}]
[VARYING] [=default] [OUT[PUT]] [,...n]
[WITH <procedure_option>[,...n]]
[FOR  RECOMPILE]
AS {<sql_statement>}[;][,...n]|<method_specifier>
```

和 CREATE PROCEDURE 语句对比可以看出,存储过程的修改与创建只是将原来的 CRAETE 换成 ALTER,其他语法格式和参数的含义完全相同。

【例 9.9】　将例 9.5 中的存储过程 stu_sum 进行修改,为存储过程创建文本加密。

```
USE jxgl
GO
ALTER  PROCEDURE  stu_sum
  @sname char(10),@total int OUTPUT
WITH encryption
AS
SELECT @total=SUM(score)
  FROM 学生信息,成绩
  WHERE stu_name=@sname  AND 学生信息.stu_id=成绩.stu_id
```

```
GROUP  BY  学生信息.stu_id
GO
```

这时再查看存储过程的代码,会发现无法查看该存储过程的定义文本。
执行下面的代码,结果如图 9.10 所示。

```
EXEC sp_helptext 'stu_sum'
```

图 9.10　存储过程定义文本的查看

9.3.3　存储过程的重新编译

存储过程所采用的执行计划只在编译时优化生成,以后便驻留在高速缓存中。当用户对数据库新增索引或其他影响数据库逻辑结构的更改执行后,已编译的存储过程执行计划可能会失去作用。通过对存储过程进行重新编译,可以重新优化存储过程的执行计划。

SQL Server 为用户提供了 3 种重新编译的方法。

1. 在创建存储过程时设定

在创建存储过程时使用 WITH RECOMPILE 子句,SQL Server 不将该存储过程的查询计划保存在高速缓存中,而是在每次运行时重新编译和优化,并创建新的执行计划。

【例 9.10】　重新创建例 9.3 中的存储过程,使其每次运行时重新编译和优化。

```
USE jxgl
GO
IF EXISTS(SELECT  name  FROM  SYSOBJECTS
WHERE  name='stu_cj1'  AND  type='P')
  DROP  PROCEDURE  stu_cj1
GO
CREATE  PROCEDURE  stu_cj1
  @sname char(10),@cname char(16)
WITH RECOMPILE
AS
SELECT 学生信息.stu_id,stu_name,course_name,score
```

```
  FROM  学生信息 INNER  JOIN  成绩
ON  学生信息.stu_id=成绩.stu_id INNER  JOIN  课程
ON  成绩.course_id=课程.course_id
  WHERE 学生信息.stu_name=@sname  AND 课程.course_name=@cname
GO
```

这种方法并不常用,因为每次执行存储过程时都要重新编译,在整体上降低了存储过程的执行速度。除非存储过程本身进行的是一个比较复杂、耗时的操作,编译的时间相对执行存储过程的时间而言较少,否则这种编译方法显然是低效的。

2. 在执行存储过程时设定

通过在执行存储过程时设定重新编译,可以让 SQL Server 在执行存储过程时重新编译该存储过程,这一次执行完成后,新的执行计划又被保存在高速缓存中,这样用户就可以根据需要进行重新编译了。

【例 9.11】 保留例 9.3 中原有的存储过程,然后以重新编译的方式执行一次该存储过程,实现执行计划的更新。

```
EXECUTE stu_cj1 WITH  RECOMPILE
```

此方法一般在存储过程创建后、数据发生显著变化时使用。

3. 通过系统存储过程设定

通过系统存储过程 sp_recompile 设定重新编译标记,使存储过程在下次运行时重新编译。其语法格式如下:

```
EXECUTE sp_recompile 数据库对象
```

其中,"数据库对象"为当前数据库中的存储过程、表或视图的名称。如果是存储过程或触发器的名称,那么该存储过程或触发器将在下次运行时重新编译;如果数据库对象是表或视图名,那么所有引用该表或视图的存储过程都将在下次运行时重新编译。

9.3.4 删除存储过程

当数据库中的某些存储过程不再需要时可以将其删除,这样可以节省数据库空间。存储过程的删除可以通过手动方式实现,也可以通过 DROP PROCEDURE 语句实现。

1. 手动删除存储过程

(1) 在对象资源管理器中找到将要删除的存储过程所在的数据库。

(2) 从该数据库的子结点中找到需要删除的存储过程,然后右击,在弹出的快捷菜单中选择"删除"命令,接着在随后出现的"删除对象"对话框中单击"确定"按钮。

2. 使用 DROP PROCEDURE 语句删除存储过程

使用 DROP PROCEDURE 语句可以从当前数据库中删除一个或多个存储过程,也可以删除一个存储过程组。

其语法格式如下：

```
DROP {[schema_name.] PROCEDURE} [,...n]
```

参数说明如下。

（1）schema_name：过程所属架构的名称，注意不能指定服务器名称或数据库名称。

（2）PROCEDURE：要删除的存储过程或存储过程组的名称，名称必须遵循有关标识符的规则。

9.4 实训项目：存储过程的使用

1. 实训目的

（1）掌握存储过程的创建及使用方法。

（2）掌握存储过程的调用方法。

（3）理解使用存储过程维护数据完整性的方法。

2. 实训内容

本次实训所用的数据库主要包括的数据表为"学生信息"表、"课程"表和"成绩"表。

（1）创建一个能向"学生信息"表插入一条记录的存储过程 insert_stu，该过程需要 5 个参数，分别用来传递学号（stu_id）、姓名（stu_name）、性别（stu_sex）、出生时间（stu_birth）和系别（dept_id）5 个值。

（2）写出执行存储过程 insert_stu 的 SQL 语句，向学生信息表中插入一个新同学，并提供相应的实参值（参数值自定）。

（3）创建一个向"课程"表插入一门新课程的存储过程 insert_cour，该存储过程需要 3 个参数，分别用来传递课程号（course_id）、课程名（course_name）和学分（course_credit），但允许参数学分的默认值为 2，即当执行存储过程未给参数学分提供参数值时，存储过程将按默认值 2 进行运算。

（4）执行存储过程 insert_cour，向"课程"表中插入一门新课程，分两种情况写出相应的 SQL 命令：

① 提供 3 个参数值执行存储过程；

② 只提供两个参数值执行存储过程，即不提供与参数学分对应的实参值。

（5）创建一个名为 query_stu 的存储过程，该存储过程的功能是根据学号查询学生信息表中某一学生的姓名、性别及出生时间。

（6）执行存储过程 query_stu，查询学号为 2013010115 的学生的学号、姓名、性别和出生时间，写出完成此功能的 SQL 语句。

（7）创建存储过程，查看本次考试平均分以及未通过考试的学员的名单。

（8）修改上例：由于每次考试的难易程度不同，每次笔试和机考的及格线可能随时变化（即不一定是 60 分），这将导致考试的评判结果会相应变化。

分析：上述存储过程添加两个输入参数@writePass（笔试及格线）和@labPass（机考及格线）。

（9）怎样修改上例程序，根据每次统考指定的及格线显示通过考试的学员名单并返回及格人数（提示：用输出参数）。

（10）思考：怎样返回及格率？（提示：①有输出参数；②存储过程中用查询赋值语句分别求出及格人数与总人数，再求出及格率）

3. 实训总结

通过本章上机实训，读者应当掌握使用存储过程的目的和存储过程的创建及调用方法。

本 章 小 结

本章主要介绍了存储过程的概念、分类和优点，并通过大量实例说明了以对象资源管理器和 T-SQL 语句两种方式对存储过程进行创建、查看、修改、重新编译和删除的方法。读者要特别注意掌握带参数、带默认值参数、带返回值、带局部变量等存储过程的使用。

习　　题

（1）什么是存储过程？存储过程分为哪几类？

（2）简述使用存储过程有哪些优缺点。

（3）修改存储过程有哪几种方法？假设有一个存储过程需要修改，但又不希望影响现有的权限，应使用哪个语句进行修改？

（4）说明存储过程的定义与调用方法。

（5）学生选课系统主要有"学生"表（学号，姓名，性别，专业，出生时间等）、"选课"表（学号，课程号，成绩）、"课程"表（课程号，课程名，所属专业，学分）。

要求创建以下存储过程：

① 能够根据给定的学生姓名查询该学生选修的课程及相应的成绩。

② 能够根据给定的课程名以输出参数的形式给出该课程的选课人数及平均分。

第 10 章　数据完整性与触发器

SQL Server 在关系数据库的实现上提供了具体的保证数据完整性的方法,以确保数据库中数据的安全性和有效性。本章主要介绍 SQL Server 数据库的完整性技术以及通过触发器实现数据库完整性的方法。

通过学习本章,读者应掌握以下内容:

- 掌握数据完整性的概念、分类及优点;
- 掌握实体完整性、域完整性和参照完整性的实现方法;
- 掌握主键(PRIMARY KEY)约束、唯一键(UNIQUE)约束、检查(CHECK)约束、默认值(DEFAULT)约束、外键(FOREIGN KEY)约束的创建和删除方法;
- 掌握规则对象和默认值对象的定义、使用和删除方法;
- 掌握触发器的概念、优点和分类;
- 掌握 DML 和 DDL 触发器的创建方法;
- 掌握 DML 和 DDL 触发器的查看、修改和删除方法。

10.1　数据完整性的概念

数据完整性的概念和分类

数据完整性可以表明数据库的存在状态是否合理,是通过数据库内容的完整性约束来实现的。数据完整性用于保证数据库中数据的正确性、一致性和可靠性,防止数据库中存在不符合语义规定的数据和防止因错误信息的输入输出造成无效操作或错误信息而提出的。例如,在成绩表的 score 列上定义了完整性约束,要求该列的值必须介于 $0 \sim 100$。这样,用户在用 INSERT 进行插入操作或用 UPDATE 进行更新时,如果该列的值违反了这一约束,SQL Server 将回滚该事务,并返回相应的出错信息。使用完整性约束有以下好处。

(1) 在数据库应用的代码中增强了商业规则。

(2) 使用存储过程完整控制对数据的访问。

(3) 增强了触发存储数据库过程的商业规则。

在定义完整性约束时一般使用 SQL 语句,在定义和修改时不需要额外编程。SQL 语句容易编写,可减少编程错误。完整性规则定义在表上,存储在数据字典中。另外,如果规则比较复杂,还可以通过触发器和存储过程实现。

在完整性约束定义之后,应用程序的任何数据必须满足表的相同的完整性约束。通过将商业规则从应用代码移到完整性约束,数据表能够保证数据存储的合法性。如果通过完整性约束使增强的商业规则改变了,管理员只需修改相应的数据完整性,所有应用程序都会自动与修改后的约束保持一致。相反,如果商业规则实现在应用程序一端,则开发人员需要修改所有的相关代码,并且重新调试和编译,这样,修改的时间和人力代价就会非常大。

10.2 数据完整性的分类

数据完整性是指数据库中的数据在逻辑上的一致性和准确性。它是为防止数据库中存在不符合语义规定的数据和防止因错误信息的输入输出造成无效操作或错误信息而提出的。一般情况下,可以把数据完整性分为实体完整性、域完整性、参照完整性和用户自定义的完整性 4 种类型。

1. 实体完整性

实体完整性(Entity Integrity)又称行完整性,要求表中的每行都有一个唯一的标识符,这个标识符就是主键。在数据库的概念设计中,所有的实体都是相互区分的。这些问题反映到数据库的物理实现中就是数据表中的每行都是唯一的,在同一个数据表中不允许存在两个完全相同的行。在 SQL Server 中可以通过 PRIMARY KEY 约束、UNIQUE 约束、索引或标识(IDENTITY)属性来实现。例如,在学生信息表中可以通过主键 stu_id 唯一标识该学生对应的记录信息,这样在输入数据时可以保证不存在相同学号的学生记录。

2. 域完整性

域完整性(Domain Integrity)又称列完整性,用于指定数据表中的列必须满足某种特定的数据类型或约束以及确定是否允许取空值。域完整性通常使用有效性检查来实现,还可以通过数据类型、格式和有效的数据范围等来实现。通过为表的列定义数据类型及 CHECK 约束、DEFAULT 约束、非空值(NOT NULL)和规则实现限制数据范围,可以保证只有在有效范围内的值才能存储到列中。

3. 参照完整性

参照完整性(Referential Integrity)又称引用完整性。参照完整性用于保证主表中的数据与从表中数据的一致性。例如,成绩表中的学号应该在学生信息表中有对应的学号。参照完整性的实现是通过主表中的外键和从表中的主键之间的对应关系实现的。一个表(子表)中的一列或列组合的值必须与另一个表(父表)中的相关一列或列组合的值相匹配。被引用的列或列组合称为父键,父键必须是主键或唯一键,通常父键为主键,主键表是主表。引用父键的一列或列组合称为外键,外键表是子表。如果父键和外键属于同一个表,则称为自参照完整性。子表的外键必须与主表的主键相匹配,只要依赖某一主键的外键存在,主表中包含该主键的行就不能被删除。

对于主键,在一个表中只能有一个,而外键可以有多个。如果定义了两表之间的参照完整性,则有以下要求。

(1) 从表不能引用不存在的键值。

(2) 如果主表中的键值更改了,那么在整个数据库中,从表中对该键值的引用都要进行一致性修改。

（3）如果主表中没有相关联记录，则不能将该记录添加到从表。

（4）如果要删除主表中的某一记录，应先删除从表中与该记录相匹配的记录。

当增加、修改或删除数据表中的记录时，可以借助参照完整性来保证相关联表之间数据的一致性。

4. 用户自定义的完整性

用户自定义的完整性（User-defined Integrity）是指用户可以根据自己的业务规则定义不属于任何完整性分类的完整性。由于每个用户的数据库都有自己独特的业务规则，所以系统必须有一种方式来实现定制的业务规则，即定制的数据完整性约束。

用户自定义的完整性可以通过用户自定义数据类型、规则、存储过程和触发器来实现。

实体完整性
的实现

10.3 实体完整性的实现

如前所述，表中应该有一列或列的组合，其值能唯一地标识表中的每行，选择这样的列或列的组合作为主键可以实现表的实体完整性。一个数据表只能有一个 PRIMARY KEY 约束，并且主键列不允许取空值。SQL Server 会为主键创建索引来实现数据的唯一性。在查询中使用主键列，该索引可用于对数据进行快速访问。若 PRIMARY KEY 约束是多列的组合，则某列可以重复，但 PRIMARY KEY 定义的组合值不能重复。如果要保证一个表中的非主键列不输入重复值，应在该列上定义 UNIQUE 约束。

10.3.1 创建 PRIMARY KEY 约束和 UNIQUE 约束

1. 使用对象资源管理器创建 PRIMARY KEY 约束

如果要对教师信息表的 teacher_id 列建立 PRIMARY KEY 约束，可以按以下步骤进行。

（1）在对象资源管理器中选择教师信息表，然后右击，在弹出的快捷菜单中选择"设计"命令，进入表设计器界面。

（2）在表设计器界面中选中 teacher_id 字段对应的行，然后右击，在弹出的快捷菜单中选择"设置主键"命令，这样 teacher_id 前面将出现主键的图标，如图 10.1 所示。

如果主键由多列组成，可以在选中某列的同时按 Ctrl 键选择多行，然后再单击主键图标。在创建主键时，系统将自动创建一个以 PK_ 为前缀后跟表名的主键索引，系统会自动按聚集索引的方式组织主键索引。

2. 使用对象资源管理器创建 UNIQUE 约束

如果要在教师信息表中对 teacher_name 列建立 UNIQUE 约束，可以按以下步骤

图 10.1 表设计器界面

进行。

（1）进入表设计器界面。

（2）在要设置 UNIQUE 约束的列上右击，在弹出的快捷菜单中选择"索引/键"命令，弹出如图 10.2 所示的"索引/键"对话框。

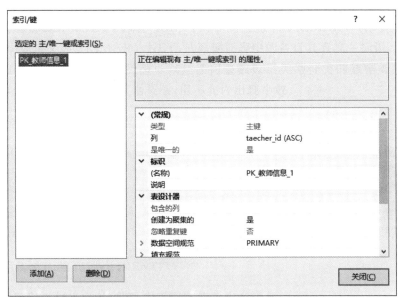

图 10.2 "索引/键"对话框

（3）在"索引/键"对话框中单击"添加"按钮，如图 10.3 所示，在右面设置"列"、"是唯一的"和"名称"3 个属性，将属性值分别设置为 teacher_id、"否"和 IX_教师信息。

（4）单击"关闭"按钮，结束 UNIQUE 约束的添加。

3. 使用 T-SQL 语句创建表时创建 PRIMARY KEY 约束和 UNIQUE 约束

在创建表时创建 PRIMARY KEY 约束的语法格式如下。

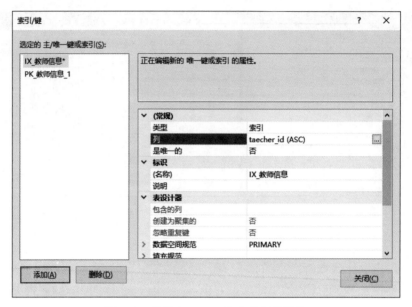

图 10.3　设置 UNIQUE 约束的相关属性

语法格式 1：

```
CREATE TABLE table_name
(column_name datatype [CONSTRAINT constraint_name] [NOT] NULL
PRIMARY KEY|UNIQUE [CLUSTERED|NONCLUSTERD][,...n])
```

语法格式 2：

```
CREATE TABLE table_name
([CONSTRAINT constraint_name] PRIMARY KEY|NUIQUE
[CLUSTERED|NONCLUSTERD](column_name 1[,...n]))
```

说明：语法格式 1 定义单列主键；语法格式 2 定义多列组合主键；CLUSTERED 和 NONCLUSTERED 分别代表聚集索引和非聚集索引。

【例 10.1】　在定义表 course 时定义课程号为主键，课程名为唯一键。

```
CREATE TABLE course
(课程号 char(4)   not null CONSTRAINT PK_kch PRIMARY KEY,
课程名 char(16)   not null UNIQUE,
学分 smallint,
学时数 smallint)
```

【例 10.2】　在定义表 score 时定义表中的学号和课程号为主键。

```
USE jxgl
GO
CREATE TABLE score
(学号 char(10),
```

```
课程号 char(4),
成绩 int
CONSTRAINT PK_xhkch PRIMARY KEY(学号,课程号))
GO
```

4. 使用 T-SQL 语句修改表时创建 PRIMARY KEY 约束和 UNIQUE 约束

语法格式如下：

```
ALTER TABLE table_name
ADD[CONSTRAINT constraint_name]
PRIMARY KEY|UNIQUE [CLUSTERED|NONCLUSTERD][,...n])
```

【例 10.3】 创建表 course,然后修改表结构,分别为课程号和课程名添加 PRIMARY KEY 约束和 UNIQUE 约束。

```
CREATE TABLE course
(课程号 char(4) not null,
课程名 char(16) not null,
学分 smallint,
学时数 smallint)
```

修改表结构,分别为课程号和课程名添加 PRIMARY KEY 约束和 UNIQUE 约束,命令如下：

```
ALTER TABLE course
ADD CONSTRAINT PK_course
PRIMARY KEY(课程号), CONSTRAINT uk_course_name UNIQUE(课程名)
```

10.3.2　删除 PRIMARY KEY 约束和 UNIQUE 约束

1. 使用对象资源管理器删除 PRIMARY KEY 约束和 UNIQUE 约束

如果要删除表 course 中对课程号建立的 PRIMARY KEY 约束,可以按以下步骤进行。

（1）进入 course 表设计器界面。

（2）在已定义的主键列上右击,在弹出的快捷菜单中选择"索引/键"命令,弹出如图 10.4 所示的"索引/键"对话框。

（3）在"索引/键"对话框中选择要删除的索引或键,单击"删除"按钮。

（4）单击"关闭"按钮,关闭对话框。

2. 使用 T-SQL 语句修改表时删除 PRIMARY KEY 约束和 UNIQUE 约束

语法格式如下：

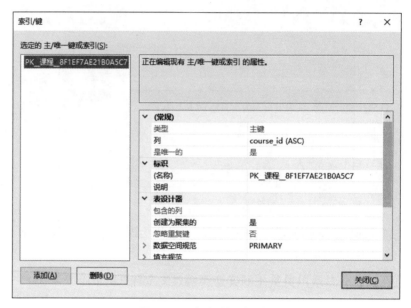

图 10.4 "索引/键"对话框

```
ALTER TABLE table_name
DROP CONSTRAINT constraint_name [,...n]
```

例如要删除 score 表中的 PRIMARY KEY 约束，可以使用以下语句：

```
ALTER TABLE score
DROP CONSTRAINT PK_xhkch
```

注意：在向表中添加 PRIMARY KEY 约束时，SQL Server 将检查现有记录的列值，以确保现有数据符合主键的规则，所以在添加主键之前要保证主键的列没有空值和重复值。

10.4 域完整性的实现

在 SQL Server 中有多种方式实现域完整性，例如 CHECK 约束、规则对象、是否为空、默认值约束和默认值对象等。

10.4.1 CHECK 约束的定义与删除

CHECK 约束
的定义与删
除

CHECK 约束是限制用户输入某一列的数据取值，即该列只能输入一定范围的数据。CHECK 约束可以作为表定义的一部分在创建表时创建，也可以添加到现有表中。一个表可以包含多个 CHECK 约束，同样，允许修改或删除现有的 CHECK 约束。

在现有表中添加 CHECK 约束时，该约束可以仅作用于新数据，也可以同时作用于已有的数据，默认设置为 CHECK 约束同时作用于已有数据和新数据。当希望现有数据维持不变时,可以使约束仅作用于新数据选项。

1. 利用对象资源管理器定义和删除 CHECK 约束

1) 定义 CHECK 约束

(1) 启动 SQL Server Management Studio 工具,在"对象资源管理器"中依次展开各结点到指定表,然后右击,在弹出的快捷菜单中选择"修改"命令,打开表设计器界面,选择指定列后右击,在弹出的快捷菜单中选择"CHECK 约束"命令,出现如图 10.5 所示的"检查约束"对话框。

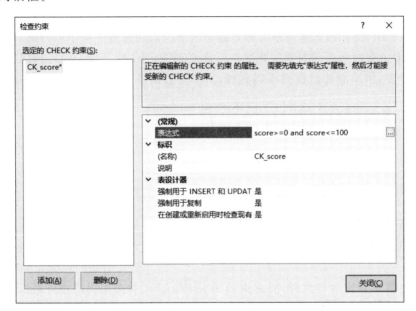

图 10.5　"检查约束"对话框

(2) 单击"添加"按钮,在选定的约束框中显示由系统分配的新约束名,名称以 CK_开始,后跟表名,用户可以修改此约束名。

(3) 在"表达式"框中可以直接输入约束表达式。例如,若要将"成绩"表的 score 列的数据限制在 0～100,输入表达式[score]>=0 and [score]<=100,如图 10.5 所示。用户也可单击"表达式"框右侧的"浏览"按钮,弹出如图 10.6 所示的"CHECK 约束表达式"对话框,在其中编辑表达式。

(4) 如果想允许创建的约束强制用于 INSERT 和 UPDATE 以及检查现有数据等情况,可以在相应选项中选择"是",再单击"关闭"按钮,则完成 CHECK 约束设置。

(5) 返回表设计器界面,保存对表的修改操作。

2) 删除 CHECK 约束

删除 CHECK 约束时,在对象资源管理器中依次找到 jxgl→"成绩"→"约束",展开约束结点,找到要删除的约束,然后右击,在弹出的快捷菜单中选择"删除"命令,然后在出现的"删除对象"对话框中单击"确定"按钮。

当然,通过对象资源管理器还可以对已经存在的 CHECK 约束进行重命名、修改等

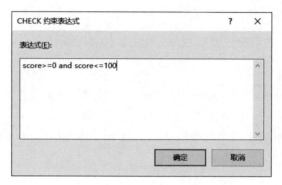

图 10.6　"CHECK 约束表达式"对话框

操作,其操作方式与创建相似。用户既可以在约束结点中找到要操作的约束右击,然后在弹出的快捷菜单中选择"重命名"或"修改"命令,也可以打开表设计器界面,选择指定列后右击,在弹出的快捷菜单中选择"CHECK 约束"命令,在出现的"检查约束"对话框中通过修改约束名和约束表达式来实现,在此不再赘述。

2. 利用 T-SQL 语句在创建表时创建 CHECK 约束

在创建表时创建 CHECK 约束的语法格式如下:

```
CREATE TABLE table_name
(column_name datatype NOT NULL|NULL
[CONSTRAINT [constraint_name] CHECK(logical_expression)][,...n])
```

其中,check_name 是约束名;logical_expression 为所定义的 CHECK 约束的约束表达式,称为 CHECK 约束表达式。

【例 10.4】　创建 student 表,对表中的性别列定义名为 CK_性别的 CHECK 约束,要求性别的取值只能是"男"或"女"。

```
CREATE TABLE student
(学号 char(10)  PRIMARY KEY,
姓名 char(10)  NOT NULL,
性别 char(2)  CONSTRAINT CK_性别 CHECK(性别='男'  OR  性别='女'),
出生时间 smalldatetime,
出生地 varchar(30))
```

3. 利用 T-SQL 语句在修改表时创建 CHECK 约束

向已有表中添加 CHECK 约束的语法格式如下:

```
ALTER TABLE table_name
[WITH NOCHECK]
ADD [CONSTRAINT constraint_name] CHECK(logical_expression)
```

其中,如果选择 WITH NOCHECK,表示对原有数据不进行约束检查。

【例 10.5】　在 student 表中增加一个字段"电话 char(8)"，为电话列添加 CHECK 约束，要求每个新加入或修改的电话号码为 8 位数字，但对表中现有的记录不进行检查。

```
USE jxgl
GO
ALTER TABLE student
ADD 电话 char(8)    null
GO
--创建不检查现有数据的 CHECK 约束
ALTER TABLE student
WITH NOCHECK
ADD CONSTRAINT CK_电话
CHECK([电话] LIKE '[0-9][0-9][0-9][0-9][0-9][0-9][0-9][0-9]')
GO
```

这样就成功地为 student 表的电话列添加了 CHECK 约束，以后再输入的内容应该满足约束的要求。但由于使用了 WITH NOCHECK，即对已有数据不进行检查，所以原表中有不满足条件的数据依然可以执行；若不选择 WITH NOCHECK，则原有数据中如果有不符合要求的，将出现错误信息，CHECK 约束将无法创建。

4. 利用 T-SQL 语句在修改表时删除 CHECK 约束

删除 CHECK 约束的语法格式如下：

```
ALTER TABLE table_name
DROP CONSTRAINT constraint_name
```

【例 10.6】　删除 student 表中的电话列的 CHECK 约束。

```
ALTER TABLE student
DROP CONSTRAINT CK_电话
GO
```

【例 10.7】　重新加入对现有记录进行检查的电话约束，要求每个新加入或修改的电话号码为 8 位数字。

```
--检查现有数据
ALTER TABLE student
ADD CONSTRAINT CK_dh
CHECK([电话] LIKE '[0-9][0-9][0-9][0-9][0-9][0-9][0-9][0-9]')
```

本例在运行时会出现错误，原因在于 student 表中的电话字段有不符合要求的数据，所以在向表中加入 CHECK 约束并对表中的已有数据进行检查时，需要把不符合 CHECK 约束的记录修改成符合 CHECK 约束的记录才能实现此操作。

注意：在默认情况下，CHECK 约束同时作用于新数据和表中已有的数据，可以通过关键字 WITH NOCHECK 禁止 CHECK 约束检查表中已有的数据，否则如果表中有不符合 CHECK 约束要求的数据，则 CHECK 约束无法正确建立。

与其他约束不同的是，CHECK 约束可以通过 NOCHECK 和 CHECK 关键字设置为无效或重新有效。

其语法格式如下：

```
ALTER TABLE table_name
NOCHECK CONSTRAINT constraint_name|CHECK CONSTRAINT constraint_name
```

规则对象的
定义、使用与
删除

10.4.2 规则对象的定义、使用与删除

规则是保证域完整性的主要手段，与 CHECK 约束的执行功能相同。CHECK 约束是使用 ALTER TABLE 或 CREATE TABLE 的 CHECK 关键字创建的，是对列中的值进行限制的首选标准方法（可以对一列或多列定义多个约束）。规则是一种数据库对象，可以绑定到一列或多列上，还可以绑定到用户自定义数据类型上，规则定义之后可以反复使用。

列或用户自定义数据类型只能有一个绑定的规则，但是一列可以同时具有一个规则和多个 CHECK 约束。

规则和默认值一样都是作为独立的对象，使用它要首先定义，然后绑定到列或用户自定义数据类型上，不需要时可以解除绑定和删除。规则和默认值的使用方法相似。

1. 使用 T-SQL 语句创建规则

使用 T-SQL 语句创建规则的语法格式如下：

```
CREATE RULE rule_name AS condition_expression
```

参数说明如下。

（1）rule_name：要创建的规则名，应符合标识符规则。

（2）condition_expression：规则的条件表达式，要求其中不能包含列或其他数据库对象，可以包含不引用数据库对象的内置函数。在 condition_expression 中包含一个局部变量，当使用 UPDATE 或 INSERT 语句修改或插入值时，该表达式用于对规则所关联的列值进行约束。在创建规则时，一般使用局部变量表示 UPDATE 或 INAERT 语句输入的值。

另外有 4 点说明如下。

（1）创建的规则对于之前已经存在于数据库中的数据无效。

（2）规则的条件表达式的类型必须与列的数据类型兼容，不得将规则绑定到 text、image、timestamp 列，要用单引号将字符和日期常量括起来，在十六进制常量前加 0x。

（3）对于用户自定义数据类型，当在该类型的数据列上插入值或更新该类型的数据列时，绑定到该类型的规则才会激活。

（4）如果列同时有默认值和规则与之关联，则默认值必须满足规则的定义，与规则冲突的默认值不能关联到列。

2. 将规则绑定到列或用户自定义数据类型

绑定规则的语法格式如下：

```
sp_bindrule[@rulename] 'rule', [@objectname] 'object_name'
[,[@futureonly=] 'futureonly_flag']
```

参数说明如下。

（1）rule：CREATE RULE 语句创建的规则名，要用单引号括起来。

（2）object_name：绑定到规则的列或用户自定义数据类型，若采用"表名.字段名"形式则为表列，否则认为绑定到用户自定义数据类型。

（3）futureonly_flag：仅当将规则绑定到用户自定义数据类型时可用。若设置为futureonly，用户自定义数据类型的现有列不继承新规则；若设置为 NULL，当被绑定的数据类型当前无规则时，新规则将绑定到使用该用户自定义数据类型的每列。

【例 10.8】 创建名为"rl_电话"的规则，要求电话字段的取值必须由 0～9 的 11 位数字组成，并且第一位数字是 1，将规则绑定到"教师信息"表的 teacher_telephone 列上面。

```
USE jxgl
GO
CREATE RULE rl_电话
AS
@mphone LIKE '1[0-9][0-9][0-9][0-9][0-9][0-9][0-9][0-9][0-9]'
GO
EXEC sp_bindrule  'rl_电话', 'teacher_telephone'
GO
```

3. 将规则从绑定的列或用户自定义数据类型中解除绑定

解除绑定规则的语法格式如下：

```
sp_unbindrule  [@objectname] 'object_name'
[,[@futureonly=] 'futureonly_flag']
```

【例 10.9】 将"rl_电话"规则从"教师信息"表的 teacher_telephone 列上解除绑定。

```
EXECUTE sp_unbindrule '教师信息.teacher_telephone'
```

4. 删除规则

在删除规则对象之前，首先应解除所有规则的绑定。使用 T-SQL 语句删除规则的语法格式如下：

```
DROP RULE rule_name[,...n]
```

【例 10.10】 删除"rl_电话"规则。

```
DROP RULE rl_电话
GO
```

注意：删除规则和默认值相同,在删除之前,应首先将它从所绑定的列或用户自定义数据类型上解除绑定,否则系统会报错。

默认值

10.4.3 默认值约束的定义与删除

对于某些字段,可在数据表中为其定义默认值,以方便用户使用。为一个字段定义默认值既可以通过默认值约束实现,也可以通过默认值对象实现。

虽然默认值约束与默认值对象实现的功能类似,但还是有些区别的。

默认值约束是在一个表内针对某一字段定义的,仅对该字段有效。默认值对象是数据库的对象之一,可绑定到一个用户自定义数据类型或库中某个表的字段。

1. 定义表结构时定义字段的默认值约束

在对象资源管理器中打开表设计器界面时可以非常方便地为某一字段定义默认值约束,另外,也可以通过 SQL 语句为一个字段定义默认值约束。

在创建表时创建默认值约束的语法格式如下:

```
CREATE TABLE table_name
(column_name datatype NOT NULL|NULL
[CONSTRAINT constraint_name] DEFAULT default_expression [,...n])
```

参数说明如下。

(1) constraint_name:所定义的默认值约束名。

(2) default_expression:默认值表达式,此表达式只能包含常量、系统函数或 NULL。

注意：对于 timestamp 或带 IDENTITY 属性的字段不能定义默认值约束。

【例 10.11】 创建 course_score 表,同时为成绩列定义默认值 0。

```
CREATE TABLE course_score
(学号 char(10),
 课程号 char(6),
 成绩 int constraint df_score DEFAULT 0)
```

2. 修改表时增加一个字段,同时定义默认值约束

向已有表中添加默认值约束的语法格式如下:

```
ALTER TABLE table_name
  ADD column_name datatype [NOT NULL|NULL]
    [CONSTRAINT constraint_name] DEFAULT default_expression WITH VALUES
```

其中,WITH VALUES 仅用于为表添加新字段的情况,若使用该短语,将为表中各现有行的该列提供默认值,否则,每行中该列的值都为 NULL。

【例 10.12】 为"教师信息"表添加新列 beizhu,并定义默认值为"优秀员工"。

```
--添加默认值约束
ALTER TABLE 教师信息
  ADD beizhu varchar(300) CONSTRAINT df_beizhu
    DEFAULT '优秀员工' WITH VALUES
```

3. 修改表时,对表中的指定列定义默认值约束

语法格式如下:

```
ALTER TABLE table_name
  ADD [CONSTRAINT constraint_name]
    DEFAULT default_expression FOR column_name
```

【例 10.13】 为"学生信息"表中的 stu_sex 列定义默认值"男"。

```
ALTER TABLE 学生信息
  ADD CONSTRAINT df_sex DEFAULT '男' FOR stu_sex
```

4. 删除默认值约束

当默认值约束不再需要时可以删除,同样,也可以使用 SQL 语句将其删除。删除默认值约束的语法格式如下:

```
ALTER TABLE table_name DROP CONSTRAINT constraint_name
```

【例 10.14】 删除"学生信息"表中 stu_sex 列的默认值约束。

```
ALTER TABLE 学生信息
DROP CONSTRAINT df_sex
GO
```

注意:与 CHECK 约束一样,默认值约束也是强制实现域完整性的一种手段。DEFAULT 约束不能添加到时间戳 timestamp 数据类型的列或标识列上,也不能添加到已经具有默认值设置的列上,不论该默认值是通过约束还是绑定实现的,即每列只能定义一个默认值。

10.4.4 默认值对象的定义、使用与删除

默认值是一种数据库对象,可以绑定到一列或多列上,还可以绑定到用户自定义数据类型上。当某个默认值被创建后,可以反复使用。当向表中插入数据时,如果绑定有默认值的列或者数据类型没有明确地提供值,那么将以默认值指定的数据插入。定义的默认值必须与所绑定列的数据类型一致,不能违背列的相关规则。

默认值的执行与 10.4.3 节所讲的 DEFAULT 约束的功能相同,DEFAULT 约束定

义和表存储在一起，删除表时将自动删除 DEFAULT 约束。DEFAULT 约束是限制列数据的首选且标准的方法。然而，当在多列中，特别是在不同表的多列中多次使用相同的默认值时，适合采用默认值技术。如果要使用默认值，首先要创建默认值，然后将其绑定到指定的列或数据类型上。当取消默认值时，必须解除绑定，如果默认值不再使用，可以将其删除。

1. 通过 T-SQL 语句定义默认值对象

使用 T-SQL 语句创建默认值对象的语法格式如下：

```
CREATE DEFAULT default_name AS constant_expression
```

参数说明如下。

（1）default_name：要创建的默认值对象名，其命名必须符合标识符的命名规则，也可以包含默认值对象的所有者。

（2）constant_expression：常量表达式，可以包含常量、内置函数等。

2. 通过系统存储过程绑定或解除绑定默认值对象

一个创建好的默认值，只有绑定到表的列上或用户自定义数据类型上后才能起作用，如果不再需要该默认值，则要将该默认值从相应的列或用户自定义数据类型上解除绑定。绑定和解除绑定操作既可以通过系统存储过程实现，也可以用图形界面方式完成。这里只介绍利用系统存储过程绑定默认值和解除绑定默认值。

绑定默认值对象的语法格式如下：

```
[EXECUTE] sp_bindefault[@defname=] 'default_name',
    [@objectname=]'object_name'[,[@futureonly=] 'futureonly_flag']
```

解除绑定默认值的语法格式如下：

```
[EXECUTE] sp_unbindefault[@objectname=] 'object_name'
    [,[@futureonly=] 'futureonly_flag']
```

参数说明如下。

（1）default_name：所创建的默认值对象名，要用单引号括起来。

（2）object_name：绑定到默认值对象的列或用户自定义数据类型，若采用"表名.字段名"形式则为表列，否则认为绑定到用户自定义数据类型。

（3）futureonly_flag：仅当将默认值对象绑定到用户自定义数据类型时才可用。若设置为 futureonly，则用户自定义数据类型的现有列不继承新默认值对象。

【例 10.15】 创建名为 df_sex、值为"男"的默认值，并将默认值对象绑定到学生信息表中的 stu_sex 列上。

```
USE jxgl
GO
CREATE DEFAULT df_sex AS '男'
```

```
GO
EXEC sp_bindefault 'df_sex', '学生信息.stu_sex'
GO
```

注意：不能将默认值对象绑定到标识 IDENTITY 属性的字段或已经有默认值约束的字段上，也不能绑定到系统数据类型上。默认值对象的绑定存在着覆盖关系，即原来的默认值对象虽然没有解除绑定，但仍然可以继续绑定新的默认值对象，并且新的默认值对象将覆盖原有的默认值对象。

3. 删除默认值对象

如果要删除一个默认值对象，首先要解除默认值对象与用户自定义数据类型或表列的绑定关系，然后才能删除默认值对象。

其语法格式如下：

```
DROP DEFAULT default_name [,...n]
```

注意：在删除一个默认值对象之前，必须首先将它从所绑定的列或用户自定义数据类型上解除绑定，否则系统会报错。

【例 10.16】 删除默认值 df_sex。

```
USE jxgl
GO
EXEC sp_unbindefault '学生信息.stu_sex '
GO
DROP DEFAULT df_sex
GO
```

10.5 参照完整性

对于两个互相关联的数据表，在进行数据的插入、修改和删除时通过参照完整性可以保证它们之间数据的一致性。

对于从表定义 FOREIGN KEY 约束、主表定义 PRIMARY KEY 或 UNIQUE 约束，可以实现主表和从表间的参照完整性。

两个表之间的参照完整性既可以通过对象资源管理器创建，也可以通过 SQL 语句实现。

参照完整性

10.5.1 参照完整性的实现

FOREIGN KEY 约束用于强制实现表之间的参照完整性，外键必须和主表的主键或唯一键对应，FOREIGN KEY 约束不允许为空值，但是，如果是多列组合的外键，允许其中的某列含有空值。如果组合外键的某列含有空值，将跳过该 FOREIGN KEY 约束的检验。

利用对象资源管理器定义 FOREIGN KEY 约束的方法如下。

在 SQL Server Management Studio 工具的"对象资源管理器"中依次展开各结点到表,选定要定义外键的表,然后右击,在弹出的快捷菜单中选择"设计"命令,打开表设计器界面,选择要创建外键的列,然后右击,在弹出的快捷菜单中选择"关系"命令,弹出"外键关系"对话框,如图 10.7 所示,单击"添加"按钮,弹出如图 10.8 所示的"表和列"对话框,接着从"主键表"的下拉列表框中选择将作为关系主键的表,再从候选键中选定相关联的列,在"外键表"下面的相应网格内选定外键列,最后单击"确定"按钮,返回到"外键关系"对话框,单击"关闭"按钮,保存对表设计的修改,则关系创建完毕。

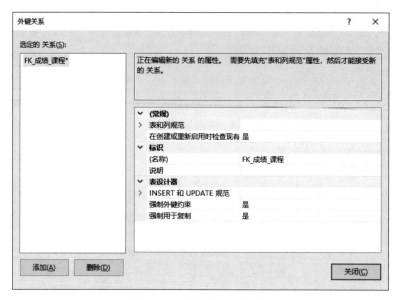

图 10.7 "外键关系"对话框

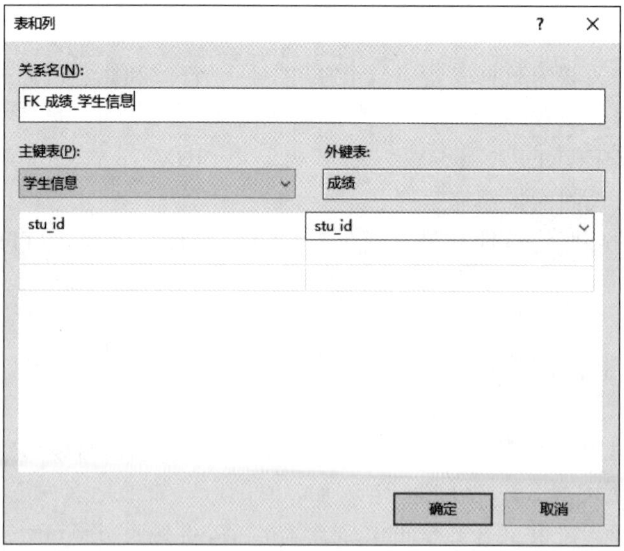

图 10.8 "表和列"对话框

10.5.2　参照完整性的删除

若要删除表间的参照完整性,可按以下步骤进行。

(1) 如图 10.9 所示,进入从表的表设计器界面右击,在弹出的快捷菜单中选择"关系"命令,弹出如图 10.7 所示的"外键关系"对话框。

图 10.9　从表的表设计器界面

(2) 在"外键关系"对话框中选择要删除的外键,单击"删除"按钮,最后单击"关闭"按钮,并保存对表设计的修改。

10.5.3　使用 T-SQL 语句管理参照完整性

10.3 节已经介绍了 PRIMARY KEY 和 UNIQUE 约束的 SQL 语句实现方法,下面介绍使用 SQL 语句创建 FOREIGN KEY 约束的方法。

1. 创建表时定义 PRIMARY KEY 约束

创建表时创建 PRIMARY KEY 约束的语法格式如下。
语法格式 1:

```
CREATE TABLE table_name
  (column_name datatype [CONSTRAINT constraint_name]
    [FOREIGN KEY] REFERENCES ref_table[(ref_column)]
      [ON DELETE CASCADE|NO ACTION|ON UPDATE CASCADE|NO ACTION][,...n])
```

语法格式 2:

```
CREATE TABLE table_name
([CONSTRAINT constraint_name]
```

［FOREIGN KEY］［(column_name［,…n])］REFERENCES ref_table［(ref_column)］
　［ON DELETE CASCADE|NO ACTION|ON UPDATE CASCADE|NO ACTION］［,…n])

说明：语法格式 1 定义单列 FOREIGN KEY 约束,语法格式 2 定义多列组合 FOREIGN KEY 约束。

参数说明：table_name 为所创建的从表名称。column_name 为定义的字段名,字段类型由 datatype 指定。FOREIGN KEY 指明在该字段上定义外键,且该外键与主表 ref_table 中的主键对应。主表中的主键列由参数 ref_column 指定。

短语 ON DELETE CASCADE|NO ACTION 和 ON UPDATE CASCADE|NO ACTION 指出当删除和更新主表中的记录时所对应的从表中的相应记录应执行的操作。若指定 CASCADE,则删除主表中的记录时从表中的相应记录也随之删除,当更新主表中的记录时,从表中的相应记录也随之更新。若指定为 NO ACTION,则 SQL Server 会报告错误,并回滚主表中相应的删除或更新操作。其默认为 NO ACTION。

【例 10.17】 创建 course_score 表,并为字段 stu_id 和 cour_id 建立外键,分别参照"学生信息"表中的主键 stu_id 和"课程"表中的主键 course_id。

```
USE jxgl
GO
CREATE TABLE course_score
(stu_id char(10)  CONSTRAINT FK_stu FOREIGN KEY REFERENCES 学生信息(stu_id),
cour_id char(6)  REFERENCES 课程(course_id),
Score tinyint)
GO
```

2. 修改表时定义 FOREIGN KEY 约束

语法格式如下：

```
ALTER TABLE table_name
ADD [[CONSTRAINT constraint_name] [FOREIGN KEY](column_name)
REFERENCES ref_table(ref_column)
[ON DELETE CASCADE|NO ACTION|ON UPDATE CASCADE|NO ACTION][,…n])]
```

【例 10.18】 修改"学生信息"表,为列 dept_id 建立外键,参照"系部"表中的主键列 dept_id。

```
ALTER TABLE 学生信息
ADD CONSTRAINT FK_系部  FOREIGN  KEY(dept_id)
REFERENCES 系部(dept_id)
GO
```

3. 使用 T-SQL 语句删除 FOREIGN KEY 约束

删除 FOREIGN KEY 约束的语法格式如下：

```
ALTER TABLE table_name
DROP CONSTRAINT constraint_name
```

【例 10.19】　修改 course_score 表，删除 FOREIGN KEY 约束 FK_stu 和 FK_course。

```
ALTER TABLE course_score
DROP CONSTRAINT FK_stu,FK_course
GO
```

10.6　标识列

标识列和用户自定义数据类型

表中的主键和唯一键都可以起到标识表中记录的作用，有时为了方便可以让计算机为表中的记录按照要求自动生成标识字段的值，通常该标识字段的值在现实生活中并没有直接的意义，这样的字段可以用表的标识（IDENTITY）列实现它的定义。

IDENTITY 列即自动编号列。若在表中创建一个 IDENTITY 列，则当用户向表中插入新的数据行时，系统自动为该行的 IDENTITY 列赋值，并保证其值在表中的唯一性。每个表中只能有一个 IDENTITY 列，其列值不能由用户更新，不允许为空值，也不允许绑定默认值或建立 DEFAULT 约束。IDENTITY 列经常和 PRIMARY KEY 约束一起使用，即将标识列定义为 PRIMARY KEY，从而保证表中的各行具有唯一标识。

IDENTITY 列的有效数据类型可以是任何整数数据类型分类的数据类型（bit 数据类型除外），也可以是 decimal 数据类型，但不允许出现小数。

1. 利用对象资源管理器定义 DENTITY 列

启动 SQL Server Management Studio 工具，打开"对象资源管理器"窗格，依次展开各结点到表，打开表设计器界面，选定标识列，设置"标识规范"值为"是"，相应地可以设置"标识增量"和"标识种子"，如图 10.10 所示。

标识种子为标识列的起始值，标识增量为每次增加的数值，二者的默认值均为 1。例如，设置"标识种子"值为 10，"标识增量"值为 2，则该列的值依次为 10，12，14，…。

2. 利用 T-SQL 语句创建 IDENTITY 列

标识列可以在创建表时创建，也可以在修改表时添加。
创建表时定义标识列的语法格式如下：

```
CREATE TABLE table_name
(column_name datatype IDENTITY［(种子,增量)］［,...n］)
```

修改表时定义标识列的语法格式如下：

```
ALTER TABLE table_name
ADD(column_name datatype IDENTITY［(种子,增量)］［,...n］)
```

【例 10.20】　在 course_score 表中添加名称为"编号"的列，利用 IDENTITY 使其成

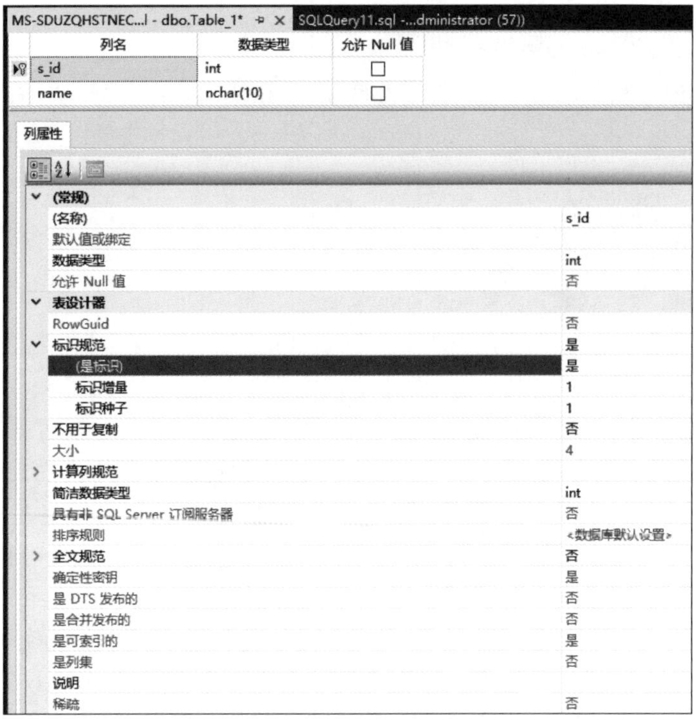

图 10.10　使用表设计器生成标识列

为初值为 1、依次递增 1 的标识列。

```
USE jxgl
GO
ALTER TABLE course_score
ADD 编号 int IDENTITY(1,1)  NOT NULL
GO
```

10.7　用户自定义数据类型

在创建和修改表时，要对表的字段指定或修改数据类型，在进行域完整性控制中，用户经常需要在系统数据类型的基础上加上适当的限制，例如前面介绍的"电话"字段，如果多个表中均有此字段，并且对数据的约束要求是相同的，就要创建相应的规则，并将规则绑定到每个"电话"字段上。实际上对于多个表中的多个字段具有相同限制的情况，用用户自定义数据类型的方式来实现更为简洁。用户自定义数据类型的使用可以在更大程度上保证数据定义的一致性，如果是多个开发人员共同完成一个系统的开发设计，用户自定义数据类型是保证数据定义一致性的有力工具。

在定义数据类型时，需要指定该类型的名称、使用的系统数据类型以及是否为空等，同时默认值和规则可以绑定到自定义数据类型上。

10.7.1　创建用户自定义数据类型

创建用户自定义数据类型可以采用图形界面的方式，也可以采用命令的方式。

1. 利用对象资源管理器创建用户自定义数据类型

这里以"电话"字段为例说明创建用户自定义数据类型的过程。创建一个名称为"电话"的数据类型，并为其创建规则，要求"电话"字段的数据必须由 0～9 的 8 位数字组成。具体操作过程如下。

在 SQL Server Management Studio 工具的"对象资源管理器"窗格的 jxgl 数据库上依次展开"可编程性"→"类型"→"用户定义数据类型"结点，在"用户定义数据类型"结点上右击，在弹出的快捷菜单中选择"新建用户定义数据类型"命令，弹出"新建用户定义数据类型"对话框，如图 10.11 所示。依次给出数据类型名称，如"电话"，选择所依赖的系统数据类型，这里定义"电话"的系统数据类型为 varchar(8)，并允许取空值，无默认值，要求满足规则"rl_电话"的要求。单击"规则"右侧的"浏览"按钮，弹出"查找对象"对话框，查找要绑定的规则对象，如图 10.12 所示，选中要绑定的规则，将规则"rl_电话"绑定到用户定义数据类型上。后面在创建表时如果用到"电话"字段，就可以和使用系统数据类型一样，在数据类型列表中直接选择"电话"数据类型使用。

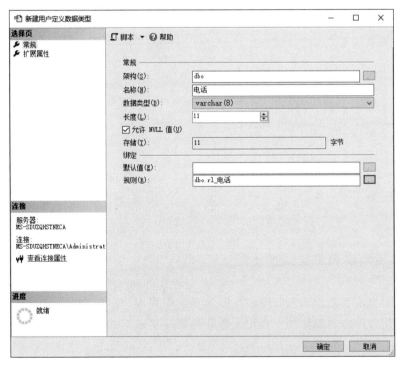

图 10.11　"新建用户定义数据类型"对话框

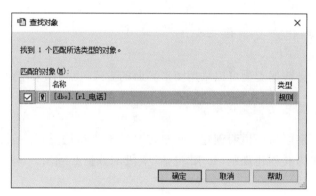

图 10.12 "查找对象"对话框

2. 利用 T-SQL 语句创建用户自定义数据类型

利用 T-SQL 语句创建用户自定义数据类型实际上是使用系统存储过程的方法来建立,语法格式如下:

```
[EXECUTE]sp_addtype 用户自定义数据类型名称,系统数据类型名称[,'NULL'|'NOT NULL']
```

【**例 10.21**】 用命令方式定义一个名为"type_电话"的数据类型,要求所使用的系统数据类型为 varchar(8),允许为空值,无默认值,将电话号码的规则"rl_电话"绑定到该类型上。

其代码如下:

```
--创建用户自定义数据类型
EXECUTE sp_addtype type_电话,'varchar(8)','NULL'
GO
--绑定规则到用户自定义数据类型(注意:这里不要加单引号)
EXECUTE sp_bindrule  rl_电话,type_电话
GO
--通过向表中添加字段验证用户自定义数据类型的作用
ALTER TABLE 学生信息
    ADD 电话 type_电话
```

10.7.2 删除用户自定义数据类型

删除用户自定义数据类型既可以在图形界面中完成,也可以使用命令方式完成。这里只介绍使用命令方式删除用户自定义数据类型的方法。命令格式如下:

```
[EXECUTE] sp_droptype 用户自定义数据类型[,...n]
```

需要说明的是,在删除用户自定义数据类型之前,必须首先取消表定义中对用户自定义数据类型的使用,否则删除操作将无法正确完成。

触发器概述

10.8　触发器概述

触发器是一种特殊类型的存储过程,灵活运用触发器可以大大增强应用程序的健壮性、数据库的可恢复性和数据库的可靠性。另外,通过触发器可以帮助开发人员和数据库管理员实现一些复杂的功能,简化应用程序的开发步骤,降低开发成本,提高开发效率。

与存储过程相比,触发器与表关系密切,可用于维护表中的数据。触发器在插入、删除或修改特定表中的数据时触发执行,通常用于强制执行一定的业务规则,以保持数据完整性、检查数据有效性、实现数据库管理任务和一些附加的功能。

在 SQL Server 中对一张表可以创建多个触发器。根据触发的时机,用户可以将触发器分为 INSERT、UPDATE 和 DELETE 3 类。与实现完整性的各种约束相比,触发器可以包含复杂的 T-SQL 语句。与存储过程相比,触发器不能通过名称调用,更不允许设置参数。

10.8.1　触发器的优点

触发器是一类特殊的存储过程,它在某些操作发生时由系统自动触发执行。触发器的优点如下。

(1) 触发器自动执行。对表中数据进行修改后,触发器立即被激活,不用调用。

(2) 可以调用存储过程。为了实现一些复杂的数据操作,触发器可以调用一个或多个存储过程完成相应的操作。

(3) 可以强化数据约束条件。与 CHECK 约束相比,触发器能实现一些更加复杂的完整性约束。例如,CHECK 约束不允许引用其他表中的列完成数据完整性检查,而触发器可以引用其他表中的列,更适用于实现一些复杂的数据完整性。

(4) 触发器可以禁止或回滚违反参照完整性的更改。触发器可以检测数据库中的操作,可以取消未经许可的更新操作,使数据库的修改、更新更加安全。

(5) 级联、并行运行。触发器能够对数据库中的相关表进行级联更改。尽管触发器是基于一个表创建的,但是,它可以对多个表进行操作,从而实现数据库中相关表的级联更改。

(6) 触发器可以嵌套。触发器的嵌套也称触发器的递归调用,一个触发器被激活而修改触发表中的内容时激活了建立在该表上的另一个触发器,另一个触发器又类似地在修改其他触发表时激活了第三个触发器,如此一层层地传递下去。

10.8.2　触发器的种类

在 SQL Server 中,根据激活触发器执行的 T-SQL 语句类型可以把触发器分为两类:一类是 DML 触发器;另一类是 DDL 触发器。

1. DML 触发器

DML 触发器是在执行数据操纵语句时被调用的触发器，其中数据操作的事件包含 INSERT、UPDATE、DELETE 语句。触发器中可以包含复杂的 T-SQL 语句，触发器在整体上被看成是一个事务，可以回滚。

DML 触发器根据事件的不同可以分为以下 3 类。

（1）AFTER 触发器：在事件发生前就会触发，并且这种触发器只能定义在数据表上。

（2）INSTEAD OF 触发器：可以定义在表或视图上，在事件发生前就会触发。INSTEAD OF 触发器可以使一些不能更新的视图支持更新。基于多个表的视图必须使用 INSTEAD OF 触发器支持引用和多个表数据的插入、删除和更新操作，而且 INSTEAD OF 触发器允许在批处理一部分成功执行的同时拒绝某些部分的执行。也就是说，INSTEAD OF 触发器可以忽略批处理中的某些部分、不处理批处理中的某些部分，并记录有问题的行，如果遇到错误情况采取备用操作。

（3）CLR 触发器：既可以是 AFTER 触发器，也可以是 INSTEAD OF 触发器，不是用 T-SQL 编写的，而是由.NET Framework 创建后上传到 SQL Server 中的。

2. DDL 触发器

与 DML 触发器类似，DDL 触发器也是一种特殊的存储过程，由相应事件触发后执行。但是，引起触发的不是数据操纵语句的执行，而是数据定义语句的执行，包括 CREATE、ALTER、DROP 等语句。DDL 触发器只能是 AFTER 类型的，且只能在事件发生后触发。DDL 触发器可用于执行一些数据库管理任务，例如审核和规范数据库操作，防止数据表结构被修改等。

10.8.3　使用触发器的限制

使用触发器有以下限制。

（1）CREATE TRIGGER 必须是批处理中的第一条语句，并且只能应用到一个表中。

（2）触发器只能在当前数据库中创建，但触发器可以引用当前数据库的外部对象。

（3）如果指定触发器所有者名限制触发器，要以相同的方式限定表名。

（4）在同一个 CREATE TRIGGER 语句中可以为多种操作（如 INSERT、UPDATE 或 DELETE)定义相同的触发器操作。

（5）如果一个表的外键在 DELETE、UPDATE 操作上定义了级联，则不能在该表上定义 Instead of Delete、Instead of Update 触发器。

（6）触发器中不允许包含 CREATE DATABASE、ALTER DATABASE、LOAD DATABASE、RESTORE DATABASE、DROP DATABASE、LOAD LOG、RESTORE LOG、DISK INIT、DISK RESIZE 和 RECONFIGURE 等 T-SQL 语句。

（7）触发器不能返回任何结果，为了阻止从触发器返回结果，不要在触发器定义中包含 SELECT 语句或变量赋值。如果必须在触发器中进行变量赋值，应该在触发器的开头使用 SET NOCOUNT 语句以避免返回任何结果集。

10.9 创建触发器

10.9.1 DML 触发器的工作原理

DML 触发器
的工作原理

在 SQL Server 中，系统为每个 DML 触发器定义了两个特殊的临时表，一个是 inserted 表，一个是 deleted 表。这两个表建立在数据库服务器的内存中，是由系统管理的逻辑表，不是真正存储在数据库中的物理表。对于这两个表，用户只有读取的权限，没有修改的权限。

这两个表的结构与触发器定义所在数据表的结构完全一致，当触发器的工作完成之后，这两个表也将自动从内存中删除。

inserted 表中存放的是更新后的记录。对于插入记录操作来说，inserted 表中存储的是要插入的数据；对于更新记录的操作来说，inserted 表中存放的是更新后的记录。

deleted 表中存放的是更新前的记录：对于更新记录操作来说，deleted 表中存放的是更新前的记录；对于删除记录操作来说，deleted 表中存储的是被删除的旧记录。

下面来看一下 DML 触发器的工作原理。

1. AFTER 触发器的工作原理

AFTER 触发器是在记录变更之后才被激活执行的。以删除记录为例，当 SQL Server 接收到一个要执行删除操作的 SQL 语句时，系统首先执行该删除操作，同时激活基于该表的删除操作建立的触发器，并将删除的记录存放到 deleted 表中，再执行 AFTER 触发器中的 SQL 语句。执行完毕后，删除内存中的 deleted 表，退出操作。

2. INSTEAD OF 触发器的工作原理

INSTEAD OF 触发器与 AFTER 触发器不同。AFTER 触发器是在 INSERT、UPDATE 和 DELETE 操作完成后激活的；INSTEAD OF 触发器是在这些操作进行之前就激活执行的，并且不再去执行原来的 SQL 语句，而去运行 INSTEAD OF 触发器本身所定义的 SQL 语句。

10.9.2 创建 DML 触发器

创建 DML 触
发器

1. 使用对象资源管理器创建 DML 触发器

在对象资源管理器中创建 DML 触发器的步骤如下。

（1）打开对象资源管理器，找到要创建触发器所在的表结点，在其展开的子结点中单击"触发器"结点。然后右击,在弹出的快捷菜单中选择"新建触发器"命令,会在右面弹出查询分析器。

(2) 在查询分析器中编辑创建触发器的 SQL 代码。

(3) 代码编辑完成后,单击"执行"按钮,编译所创建的触发器。

实际上,在对象资源管理器中创建触发器最终还是要编写 SQL 代码,因此重点学习使用 SQL 语句创建触发器。

2. 使用 T-SQL 语句创建 DML 触发器

在创建触发器时,需要指定触发器的名称、包含触发器的表、引发触发器的条件以及当触发器启动后要执行的语句等内容。创建触发器的语法格式如下:

```
CREATE  TRIGGER [schema_name.] trigger_name ON {TABLE|VIEW}
[WITH <dml_trigger_option>[,...n]]
{FOR|AFTER|INSTEAD OF} {[INSERT][,][UPDATE][,][DELETE]}
[WITH APPEND] [NOT FOR REPLICATION]
AS
[{IF UPDATE(column_name)[{AND|OR} UPDATE(column_name)][,...n]
|IF  (columns_update()  {bitwise_operator} update_bitmask)
{comparison_operator} column_bitmask [,...n]
}]
{sql_statement [;][,...n]|external name <method specifier [;]>}
<dml_trigger_option>::=[encryption][EXECUTE AS clause]
<method_specifier>::=assembly_name.class_name.method_name
```

参数说明如下。

(1) schema_name:DML 触发器所属架构名称。DML 触发器的作用域是为其创建该触发器的表或视图的架构。

(2) trigger_name:要创建的触发器名称。触发器的命名需符合标识规则,但不能以"♯"或"♯♯"开头。

(3) TABLE|VIEW:执行 DML 触发器的表或视图,有时也称触发器表或触发器视图。

(4) <dml_trigger_option>:DML 触发器的参数选项。其中,encryption 选项指的是对 CREATE TRIGGER 语句的文本进行加密,使用该选项后禁止触发器作为 SQL Server 复制的一部分被发布,不能为 CLR 触发器指定该选项。EXECUTE AS 指定用于执行该触发器的安全上下文,使用该选项后,允许控制 SQL Server 实例用于验证被触发器引用的任意数据库对象的权限的用户账户。

(5) FOR|AFTER|INSTEAD OF:用于指定触发器的类型,FOR 和 AFTER 等价,都是用于创建后触发的触发器。AFTER 是默认设置,不能在视图上定义 AFTER 触发器。INSTEAD OF 指定用触发器中的操作替代触发语句的操作。在表或视图上,每个 INSERT、UPDATE 或 DELETE 语句只能定义一个 INSTEAD OF 触发器,即替代触发。如果触发器存在约束,则在 INSTEAD OF 触发器执行之后和 AFTER 触发器执行之前

检查这些约束。如果违反这些约束，回滚 INSTAED OF 触发器操作且不执行 AFTER 触发器。

注意：INSTEAD OF 触发器不能在 WITH CHECK OPTION 可更新视图上定义。

（6）[INSERT][，][UPDATE][，][DELETE]：指定在表上执行哪些数据操纵语句时将激活触发器的关键字，必须至少指定一个选项。在触发器定义中允许按任意顺序组合这些关键字。当进行触发条件的操作时（INSERT、UPDATE 或 DELETE）将执行 SQL 语句中指定的触发器操作。

（7）WITH APPEND：指定应该再添加一个现有类型的触发器，该关键字只与 FOR 触发器一起使用。

（8）NOT FOR REPLICATION：表示当复制进程更改触发器所涉及的表时不要执行该触发器。

（9）IF UPDATE(column_name)：测试在指定的列上进行的 INSERT 或 UPDATE 操作，不能用于 DELETE 操作，可以指定多列。因为已经在 ON 子句中指定了表名，所以在 IF UPDATE 子句中的列名前不要包含表名。若要测试在多列上进行的 INSERT 或 UPDATE 操作，要分别指定 UPDATE(column_name) 子句。在 INSERT 操作中，IF UPDATE 将返回 TRUE 值。

注意：创建触发器时使用 AFTER 或 FOR 关键字，创建的是后触发，即当引起触发器执行的修改语句完成并通过了各种约束检查后才执行触发器中的语句。后触发只能建立在表上，不能建立在视图上。创建触发器时使用 INSTEAD OF 关键字，创建的是替代触发。

（10）IF(columns_update())：用于测试是否插入或更新了指定的列，返回二进制数据表示插入或更新了表中的哪些列。若某列对应位为 0，表示该列没有插入或更新；为 1 表示对该列进行了插入或更新，按从左到右的顺序，最右边的位表示表中的第一列，下一位表示第二列，以此类推。如果在表上创建的触发器包含 8 列以上，则 columns_update 返回多字节。在 INSERT 操作中，columns_update 对所有列返回 TRUE，IF(columns_update())仅用于 INSERT 或 UPDATE 触发器。

（11）bitwise_operator：位运算符，update_bitmask 为整型屏蔽码，与实际更新或插入的列对应。例如表 t 有列 c_0、c_1、c_2、c_3、c_4（0～4 指创建列时的顺序），假定该表上有 UPDATE 触发器，若要检查列 c_0、c_3 和 c_4 是否都有更新，可指定 update_bitmask 的值为 00011001＝ox19。

（12）comparison_operator：比较运算符。

（13）sql_statement：触发条件和触发器操作。触发条件指定其他标准，用于确定尝试的 DML 或 DDL 语句是否导致执行触发器操作。当用户尝试激活触发器的 DML 或 DDL 操作时将执行 sql_statement 中指定的触发器操作。触发器可以包含任意数量和种类的 T-SQL 语句，也可以包含流程控制语句。触发器的用途是根据数据修改或定义语句来检查或更改数据，它不应向用户返回数据。

（14）method_specifier：对于 CLR 触发器，指定程序集与触发器绑定的方法。该方法不能带有任何参数，并且必须返回空值。

3. DML 触发器举例

1) INSERT 触发器

【例 10.22】 在数据库 jxgl 中创建一个触发器"ins_成绩",当向"成绩"表插入一个记录时检查该记录的 stu_id 在"学生信息"表中是否存在,检查 course_id 在"课程"表中是否存在,若有一项为否,则不允许插入。

```
USE jxgl
GO
CREATE  TRIGGER  ins_成绩
ON  成绩
FOR  INSERT
AS
BEGIN
IF EXISTS(SELECT * FROM  inserted a
        WHERE a.stu_id  NOT  IN(SELECT b.stu_id FROM 学生信息 b)
        OR a.course_id  NOT  IN(SELECT c.course_id FROM 课程 c))
BEGIN
   RAISERROR('违背数据的一致性',16,1)
   ROLLBACK  TRANSACTION
END
ELSE
   RAISERROR('插入成绩记录成功!',16,10)
END
GO
```

2) UPDATE 触发器

对于 UPDATE 触发器,当 UPDATE 操作在表上执行时产生触发。在触发器程序中,有时只关心某些列的变化,此时可以使用 IF UPDATE(列名)仅对指定列的修改做出反应,这一点是其他两种触发器没有的。

【例 10.23】 创建一个 DML 触发器"upda_课程",当对"课程"表进行修改时首先判断一下 course_id 是否被修改,若被修改,拒绝该修改。

```
CREATE  TRIGGER  update_课程
ON  课程
FOR  UPDATE
AS
BEGIN
IF  UPDATE(course_id)
BEGIN
    RAISERROR('课程号不能进行修改!',16,1)
    ROLLBACK  TRANSACTION
END
```

```
ELSE
    RAISERROR('课程记录修改成功!',16,10)
END
GO
```

3）DELETE 触发器

当对表执行 DELETE 操作时，激发该表的 DELETE 触发器。

【例 10.24】 当从"学生信息"表中删除一个学生的记录时，相应地从"成绩"表中删除该学生对应的所有记录。

```
CREATE  TRIGGER  delete_学生
ON 学生信息
AFTER  DELETE
AS
DELETE  FROM 成绩
  WHERE stu_id=(SELECT stu_id FROM  deleted)
GO
```

4. INSTEAD OF 触发器

如果视图的数据来自于多个基表，则必须使用 INSTEAD OF 触发器支持引用表中的数据的插入、更新和删除操作。

例如，若在一个多视图上定义了 INSTEAD OF INSERT 触发器，视图各列的值可能允许为空，也可能不允许为空，若视图某列的值不允许为空，则 INSERT 语句为该列提供相应的值。

如果视图的列为基表中的计算列、基表中的标识列或具有 timestamp 数据类型的基表列，该视图的 INSERT 语句必须为这些列指定值，INSTEAD OF 触发器在构成将值插入基表的 INSERT 语句时会忽略指定的值，下面通过一个例子进行说明。

【例 10.25】 基于"学生信息"表、"课程"表和"成绩"表创建一个视图，为视图创建一个 INSTEAD OF 触发器。若"课程"表中没有要插入的课程，则在"课程"表中插入该课程；若"学生信息"表中无此学生，则在"学生信息"表中插入此学生；最后在"成绩"表中插入该学生的成绩记录。

```
USE jxgl
GO
--创建一个视图
CREATE VIEW v_stu_score(stu_id,stu_name,course_id,course_name,score)
AS
SELECT a.stu_id,stu_name,b.course_id,course_name,score
  FROM 学生信息 a,课程 b,成绩 c
  WHERE a.stu_id=c.stu_id AND b.course_id=c.course_id
--为视图创建一个 INSTEAD OF 触发器
CREATE TRIGGER ins_stu_score ON v_stu_score
```

```
INSTEAD OF INSERT
AS
BEGIN
 IF NOT EXISTS(SELECT * FROM inserted a WHERE a.stu_id IN
    (SELECT stu_id FROM 学生信息))
 BEGIN
   INSERT INTO 学生信息(stu_id,stu_name)
     SELECT stu_id,stu_name FROM inserted
 END
 IF NOT EXISTS(SELECT * FROM inserted a WHERE a.course_id IN
    (SELECT course_id FROM 课程))
 BEGIN
   INSERT INTO 课程(course_id,course_name)
     SELECT course_id,course_name FROM inserted
 END
INSERT INTO 成绩(stu_id,course_id,score)
  SELECT stu_id,course_id,score FROM inserted
END
GO
```

5. 使用触发器实现数据一致性

触发器作为一种更为有效地实现数据完整性和一致性的方法，在实际应用中更多地被用户用来实现数据的一致性操作，而且这种操作是其他操作无法替代的。下面通过一个实例来说明用触发器实现数据一致性的方法。

在"学生信息"表中有总学分（credit）列，总学分列值的来源应该是当学生选修了一门课程并且成绩达到合格标准以上时为其累加该课程的相应学分值。因此，总学分列值的生成应当与"成绩"表中学生成绩的输入有着紧密的关系。

【例 10.26】 当向"成绩"表中添加某学生某课程的成绩时，如果成绩在 60 分以上，则将该课程的学分值累加到该学生的总学分值上。建立一个触发器实现上面的操作。

```
CREATE  TRIGGER  update_总学分
ON 成绩
FOR INSERT
AS
DECLARE @xf int,@cj numeric,@kch char(6),@xh char(10)
SET @cj=(SELECT score FROM inserted)
SET @kch=(SELECT course_id FROM inserted)
SET @xh=(SELECT stu_id FROM inserted)
SET @xf=(SELECT course_credit FROM 课程 WHERE course_id=@kch)
IF @cj>=60
  BEGIN
    UPDATE 学生信息 SET credit=credit+@xf WHERE stu_id=@xh
```

```
    END
GO
```

10.9.3　创建 DDL 触发器

创建 DDL 触
发器

DDL 触发器是 SQL Server 2005 版本之后新增的一个触发器类型。和常规触发器一样，DDL 触发器将激发存储过程以响应事件。与 DML 触发器不同的是，DDL 触发器不会为响应针对表或视图的 UPDATE、INSERT 或 DELETE 语句而激活。相反，DDL 触发器会为响应多种数据定义语言语句而激活。这些语句主要是以 CREATE、ALTER 和 DROP 开头的语句。DDL 触发器可用于管理任务，例如审核和控制数据库操作。

一般来说，以下 4 种情况可以使用 DDL 触发器。

（1）防止数据库架构进行某些修改。

（2）防止数据库或数据表被误操作而删除。

（3）希望数据库发生某种情况以响应数据库架构中的更改。

（4）要记录数据库架构的更改或事件。

仅在运行 DDL 触发器的 DDL 语句后 DDL 触发器才会激发，DDL 触发器无法作为 INSTEAD OF 触发器使用。

1. 使用 T-SQL 语句创建 DDL 触发器

创建 DDL 触发器的语法格式如下：

```
CREATE  TRIGGER trigger_name ON {all server|database}
[WITH <ddl_trigger_option>[,...n]]
{FOR|AFTER} {event_type|event_group} [,...n]
AS
{sql_statement [;][,...n]|external name <method specifier [;]>}
<ddl_trigger_option>::=[encryption][execute as clause]
<method_specifier>::=assembly_name.class_name.method_name
```

参数说明如下。

（1）all server|database：DDL 触发器响应范围，当前服务器或当前数据库。

（2）＜ddl_trigger_option＞：DDL 触发器的参数选项。其中，encryption 选项和 execute as 选项的含义与 DML 触发器中相同。

（3）event_type|event_group：DDL 触发器触发的事件或事件组的名称，当该类型的事件或事件组发生时此触发器执行。

其他参数的含义与 DML 触发器中同名参数的含义相同，在此不再赘述。

2. DDL 触发器应用举例

【例 10.27】　创建用于保护数据库 jxgl 中的数据表不被删除的触发器。

```
CREATE TRIGGER dis_drop_table
```

```
    ON DATABASE
    FOR DROP_TABLE
AS
BEGIN
    RAISERROR('对不起,jxgl 数据库中的表不能删除',16,10)
    ROLLBACK TRANSCTION
END
GO
```

上面的触发器的作用域是当前数据库。编译后，该触发器显示在当前数据库的数据库触发器结点中。下面举一个作用域为当前服务器的例子。

【例 10.28】 创建一个 DDL 触发器 ddl_login_events，当对表进行删除时显示错误信息，并禁止删除操作。

```
CREATE TRIGGER ddl_login_events ON ALL server FOR drop_table
AS
 RAISERROR('对不起,相关事件被触发器禁止!',16,10)
 ROLLBACK TRANSACTION
GO
```

编译后，该触发器显示在当前服务器的服务器对象的触发器结点中，将禁止在服务器上删除表的操作。

10.10 触发器的管理

触发器的管理

10.10.1 触发器的查看

触发器的查看，既可以通过对象资源管理实现，也可以通过系统存储过程完成，下面详细介绍利用系统存储过程查看触发器的方法。查看触发器的信息可以在查询分析器中利用系统存储过程 sp_helptext、sp_depends 和 sp_help 等对触发器的不同信息进行查看。

1. sp_helptext

利用 sp_helptext 存储过程可以查看触发器的定义文本信息，要求该触发器在创建时不带 WITH ENCRYPTION 子句。

语法格式如下：

```
sp_helptext [@objname=] 'trigger_name'
```

其中，[@objname＝] 'trigger_name'是要查看触发器的名称，要求该触发器必须在当前数据库中。

2. sp_depends

利用 sp_depends 存储过程可以查看触发器的相关性信息。语法格式如下：

```
sp_depends [@objname=] 'trigger_name'
```

其中,[@objname＝] 'trigger_name'含义同 sp_helptext 存储过程。

3. sp_help

利用 sp_help 存储过程可以查看触发器的一般性信息。语法格式如下:

```
sp_help [@objname=] 'trigger_name'
```

其中,[@objname＝] 'trigger_name'含义同 sp_helptext 存储过程。

4. 示例

【例 10.29】 利用系统存储过程查看触发器"ins_成绩"的文本信息及相关性信息等。

```
EXEC sp_helptext 'ins_成绩'
EXEC sp_help 'ins_成绩'
EXEC sp_depends 'ins_成绩'
GO
```

运行结果如图 10.13 所示。

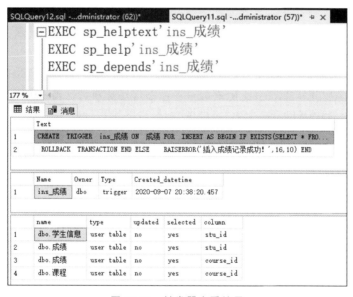

图 10.13 触发器查看结果

10.10.2 触发器的修改与删除

触发器的修改既可以通过对象资源管理器实现,也可以通过 SQL 语句实现,但经常采用 T-SQL 语句进行修改。这里仅介绍使用 SQL 语句操作的情况。

1. 触发器的修改

用户可以使用 ALTER TRIGGER 语句修改触发器，可以在保留现有触发器名称的情况下修改触发器的触发动作和执行内容。

修改触发器的语法格式如下：

```
ALTER   TRIGGER [schema_name.] trigger_name ON {TABLE|VIEW}
[WITH<dml_trigger_option>[,...n]]
{FOR|AFTER|INSTEAD OF} {[INSERT][,][UPDATE][,][DELETE]}
[NOT FOR REPLICATION]
AS
[{IF UPDATE(column_name)[{AND|OR} UPDATE(column_name)][,...n]}]
|IF   (columns_update()   {bitwise_operator} update_bitmask)
{comparison_operator} column_bitmask [,...n]
}]
{sql_statement [;][,...n]|external name <method specifier [;]>}
<dml_trigger_option>::=[encryption][execute as clause]
<method_specifier>::=assembly_name.class_name.method_name
```

可以看到，修改触发器的命令与创建触发器的命令只有 ALTER 不同，实际上是在保留触发器原名的情况下对触发器实施的重建。其中各参数的含义与 CREATE TRIGGER 相同，在此不再重复。

注意：如果原触发器是用 WITH ENCRYPTION 选项或 RECOMPILE 选项创建的，那么只有当 ALTER TRIGGER 语句中也包含这些选项时这些选项才有效。

【例 10.30】 修改"delete_学生"触发器，对触发器进行加密。

```
ALTER   TRIGGER   delete_学生
ON 学生信息
WITH   ENCRYPTION
AFTER   DELETE
AS
DELETE   FROM 成绩
  WHERE stu_id=(SELECT stu_id FROM   deleted)
GO
```

测试是否能查看触发器的定义信息。

```
EXECUTE sp_helptext delete_学生
GO
```

查看触发器的定义信息将显示"对象'delete_学生'的文本已加密"。

因为该触发器已加密，所以和加密的存储过程一样，即使是 sa 用户和 dbo 用户也不能查看加密后的触发器的内容，所以对加密的触发器一定要留备份。要想取消加密，需要用不带 WITH ENCRYPTION 子句的修改触发器命令重新修改回来。

2. 触发器的删除

当触发器不再需要时可以将其删除，删除触发器是将触发器对象从当前数据库中永久删除。DML 和 DDL 触发器的删除既可以通过 SQL 语句实现，也可以在对象资源管理器中实现，这里只介绍使用 SQL 语句删除触发器的方法。

语法格式如下：

```
DROP TRIGGER [sctema_name].trigger_name [,...n]  ON {database|all server}
```

其参数说明与创建触发器中存在的参数相同。database|all server 用于 DDL 触发器，指示该触发器创建时的作用域，因此删除时应与创建时的作用域相同。

【例 10.31】 分别删除 DML 触发器"delete_学生"和 DDL 触发器 dis_drop_table。

```
DROP TRIGGER delete_学生 ON 学生信息
GO
DROP TRIGGER dis_drop_table ON database
GO
```

10.10.3 触发器的禁用和启用

在某些场合下需要禁用触发器，触发器被禁用后仍存在于数据库中，但是当相关事件发生时触发器将不再被激活。若想使触发器重新发挥作用，可以对被禁用的触发器进行启用操作。重新启用后，当相关事件发生时，触发器又可以被正常激活了。禁用和启用触发器的语法格式如下：

```
ENABLE|DISABLE TRIGGER {[schema_name.] trigger_name[,...n] all}
ON {object_name|database|all server}
```

其中，ENABLE TRIGGER 为启用触发器，DISABLE TRIGGER 为禁用触发器，其他参数与前面命令格式中出现的参数含义相同，在此不再重复。

【例 10.32】 分别禁用"成绩表"上的所有触发器和 DDL 触发器 dis_drop_table。

```
DISABLE TRIGGER all ON 成绩
GO
DISABLE TRIGGER dis_drop_table ON database
GO
```

【例 10.33】 分别启用"成绩"表上的所有触发器和 DDL 触发器 dis_drop_table。

```
ENABLE TRIGGER all ON 成绩
GO
ENABLE TRIGGER dis_drop_table ON database
GO
```

另外，触发器的禁用和启用除了可以通过 SQL 语句实现之外，还可以通过对象资源管理器来实现。

10.11 实训项目：数据完整性和触发器

1. 实训目的

（1）掌握 PRINARY KEY 约束、UNIQUE 约束、CHECK 约束、DEFAULT 约束、FOREIGN KEY 约束的创建和删除方法。

（2）掌握默认值对象和规则对象的创建、使用和删除方法。

（3）掌握 DML 和 DDL 触发器的创建方法。

（4）掌握 DML 和 DDL 触发器的查看、修改和删除方法。

2. 实训内容

（1）分别利用对象资源管理器和 T-SQL 语句为"学生信息"表和"课程"表创建 PRINARY KEY 约束。

（2）分别利用对象资源管理器和 T-SQL 语句为"学生信息"表和"课程"表创建 UNIQUE 约束。

（3）分别利用对象资源管理器和 T-SQL 语句删除（1）和（2）中创建的索引。

（4）分别利用对象资源管理器和 T-SQL 语句为"学生信息"表的"性别"列定义 DEFAULT 约束，默认值为"男"。

（5）分别利用对象资源管理器和 T-SQL 语句为"学生信息"表的"性别"列定义 CHECK 约束，值域为"男"或"女"。

（6）分别利用对象资源管理器和 T-SQL 语句为"学生信息"表的"性别"列创建默认值对象和规则对象，并将其与"性别"列相绑定。

（7）分别利用对象资源管理器和 T-SQL 语句将（6）中创建的默认值对象和规则对象与"性别"列解除绑定，并删除。

（8）创建一个当向"学生信息"表中插入一个新同学信息时能自动列出全部学生信息的触发器 display_trigger 是否被执行。

（9）调用第 9 章实训创建的存储过程 insert_stu，向学生信息表中插入一新同学，看触发器 Display_trigger 是否被执行。

（10）管理触发器。

① 建立数据库 testdb，并在数据库中建立两个表：

```
Txl(ID int,Name char(10),Age int)
Person_count(Person_count int)
```

② 使用 T-SQL 编写一个触发器 tr_person_insert，每当向表 Txl 中插入一行数据时，表 Person_count 中对应的数量也相应地发生变化。

③ 使用对象资源管理器创建一个触发器 tr_person_del，每当在 Txl 表中删除记录时，表 Person_count 中对应的数量也相应地发生变化。

（11）使用对象资源管理器和 T-SQL 语句两种方法查看触发器 tr_person_del 的内容，并将该触发器的内容加密。

3. 实训总结

通过本章上机实训，读者应当掌握使用约束及规则的目的；掌握使用命令创建、使用和删除各种约束的方法；掌握创建、绑定和删除默认值及规则的方法；掌握触发器的创建与管理方法。

本 章 小 结

本章介绍了数据完整性技术，内容包括数据完整性的概念、约束管理、默认值管理、规则管理以及使用标识列。数据完整性技术既是衡量数据库功能高低的指标，也是提高数据库中数据质量的重要手段，在应用程序开发中，具体使用哪种方法一定要根据系统的具体要求来选择。表 10.1 对这些技术做了一个总结。

表 10.1　完整性技术

类　型	技　术	语 法 格 式	功 能 描 述
实体完整性	主键	(1) PRIMARY KEY (2) PRIMARY KEY(列名 1[,...n])	唯一标识符，不允许空值
	唯一键	(1) UNIQUE (2) UNIQUE(列名 1[,...n])	防止出现冗余值，允许空值
	标识列	(1) IDENTITY[(种子,增量)] (2) IDENTITY(数据类型[,种子,递增量])AS 列名	确保值的唯一性，不允许空值，不允许用户更新
域完整性	非空	NULL/NOT NULL	允许/不允许 NULL
	默认值	DEFAULT 默认值	输入数据时如果某个列没有明确提供值，则将该默认值插入列中
	默认技术	(1) CREATE DEFAULT 默认名称 AS 常数表达式 (2) sp_bindefault'默认名称', '对象名' (3) sp_unbindefault'对象名' (4) DROP DEFAULT 默认值名[,...n]	
	检查	CHECK(逻辑表达式)	指定某列可接受值的范围或模式
	规则技术	(1) CREATE RULE 规则名 AS 条件表达式 (2) sp_bindrule'规则名', '对象名' (3) sp_unbindrule'对象名' (4) DROP RULE 规则名[,...n]	
参照完整性	外键	[FOREIGN KEY] REFERENCES 参照主键表[(参照列)]	保证列与参照列的一致性

另外，本章的另一个重点是触发器。首先讲解了触发器的概念、分类，然后讲解了采用对象资源管理器和 T-SQL 语句创建 DML 和 DDL 触发器的方法。另外，读者还应掌握使用对象资源管理器和 T-SQL 语句对各种约束和触发器进行管理的方法。

习　题

（1）简述数据完整性的用途。完整性有哪些类型？

（2）什么是规则？它与 CHECK 约束的区别是什么？

（3）为表中数据提供默认值有几种方法？分别是什么？

（4）PRINARY KEY 约束与 UNIQUE 键约束的区别是什么？

（5）什么是触发器？其主要功能是什么？

（6）触发器分为哪几种？

（7）AFTER 触发器和 INSTEAD OF 触发器有什么不同？

（8）在 jxgl 数据库中利用 T-SQL 语句将"教师信息"表中的 teacher_telephone 列定义为唯一键。

（9）创建地址的默认对象 df_addr 为"北京市海淀区"，并将它绑定到"学生信息"表的 stu_birthplace 列上。

（10）创建电话列的规则 rl_dh，要求"电话"的定义为由 0～9 组成的 8 位字符，并将其绑定到各个表的"电话"列。

（11）为 jxgl 数据库中的"学生信息"表和"成绩"表创建一个实现数据参照完整性的触发器，当从"学生信息"表中删除学生时，同时将该学生的成绩信息从"成绩"表中删除。

第 11 章　备份、恢复与导入、导出

数据库的备份与恢复是数据库管理中一项十分重要的工作,采用适当的备份策略增强数据备份的效果,能把数据损失控制在最小范围。本章主要介绍数据库的备份与恢复,同时讲述数据导入、导出的内容,以及实现不同数据系统间的数据交换与共享的方法。

通过学习本章,读者应掌握以下内容:

- 熟练掌握备份与恢复数据库的方法;
- 掌握导入与导出数据的方法。

11.1　备份与恢复的基本概念

备份与恢复
的基本概念

任何系统都不可避免地出现各种故障,某些故障可能会导致数据库灾难性的损坏,所以做好数据库的备份工作极其重要。

备份可以创建在磁盘、磁带等备份设备上,与备份对应的是恢复。这里主要介绍数据库到磁盘的备份与恢复。

备份与恢复还有其他用途。例如,将一个服务器上的数据库备份下来,再把它恢复到其他服务器上,实现数据库的快捷转移。

11.1.1　备份与恢复的需求分析

在实际生活中,造成数据损失的因素有很多,例如存储介质错误、用户误操作、服务器的永久性毁坏等,这些都可以靠事先做好的备份来恢复原状。此外,数据的备份和恢复对于完成一些数据库操作也是很方便的。

数据库备份是复制数据库结构、对象和数据的副本,以便数据库遭受破坏时能够修复数据库。数据库恢复是指将备份的数据库再加载到数据库服务器中。

备份数据库,不仅要备份用户数据库,还要备份系统数据库。因为系统数据库中存储了 SQL Server 的服务器配置信息、用户登录信息、用户数据库信息、作业信息等。

通常,在下列情况下需要备份系统数据库。

(1) 修改 master 数据库之后。master 数据库中包含 SQL Server 中所有数据库的相关信息,在创建用户数据库、创建和修改用户登录账户或执行任何修改 master 数据库的语句后,都应当备份 master 数据库。

(2) 修改 msdb 数据库之后。msdb 数据库中包含 SQL Server 代理程序调度的作业、警报和操作员的信息,在修改 msdb 数据库之后应当备份它。

(3) 修改 model 数据库之后。model 数据库是系统中所有数据库的模板,如果用户通过修改 model 数据库调整所有新用户数据库的默认配置,就必须备份 model 数据库。

通常,在下列情况下需要备份用户数据库。

(1) 创建数据库之后。在创建或装载数据库之后,都应当备份用户数据库。

(2) 创建索引之后。创建索引的时候需要分析以及重新排列数据,这个过程会耗费时间和系统资源。在这个过程之后备份用户数据库,备份文件中会包含索引的结构,一旦数据库出现故障,在恢复数据库后不必重建索引。

(3) 清理事务日志之后。使用 BACKUP LOG WITH TRUNCATE_ONLY 或 BACKUP LOG WITH NO_LOG 语句清理事务日志后应当备份用户数据库,此时,事务日志不再包含数据库的活动记录,所以不能通过日志恢复数据。

(4) 执行大容量数据操作之后。当执行完大容量数据装载语句或修改语句后,SQL Server 不会将这些大容量的数据处理活动记录到日志中,所以应当备份用户数据库。例如执行完 SELECT INTO、WRITETEXT、UPDATETEXT 语句后。

11.1.2 备份数据库的基本概念

备份是指将数据库复制到一个专门的备份服务器、活动磁盘或者其他能够长期存储数据的介质上作为副本,一旦数据库因意外遭到损坏,这些备份可用来恢复数据库。

SQL Server 支持在线备份,因此通常情况下可以一边备份,一边进行其他操作,但是在备份过程中不允许执行以下操作。

(1) 创建或删除数据库文件。

(2) 创建索引。

(3) 执行非日志操作。

(4) 自动或手工缩小数据库或数据库文件大小。

1. 数据库备份方式

SQL Server 提供了 4 种数据库备份方式,用户可以根据自己的备份策略选择不同的备份方式,如图 11.1 所示。在 SQL Server Management Studio 的"对象资源管理器"中可以通过 SQL Server"备份数据库"对话框选择相应的备份方式。

(1) 完全(Complete)备份:备份数据库的所有数据文件、日志文件和在备份过程中发生的任何活动(将这些活动记录在事务日志中,一起写入备份设备)。完全备份是数据库恢复的基础,事务日志备份、差异备份的恢复完全依赖于在其前面进行的完全备份。

(2) 差异(Differential)备份:只备份自最近一次完全备份以来被修改的数据。当数据频繁修改的时候,用户应当执行差异备份,差异备份的优点在于所占用备份空间的容量小,减少数据损失并且恢复的时间快。当数据库恢复时,先恢复最后一次的数据库完全备份,然后再恢复最后一次的差异备份。

(3) 事务日志(Transaction Log)备份:只备份最后一次日志备份后所有的事务日志记录,备份所用的时间和空间更少。利用日志备份恢复时,可以恢复到某个指定的事务(如误操作执行前的那一点),这是差异备份和完全备份不能做到的。但是利用事务日志备份进行恢复时需要重新执行日志记录中的修改命令恢复数据库中的数据,所以恢复操

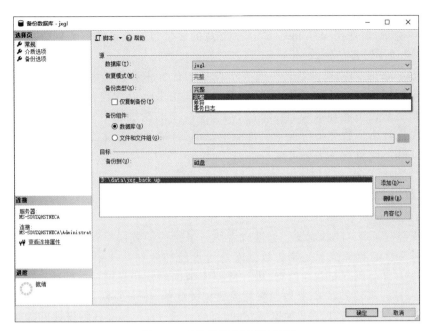

图 11.1 "备份数据库"对话框

作占用的时间较长。

通常可以采用这样的备份计划：每周进行一次事务完全备份,每天进行一次差异备份,每小时进行一次事务日志备份,这样最多只会丢失 1 小时的数据。恢复时,先恢复最后一次的完全备份,再恢复最后一次的差异备份,再顺序恢复最后一次差异备份后的所有事务日志备份。

(4) 文件和文件组(File and Filegroup)备份：备份数据库文件和数据库文件组,该备份方式必须与事务日志备份配合执行才有意义。在执行文件和文件组备份时,SQL Server 会备份某些指定的数据文件和文件组。为了使恢复文件与数据库中的其余部分保持一致,在执行文件和文件组备份后必须执行事务日志备份。

2. 备份设备

备份设备是指用于存放备份文件的设备,在创建备份时必须选择备份设备。SQL Server 将数据库、数据库文件和日志文件备份到磁盘和磁带设备上。

1) 磁盘备份设备

磁盘备份设备是硬盘或其他磁盘存储媒体上的文件,引用磁盘备份设备与引用其他任何操作系统文件一样,可以在服务器的本地磁盘上或共享网络资源的远程磁盘上定义磁盘备份设备,磁盘备份设备根据需要可大可小,最大文件的大小相当于磁盘上可用的闲置空间。

2) 命名管道备份设备

这是微软公司专门为第三方软件供应商提供的一个备份和恢复方式,命名管道备份设备不能通过 SQL Server Management Studio 的"对象资源管理器"建立和管理,若要将数据备份到一个命名管道备份设备,必须在 BACKUP 语句中提供管道的名字。

3) 磁带备份设备

磁带备份设备的用法与磁盘备份设备相同,但必须将磁带备份设备物理连接到运行

SQL Server 实例的计算机上，不支持备份到远程磁带备份设备上。若要将 SQL Server 数据备份到磁带，需使用 Windows Server 支持的磁带备份设备或磁带驱动器。

4）物理和逻辑备份设备

SQL Server 使用物理设备名称或逻辑设备名称标识备份设备。物理备份设备是操作系统用来标识备份设备的名称，逻辑备份设备是用来标识物理备份设备的别名或公用名称。逻辑备份设备名称永久地存储在 SQL Server 的系统表中。使用逻辑备份设备的优点是引用它比引用物理备份设备名称简单。例如，物理备份设备名称是"G:\SQL 2019 教材\jxgl.bak"，逻辑设备名称可以是 jxgl_Backup。

11.1.3　数据库恢复的概念

数据库备份后，一旦系统发生崩溃或者执行了错误的数据库操作，就可以从备份文件中恢复数据库。数据库恢复是指将数据库备份重新加载到系统中的过程，系统在恢复数据库的过程中自动执行安全性检查、重建数据库结构以及完成填写数据库内容。

SQL Server 所支持的备份是和恢复模式相关联的，不同的恢复模式决定了相应的备份策略。SQL Server 提供了 3 种恢复模式，即完整模式、大容量日志模式和简单模式，用户可以根据数据库应用的特点选择相应的恢复模式，图 11.2 给出了数据库恢复模式的设置方法。用户可以右击目标数据库，在弹出的快捷菜单中选择"属性"命令，在"选项"设置界面中修改数据库的"恢复模式"，默认使用"完整"恢复模式。

图 11.2　数据库恢复模式的设置

（1）完整模式：默认采用完整模式，它使用数据库备份和事务日志备份，能够较完全地防范媒体故障。采用该模式，SQL Server 事务日志会记录对数据进行的全部修改，包括大容量数据操作，因此能够将数据库还原到特定的即时点。

（2）大容量日志模式：与完整模式类似，也是使用数据库备份和事务日志备份。不同的是，对大容量数据操作的记录采用提供最佳性能和最少的日志空间方式，这样，事务日志只记录大容量操作的结果，不记录操作的过程。所以，当出现故障时虽然能够恢复全部数据，但是不能恢复数据库到特定的时间点。

（3）简单模式：可以将数据库恢复到上一次的备份。事务日志不记录数据的修改操作，采用该模式，在进行数据库备份时不能进行事务日志备份和文件和文件组备份。对于小数据库或数据修改频率不高的数据库，通常采用简单模式。

11.2　备份数据库

备份数据库

备份数据库的方法有多种，可以在 SQL Server Management Studio 的"对象资源管理器"中完成，也可以使用 SQL 语句实现。由于该过程和通常的数据库操作相比频率较低，所以使用 SQL Server Management Studio 的"对象资源管理器"的图形界面操作更方便，并且 SQL Server Management Studio 的"对象资源管理器"的操作环境具有更强的集成性，一个操作步骤能够实现多条 SQL 语句的功能。

11.2.1　使用对象资源管理器备份数据库

在 SQL Server Management Studio 的"对象资源管理器"中创建 jxgl 数据库备份的操作步骤如下。

（1）在 SQL Server Management Studio 的"对象资源管理器"中依次展开结点到要备份的数据库 jxgl。

（2）右击 jxgl 数据库，在弹出的快捷菜单中选择"任务"→"备份"命令，弹出如图 11.1 所示的"备份数据库"对话框。

（3）在"备份类型"下拉列表框中选择备份的方式。其中，"完整"表示执行完整的数据库备份；"差异"表示仅备份自上次完全备份以后数据库中新修改的数据；"事务日志"表示仅备份事务日志。

（4）在"备份组件"中，选中"数据库"单选按钮。

（5）指定备份目标。在"目标"区域中单击"添加"按钮，并在弹出的如图 11.3 所示的"选择备份目标"对话框中指定一个备份文件名，这个指定会出现在图 11.1 中的"备份到"下面的列表框中。在一次备份操作中可以指定多个目的文件，这样可以将一个数据库备份到多个文件中，然后单击"确定"按钮。

（6）在图 11.1 中单击"介质选项"，会弹出如图 11.4 所示的"介质选项"设置界面，根据需要设置以下选项。

① 是否覆盖现有备份集：如果选中"追加到现有备份集"单选按钮，则不覆盖现有备

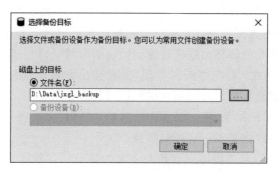

图 11.3 "选择备份目标"对话框

份集,将数据库备份追加到备份集里,同一个备份集里可以有多个数据库备份信息;如果选中"覆盖所有现有备份集"单选按钮,则将覆盖现有备份集,以前在该备份集里的备份信息无法重新读取。

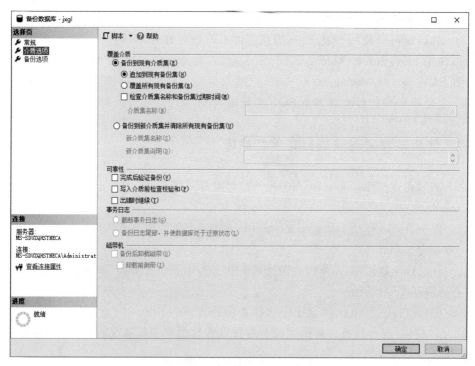

图 11.4 "介质选项"设置界面

② 是否检查介质集名称和备份集过期时间：如果有需要,可以选中"检查介质集名称和备份集过期时间"复选框要求备份操作验证介质集名称和备份集过期时间;在"介质集名称"文本框中可以输入要验证的介质集名称。

③ 是否使用新介质集：选中"备份到新介质集并清除所有现有备份集"单选按钮可以清除以前的介质集,并使用新的介质集备份数据库。在"新介质集名称"文本框中输入介质集的新名称,在"新介质集说明"文本框中输入新介质集的说明。

④ 设置数据库备份的可靠性：选中"完成后验证备份"复选框将会验证备份集是否完整以及所有卷是否都可读；选中"写入介质前检查校验和"复选框将会在写入备份介质前验证校验和，如果选中此项，可能会增加工作负荷，并降低备份操作的备份吞吐量。

（7）在图 11.1 中单击"备份选项"，在"名称"文本框中输入备份名称，默认为"jxgl-完整 数据库 备份"。如果有需要，在"说明"文本框中输入对备份集的描述，默认没有任何描述。

（8）在完成介质选项设置后，单击"确定"按钮，开始执行备份操作，此时会出现相应的提示信息。单击"确定"按钮，完成数据库备份。

11.2.2　创建备份设备

进行数据库备份时，通常首先要生成备份设备，如果不生成备份设备就要直接将数据备份到当前存储设备上。在 SQL Server Management Studio 的"对象资源管理器"中生成备份设备可以在数据库备份的集成环境下同时进行，也可以单独进行。

（1）启动 SQL Server Management Studio 工具，在"对象资源管理器"中展开"服务器对象"树形目录，然后右击"备份设备"，如图 11.5 所示。

图 11.5　"备份设备"结点快捷菜单

（2）在弹出的快捷菜单中选择"新建备份设备"命令，将弹出"备份设备"对话框，如图 11.6 所示。

（3）在"设备名称"文本框中输入备份设备的名称。

（4）在"文件"文本框中输入备份设备的路径和文件名。

（5）单击"确定"按钮，开始创建备份设备操作。

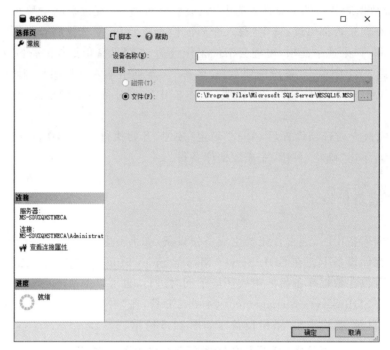

图 11.6 "备份设备"对话框

SQL Server 使用物理设备名或逻辑设备名标识备份设备。物理备份设备是指操作系统所标识的磁盘、磁带等各种设备，例如 D：\SQL\ jxgl.bak。逻辑备份设备名是用来标识物理备份设备的别名或公用名称。逻辑备份设备名存储在 jxgl 数据库的 sysdevices 系统表中，使用逻辑备份设备名的优点是比引用物理备份设备名简短。

在使用 SQL 语句方式进行数据库备份时，同样可以直接备份到物理设备，或先创建备份设备后再以该设备的逻辑名进行备份。

11.2.3　使用 T-SQL 语句备份数据库

使用 T-SQL 语句备份数据库有两种方式：一种方式是先将一个物理设备设置成一个备份设备，然后将数据库备份到该备份设备上；另一种方式是直接将数据库备份到物理设备上。

在方式 1 中，先使用 sp_addumpdevice 创建备份设备，然后使用 BACKUP DATABASE 备份数据库。

创建备份设备的语法格式如下：

```
sp_addumpdevice '设备类型','逻辑名','物理名'
```

参数说明如下。

（1）设备类型：备份设备的类型，如果是以硬盘作为备份设备，则为 disk。

（2）逻辑名：备份设备的逻辑名。

（3）物理名：备份设备的物理名，必须包括完整的路径。

备份数据库的语法格式如下：

```
BACKUP DATABASE 数据库名 TO 备份设备(逻辑名)
              [WITH[NAME='备份的名称'][,INIT|NOINIT]]
```

参数说明如下。

（1）备份设备：由 sp_addumpdevice 创建备份设备的逻辑名，不要加引号。

（2）备份的名称：指生成的备份包的名称。

（3）INIT：表示新的备份数据将覆盖备份设备上原来的备份数据。

（4）NOINIT：表示新备份的数据将追加到备份设备上已备份数据的后面。

在方式 2 中，直接将数据库备份到物理设备上的语法格式如下：

```
BACKUP DATABASE 数据库名 TO 备份设备(物理名)
        [WITH [NAME='备份的名称'][,INIT|NOINIT]]
```

其中，备份设备是物理备份设备的操作系统标识，采用"备份设备类型＝操作系统设备标识"的形式。

前面给出的备份数据库的语法是完全备份的格式，对于差异备份则在 WITH 子句中增加限定词 DIFFERENTIAL。

对于日志备份，采用以下语法格式：

```
BACKUP LOG 数据库名 TO 备份设备(逻辑名|物理名)
  [WITH[NAME='备份的名称'][,INIT|NOINIT]]
```

对于文件和文件组备份则采用以下语法格式：

```
BACKUP DATABASE 数据库名
  FILE='数据库文件的逻辑名'|FILEGROUP='数据库文件组的逻辑名'
  TO 备份设备(逻辑名|物理名)
  [WITH[NAME='备份的名称'][,INIT|NOINIT]]
```

【例 11.1】 使用 sp_addumpdevice 创建数据库备份设备 SJBACK，使用 BACKUP DATABASE 在该备份设备上创建 jxgl 数据库的完全备份，备份名为 jxglbak。

先在 D 盘上创建 data 文件夹，然后运行如下命令。

```
--使用 sp_addumpdevice 创建数据库备份设备
EXEC sp_addumpdevice 'DISK','SJBACK','D:\data\jxgl.bak'
--EXEC sp_dropdevice 'SJBACK'                --执行删除该设备
BACKUP DATABASE jxgl TO SJBACK WITH INIT,NAME='jxglbak'
```

命令的执行结果如图 11.7 所示。

【例 11.2】 使用 BACKUP DATABASE 直接将数据库 jxgl 的差异数据和事务日志备份到物理文件 D:\data\DIFFER.BAK 上，备份名为 differbak。

```
BACKUP DATABASE jxgl TO DISK='D:\data\DIFFER.BAK'
    WITH DIFFERENTIAL,INIT,NAME='differbak'   --进行差异备份
```

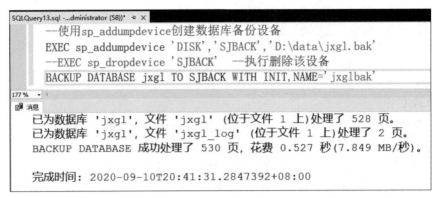

图 11.7　用逻辑名备份数据库

```
BACKUP LOG jxgl TO DISK='D:\data\DIFFER.BAK'
    WITH NOINIT,NAME='differbak'                --进行事务日志备份
```

命令的执行结果如图 11.8 所示。

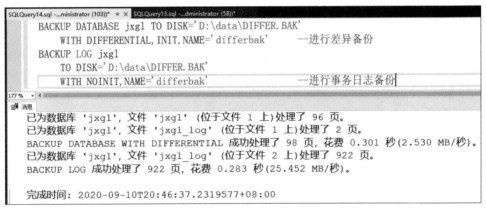

图 11.8　备份数据库的差异数据和事务日志

恢复数据库

11.3　恢复数据库

恢复数据库就是将原来备份的数据库还原到当前的服务器中，通常是在数据库出现故障或操作失误时进行。还原数据库时，SQL Server 会自动将备份文件中的数据库备份全部还原到当前的数据库中，并回滚任何未完成的事务，以保证数据库中数据的一致性。

11.3.1　恢复数据库前的准备

在执行恢复操作之前，应当验证备份文件的有效性，确认备份中是否含有恢复数据库所需要的数据，然后关闭该数据库上的所有用户，备份事务日志。

1. 验证备份文件的有效性

通过 SQL Server Management Studio 的"对象资源管理器"可以查看备份设备的属性，如图 11.9 所示。右击相应备份设备，在弹出的快捷菜单中选择"属性"命令，在"数据库属性"对话框中单击"介质内容"按钮，即可查看相应备份设备上备份集的信息，如图 11.10 所示，也可以在恢复操作进行前查看选定备份集中的内容列表。

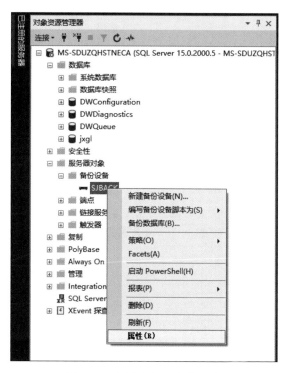

图 11.9　查看备份设备的属性

使用 SQL 语句也可以获得备份媒体上的信息，使用 RESTORE HEADERONLY 语句获得指定备份文件中所有备份设备的文件头信息，使用 RESTORE FILELISTONLY 语句获得指定备份文件中的原数据库或事务日志的有关信息，使用 RESTORE VERIFYONLY 语句检查备份集是否完整以及所有卷是否可读。

【例 11.3】　使用 SQL 语句查看并验证备份文件的有效性。

```
--查看头信息
RESTORE HEADERONLY FROM
DISK='D:\data\DIFFER.BAK'
RESTORE HEADERONLY FROM SJBACK
--查看文件列表
RESTORE FILELISTONLY FROM
DISK='D:\data\DIFFER.BAK'
RESTORE FILELISTONLY FROM SJBACK
--验证有效性
```

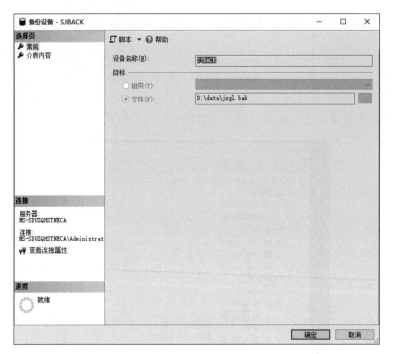

图 11.10　备份集的信息

```
RESTORE VERIFYONLY FROM
DISK='D:\data\DIFFER.BAK'
RESTORE VERIFYONLY FROM SJBACK
```

命令的执行结果如图 11.11 所示。

	BackupName	BackupDescription	BackupType	ExpirationDate	Compressed	Position	DeviceType	UserName	ServerName	DatabaseName	DatabaseVersion	DatabaseCreationDate	BackupSize	FirstLSN	LastLSN
1	differbak	NULL	5	NULL	0	1	2	MS-SDUZQHSTNECA\Administrator	MS-SDUZQHSTNECA	jxgl	904	2020-08-24 22:28:52.000	2206896	6100000006800001	610000000
2	differbak	NULL	2	NULL	0	2	2	MS-SDUZQHSTNECA\Administrator	MS-SDUZQHSTNECA	jxgl	904	2020-08-24 22:28:52.000	7890944	4100000031200001	610000000

	BackupName	BackupDescription	BackupType	ExpirationDate	Compressed	Position	DeviceType	UserName	ServerName	DatabaseName	DatabaseVersion	DatabaseCreationDate	BackupSize	FirstLSN	LastLSN
1	jxglbak	NULL	1	NULL	0	1	102	MS-SDUZQHSTNECA\Administrator	MS-SDUZQHSTNECA	jxgl	904	2020-08-24 22:28:52.000	5351424	6100000005760000001	610000000

	LogicalName	PhysicalName	Type	FileGroupName	Size	MaxSize	FileId	CreateLSN	DropLSN	UniqueId	ReadOnlyLSN	ReadWriteLSN	BackupSizeInBytes	SourceBlockSize	FileGroupId	LogGroupGUID	DiD
1	jxgl	D:\Data\jxgl.mdf	D	PRIMARY	10485760	35184372080640	1	0	0	797SD404-31F0-4996-A59D-627C4BE76234	0	0	655360	4096	1	NULL	
2	jxgl_log	D:\Data\jxgl_log.ldf	L	NULL	8585216	2199023255552	2	0	0	8E1FFC1F-C1F0-4926-B627-76E955BF8260	0	0	0	4096	NULL	NULL	

	LogicalName	PhysicalName	Type	FileGroupName	Size	MaxSize	FileId	CreateLSN	DropLSN	UniqueId	ReadOnlyLSN	ReadWriteLSN	BackupSizeInBytes	SourceBlockSize	FileGroupId	LogGroupGUID	DiD
1	jxgl	D:\Data\jxgl.mdf	D	PRIMARY	10485760	35184372080640	1	0	0	797SD404-31F0-4996-A59D-627C4BE76234	0	0	4194304	4096	1	NULL	410
2	jxgl_log	D:\Data\jxgl_	L	NULL	8585216	2199023255552	2	0	0	8E1FFC1F-C1F0-4926-B627-76E955BF8260	0	0	0	4096	NULL	NULL	

图 11.11　查看备份信息

2. 断开用户与数据库的连接

在恢复数据库之前，应当断开用户与该数据库的一切连接。所有用户都不准访问该数据库，执行恢复操作的用户也必须将连接的数据库更改为 master 数据库或其他数据库，否则不能启动还原任务。例如，使用 USE master 命令将连接数据库改为 master。

3. 备份事务日志

在执行恢复操作之前，如果用户备份事务日志，将有助于保证数据的完整性；在数据库还原之后可以使用备份的事务日志进一步恢复数据库的最新操作。

11.3.2 使用对象资源管理器恢复数据库

将 11.2 节备份的数据库恢复到当前数据库中,操作步骤如下。

(1)在 SQL Server Management Studio 的"对象资源管理器"中右击"数据库",在弹出的快捷菜单中选择"还原数据库"命令,弹出如图 11.12 所示的"还原数据库"对话框。

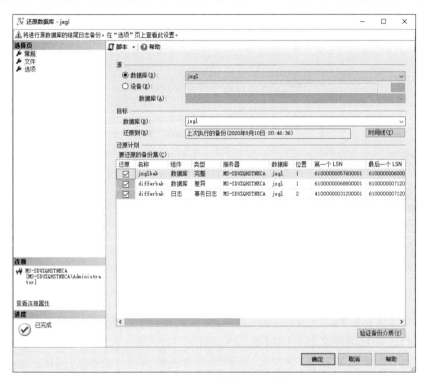

图 11.12 "还原数据库"对话框

(2)在"目标数据库"下拉列表框中可以选择或输入要还原的数据库名。

(3)如果备份文件或备份设备中的备份集很多,还可以单击"时间线"按钮,只要有事务日志备份支持,就可以还原到某个时刻的数据库状态。在默认情况下,该项为"最近状态"。

(4)在"源"区域中指定用于还原的备份集的源和位置。

如果选中"源数据库"单选按钮,则从 msdb 数据库的备份历史记录中查得可用的备份,并显示在"要还原的备份集"区域中。此时不需要指定备份文件的位置或指定备份设备,SQL Server 会自动根据备份记录找到这些文件。

如果选中"源设备"单选按钮,则要指定还原的备份文件或备份设备。单击 按钮,弹出"指定备份"对话框。在"备份媒体"下拉列表框中可以选择是备份文件还是备份设备,选择完毕后单击"添加"按钮,将备份文件或备份设备添加进来,返回如图 11.12 所示的"还原数据库"对话框。

（5）在"选项"设置界面中可以设置以下内容，如图 11.13 所示。

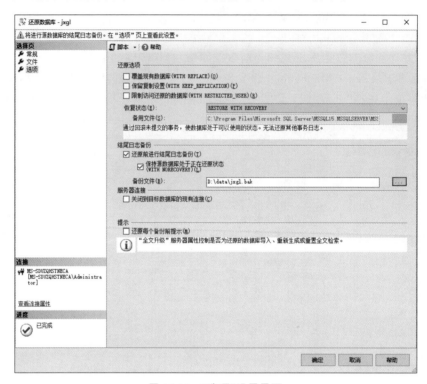

图 11.13 "选项"设置界面

① 还原选项：如果选中"覆盖现有数据库"复选框，则会覆盖所有现有数据库以及相关文件，包括已存在的同名的其他数据库或文件。

如果选中"保留复制设置"复选框，则会将已发布的数据库还原到创建该数据库的服务器之外的服务器上，保留复制设置。

如果选中"还原每个备份前提示"复选框，则在还原每个备份设备前都会要求确认。

如果选中"限制访问还原的数据库"复选框，则使还原的数据库仅供 db_owner、dbcreator 或 sysadmin 的成员使用。

② 将数据库文件还原为在该区域中可以更改目的文件的路径和名称。

③ 恢复状态。有 3 种可以选择方式：如果选中 RESTORE WITH RECOVERY 选项，则数据库在还原后进入可正常使用的状态，并自动恢复尚未完成的事务。如果本次还原的是最后一次操作，可以选择该单选按钮。如果选中 RESTORE WITH NORECOVERY 选项，则在还原后数据库仍然无法正常使用，也不恢复未完成的事务操作，但可继续还原事务日志备份或差异备份，使数据库能恢复到最接近目前的状态。如果选中 RESTORE WITH STANDBY 选项，则在还原后恢复未完成事务的操作，并使数据库处于只读状态。为了可以继续使用还原后的事务日志备份，还必须指定一个还原文件存放被恢复的事务日志。

（6）单击"确定"按钮，开始执行还原操作。

11.3.3 使用 T-SQL 语句恢复数据库

与在 SQL Server Management Studio 的"对象资源管理器"中恢复数据库一样，使用 T-SQL 语句也可以完成对整个数据库的还原、事务日志文件的还原和部分数据库的还原。

1. 恢复数据库

恢复完全备份数据库和差异备份数据库的语法格式如下：

```
RESTORE LOG 数据库名 FROM 备份设备
[WITH[FILE=n][,NORECOVERY|RECOVERY],[REPLACE]]
```

和备份数据库时一样，备份设备可以是物理设备或逻辑设备。如果是物理备份设备的操作系统标识，则采用"备份设备类型＝操作系统设备标识"的形式。

参数说明如下。

（1）FILE＝n：表示从设备上的第几个备份中恢复。

（2）NORECOVERY|RECOVERY：RECOVERY 表示在数据库恢复完成后，SQL Server 回滚被恢复的数据库中所有未完成的事务，以保持数据库的一致性。恢复完成后，用户就可以访问数据库了。所以 RECOVERY 选项用于最后一个备份的还原。如果使用 NORECOVERY 选项，那么 SQL Server 不回滚被恢复的数据库中所有未完成的事务，恢复后用户不能访问数据库。所以，进行数据库还原时，前面的还原应使用 NORECOVERY 选项，最后一个还原使用 RECOVERY 选项。

（3）REPLACE：表示要创建一个新的数据库，并将备份还原到这个新的数据库，如果服务器上存在一个同名的数据库，则原来的数据库被删除。

2. 恢复事务日志

恢复事务日志采用下面的语法格式：

```
RESTORE LOG 数据库名 FROM 备份设备
    [WITH[FILE=n][,NORECOVERY|RECOVERY]]
```

其中各参数的含义与恢复数据库中的相同。

【例 11.4】 对数据库 jxgl 进行了一次完全备份、差异备份和事务日志备份，然后使用 RESTORE 语句进行数据库的还原。

```
--进行数据库完全备份
BACKUP DATABASE jxgl TO SJBACK
WITH FORMAT, NAME='abBak'
--进行数据库差异备份
BACKUP DATABASE jxgl TO SJBACK
```

```
WITH DIFFERENTIAL, NAME='abBak'
--进行数据库事务日志备份
BACKUP LOG jxgl TO SJBACK
WITH NORECOVERY
--确保不再使用 jxgl
USE master
--还原数据库完全备份
RESTORE DATABASE jxgl FROM SJBACK
WITH FILE=1,NORECOVERY
--还原数据库差异备份
RESTORE DATABASE jxgl FROM SJBACK
WITH FILE=2,NORECOVERY
--还原数据库事务日志备份
RESTORE DATABASE jxgl FROM SJBACK
WITH FILE=3,RECOVERY
GO
```

命令执行结果如图 11.14 所示。

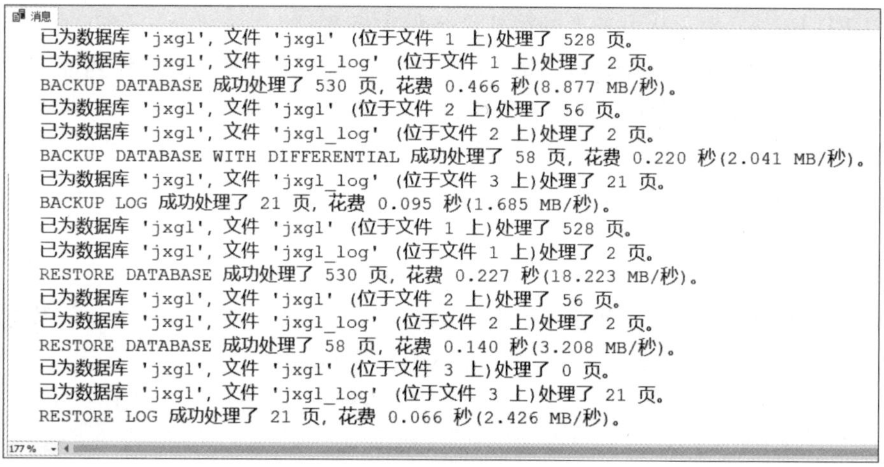
消息
已为数据库 'jxgl', 文件 'jxgl' (位于文件 1 上)处理了 528 页。
已为数据库 'jxgl', 文件 'jxgl_log' (位于文件 1 上)处理了 2 页。
BACKUP DATABASE 成功处理了 530 页, 花费 0.466 秒(8.877 MB/秒)。
已为数据库 'jxgl', 文件 'jxgl' (位于文件 2 上)处理了 56 页。
已为数据库 'jxgl', 文件 'jxgl_log' (位于文件 2 上)处理了 2 页。
BACKUP DATABASE WITH DIFFERENTIAL 成功处理了 58 页, 花费 0.220 秒(2.041 MB/秒)。
已为数据库 'jxgl', 文件 'jxgl_log' (位于文件 3 上)处理了 21 页。
BACKUP LOG 成功处理了 21 页, 花费 0.095 秒(1.685 MB/秒)。
已为数据库 'jxgl', 文件 'jxgl' (位于文件 1 上)处理了 528 页。
已为数据库 'jxgl', 文件 'jxgl_log' (位于文件 1 上)处理了 2 页。
RESTORE DATABASE 成功处理了 530 页, 花费 0.227 秒(18.223 MB/秒)。
已为数据库 'jxgl', 文件 'jxgl' (位于文件 2 上)处理了 56 页。
已为数据库 'jxgl', 文件 'jxgl_log' (位于文件 2 上)处理了 2 页。
RESTORE DATABASE 成功处理了 58 页, 花费 0.140 秒(3.208 MB/秒)。
已为数据库 'jxgl', 文件 'jxgl' (位于文件 3 上)处理了 0 页。
已为数据库 'jxgl', 文件 'jxgl_log' (位于文件 3 上)处理了 21 页。
RESTORE LOG 成功处理了 21 页, 花费 0.066 秒(2.426 MB/秒)。
177 %

图 11.14　还原数据库

注意：前两个还原语句的选项都是使用 NORECOVERY，只有最后一个使用了 RECOVERY。

3. 恢复部分数据库

通过从整个数据库的备份中还原指定文件的方法，SQL Server 提供了恢复部分数据库的功能。所用的语法格式如下：

```
RESTORE DATABASE 数据库名 FILE=文件名|
FILEGROUP=文件组名 FROM 备份设备
[WITH PARTIAL[,FILE=n][,NORECOVERY][,REPLACE]]
```

4．恢复文件和文件组

与恢复文件和文件组备份相对应，是对指定文件和文件组的还原，其语法格式如下：

```
RESTORE DATABASE 数据库名 FILE= 文件名|
FILEGROUP=文件组名 FROM 备份设备
[WITH[,FILE=n][,NORECOVERY][,REPLACE]]
```

11.4　导入与导出

导入与导出

SQL Server 提供了一个数据导入导出的工具，这是一个向导程序，用于在不同的 SQL Server 服务器之间以及 SQL Server 与其他类型的数据库或数据文件之间进行数据交换。这里主要是通过 SQL Server 数据库与 Excel 进行数据格式转换的实例，说明数据导入导出工具的使用方法。

SQL Server 与 Excel 的数据格式转换的方法如下。

1．导出数据

【例 11.5】　将 jxgl 数据库中的部分数据表导出至 Excel 表中。

在导出数据之前，先使用 Excel 软件建立一个空文件 jxgl.xls，不需要建立任何表或视图。这里建立的是 D:\data\jxgl.xls，然后开始导出数据，操作步骤如下。

（1）启动 SQL Server Management Studio 工具，在"对象资源管理器"中展开"数据库"树形目录，然后右击 jxgl 数据库，在弹出的快捷菜单中选择"任务"→"导出数据"命令，弹出"SQL Server 导入和导出向导"对话框，单击 Next 按钮。

（2）进入如图 11.15 所示的"选择数据源"界面，在"数据源"下拉列表框中选择 SQL Server Native Client 11.0，在"服务器名称"文本框中选择或输入服务器的名称。服务器的登录方式可以选择使用 Windows 身份验证模式，也可以选择使用 SQL Server 身份验证模式。如果选择后一种方式，还需要在"用户名"文本框中输入登录时使用的用户名，然后在"密码"文本框中输入登录密码，这里的默认数据库就是要导出的 jxgl 数据库。

（3）单击图 11.15 中的 Next 按钮，弹出如图 11.16 所示的"选择目标"界面。在"目标"下拉列表框中选择目的数据库的格式为 Microsoft Excel，在"Excel 文件路径"文本框中输入目的数据库的路径和文件名，这里为"D:\data\jxgl.xls"。

（4）单击图 11.16 中的 Next 按钮，弹出如图 11.17 所示的"指定表复制或查询"界面。选择整个表或部分数据进行复制，若要把整个源表全部复制到目标数据库中，选择"复制一个或多个表或视图的数据"单选按钮；若只想使用一个查询将指定数据复制到目标数据库中，选择"编写查询以指定要传输的数据"单选按钮。

（5）单击图 11.17 中的 Next 按钮，弹出如图 11.18 所示的"选择源表和源视图"界面。

图 11.15 "选择数据源"界面(Excel 导出)

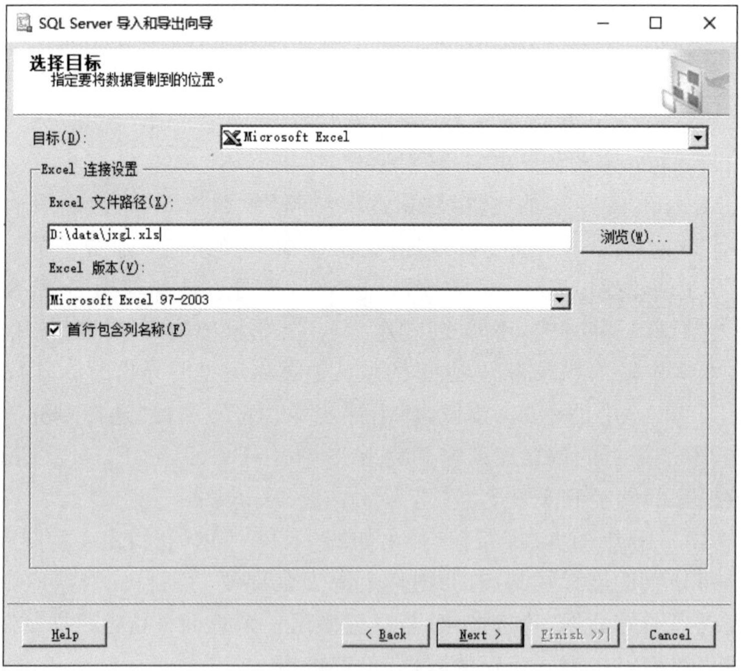

图 11.16 "选择目标"界面(Excel 导出)

图 11.17　"指定表复制或查询"界面（Excel 导出）

图 11.18　"选择源表和源视图"界面（Excel 导出）

（6）单击图 11.18 中的 Next 按钮,弹出如图 11.19 所示的"保存并运行包"界面,选择"立即运行"复选框。

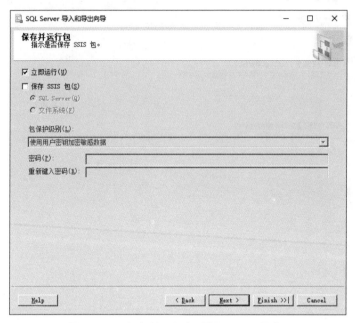

图 11.19　"保存并运行包"界面(Excel 导出)

（7）单击图 11.19 中的 Next 按钮,弹出如图 11.20 所示的 Complete the Wizard界面。

图 11.20　Complete the Wizard 界面(Excel 导出)

（8）单击图 11.20 中的 Finish 按钮，开始执行数据导出操作，最后出现如图 11.21 所示的"执行成功"界面。

图 11.21 "执行成功"界面（Excel 导出）

通过以上操作，SQL Server 数据库中的源表被导入 Excel 目标数据库中。在 Excel 中打开目标数据库，就可以查看这些表，如图 11.22 所示。

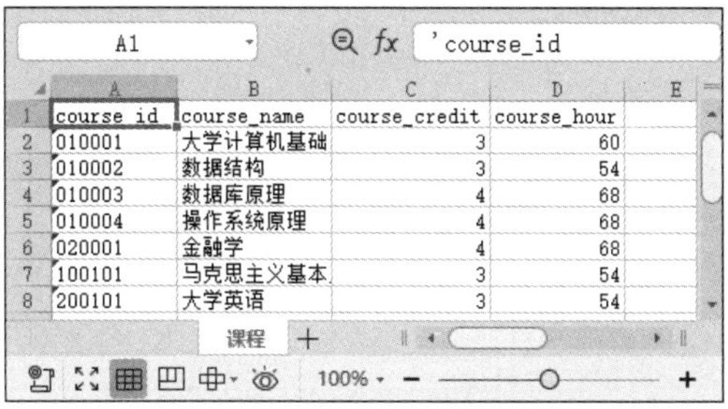

图 11.22 在 Excel 中查看导出目标数据库中的表

2. 导入数据

【例 11.6】 将例 11.5 建立的 jxgl.xls 文件中的工作表导入 jxgl 数据库中。

操作步骤如下：

（1）启动 SQL Server Management Studio 工具，在"对象资源管理器"中展开"数据库"树形目录，然后右击 jxgl 数据库，在弹出的快捷菜单中选择"任务"→"导入数据"命令，弹出"SQL Server 导入和导出向导"对话框，单击 Next 按钮。

（2）进入如图 11.23 所示的"选择数据源"界面，在"数据源"下拉列表框中选择

Microsoft Excel,在"Excel 文件路径"文本框中输入源数据库的文件名和路径,这里输入
D:\data\jxgl.xls。

图 11.23 "选择数据源"界面(Excel 导入)

（3）单击图 11.23 中的 Next 按钮,弹出如图 11.24 所示的"选择目标"界面。在"目

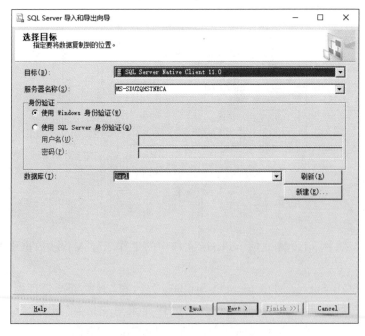

图 11.24 "选择目标"界面(Excel 导入)

标"下拉列表框中选择 SQL Server Native Client 11.0,在"服务器名称"下拉列表框中选择或输入服务器的名称。

（4）单击图 11.24 中的 Next 按钮,弹出如图 11.25 所示的"指定表复制或查询"界面。

图 11.25　"指定表复制或查询"界面（Excel 导入）

（5）单击图 11.25 中的 Next 按钮,弹出如图 11.26 所示的"选择源表和源视图"界面。在图 11.26 中列出了源数据库中包含的表,用户可以从中选择一个或多个表作为源表。

图 11.26　"选择源表和源视图"界面（Excel 导入）

(6) 单击图 11.26 中的 Next 按钮,弹出如图 11.27 所示的"保存并运行包"界面,选择"立即运行"复选框。

图 11.27　"保存并运行包"界面(Excel 导入)

(7) 单击图 11.27 中的 Next 按钮,弹出如图 11.28 所示的 Complete the Wizard 界面。

图 11.28　Complete the Wizard 界面(Excel 导入)

（8）单击图 11.28 中的 Finish 按钮，开始执行数据导入操作。

通过以上操作，Excel 数据库中的源表被导入 SQL Server 目标数据库中。

11.5 实训项目：备份、恢复与导入、导出

1. 实训目的

（1）掌握数据库备份与恢复的方法。

（2）掌握数据导入与导出的方法。

2. 实训内容

（1）分别用对象资源管理器和 T-SQL 语句备份 jxgl 数据库。

（2）使用 SQL Server Management Studio 的"对象资源管理器"恢复数据库。

（3）练习在 SQL Server Management Studio 的"对象资源管理器"中导出数据库和导入数据库。

3. 实训总结

通过本章上机实训，读者应当掌握使用 SQL Server Management Studio 的"对象资源管理器"和命令方式备份与恢复数据库的方法，还应该能够灵活运用各种数据导入与导出的方式。

本 章 小 结

本章主要讨论了数据库的备份与恢复以及数据库中数据的导入与导出。通过本章的学习，读者应该熟练掌握使用 SQL Server Management Studio 的"对象资源管理器"进行数据库备份和恢复的方法，使用 BACKUP、RESTORE 命令进行数据库备份和恢复的方法，以及使用 SQL Server Management Studio 的"对象资源管理器"进行数据导入与导出的方法。

习 题

（1）什么是备份设备？物理设备标识和逻辑名之间有什么关系？

（2）4 种数据库备份和恢复的方式分别是什么？

（3）存储过程 sp_addumpdevice 的作用是什么？

（4）数据库中选项 NORECOVERY 和 RECOVERY 的含义是什么？分别在什么情况下使用？

第 12 章　SQL Server 的安全管理

数据库中存放着大量的数据,保护数据库不受内部和外部的侵害是一项重要的任务。SQL Server 在安全管理上以 Windows 的安全机制为强大支持,同时融入自身的一些特点。本章主要介绍 SQL Server 中数据库的安全管理。

通过学习本章,读者应掌握以下内容:

- SQL Server 的安全特性以及安全模型;
- 使用 SQL Server 的安全管理工具构造灵活、安全的管理机制。

12.1　SQL Server 的安全模型

SQL Server
的安全模型

SQL Server 的安全性管理是建立在认证和访问许可两种机制上的。认证是指确定登录 SQL Server 的用户的登录账号和密码是否正确,以此来验证其是否具有连接 SQL Server 的权限。但是,通过认证并不代表能够访问 SQL Server 中的数据,用户只有在获取访问数据的权限后才能对服务器上的数据库进行权限许可下的各种操作。用户访问数据库权限的设置是通过数据库用户账号和授权来实现的,因此 SQL Server 的安全模型分为 3 层结构,分别为服务器安全管理、数据库安全管理和数据库对象的访问权限管理。

服务器安全管理实现对 SQL Server 服务器实例的登录账户、服务器配置、设备、进程等方面的管理,这部分工作通过固定的服务器角色分工和控制。数据库安全管理实现对服务器实例上的数据库用户账号、数据库备份、恢复等功能的管理,这部分工作通过数据库角色分工和控制。数据库对象的访问权限的管理决定对数据库中最终数据的安全性管理。数据对象的访问权限决定了数据库用户账号对数据库中数据库对象的引用以及使用数据操纵语句的许可权限。

12.1.1　SQL Server 访问控制

与 SQL Server 安全模型的 3 层结构相对应,SQL Server 的数据访问要经过 3 层访问控制。

(1) 用户必须登录 SQL Server 的服务器实例。如果要登录到服务器实例,用户首先要有一个登录账户,即登录名,对该登录名进行身份验证,确认合法才能登录到 SQL Server 服务器实例,固定的服务器角色可以指定给登录名。

(2) 在要访问的数据库中,用户的登录名要有对应的用户账号。在一个服务器实例上有多个数据库,一个登录名要想访问哪个数据库就要在该数据库中将登录名映射到哪个数据库中,这个映射称为数据库用户账号或用户名。一个登录名可以在多个数据库中建立映射的用户名,但是在每个数据库中只能建立一个用户名。用户名的有效范围是其数据库内。数据库角色可以指定给数据库用户。

（3）数据库用户账号要具有访问相应数据库对象的权限。通过数据库用户名的验证，用户可以使用 SQL Server 语句访问数据库，但是用户可以使用哪些 SQL 语句以及通过这些 SQL 语句能够访问哪些数据库对象，还要通过语句执行权限和数据库对象访问权限的控制。

通过上述 3 层访问控制，用户才能访问数据库中的数据。

12.1.2　SQL Server 身份验证模式

在第 2 章中已经对身份验证模式进行了说明。SQL Server 有两种安全验证机制，即 Windows 验证机制和 SQL Server 验证机制。由这两种验证机制产生了两种 SQL Server 身份验证模式，即 Windows 身份验证模式和混合身份验证模式。顾名思义，Windows 身份验证模式就是只使用 Windows 验证机制的身份验证模式；混合身份验证模式则是用户既可以使用 Windows 验证机制也可以使用 SQL Server 验证机制。

用户可以在系统安装过程中或安装后配置 SQL Server 的身份验证模式。安装完成后修改身份验证模式的方法为右击需要修改的服务器实例，在弹出的快捷菜单中选择"属性"命令，在弹出的"服务器属性"对话框的左侧列表中选择"安全性"选项，如图 12.1 所示，在该对话框的"服务器身份验证"栏中选择"Windows 身份验证模式"或者"SQL Server 和 Windows 身份验证模式"。

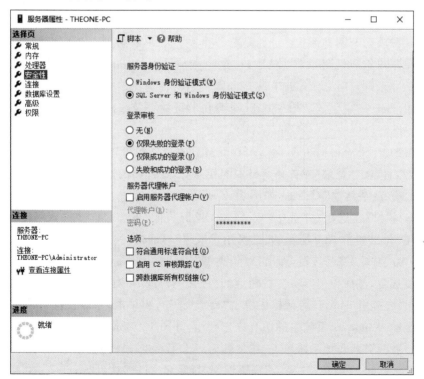

图 12.1　"安全性"设置界面

注意：在使用"Windows 身份验证模式"的时候，SQL Server 仅接受 Windows 系统中的账户的登录请求，如果用户使用 SQL Server 身份验证的登录账户请求，则会收到登录失败的信息。

服务器的安全性

12.2　服务器的安全性

服务器的安全性是通过建立和管理 SQL Server 登录账户来保证的。安装完成后，SQL Server 会存在一些内置的登录账户，例如数据库管理员账户 sa，通过该登录账户可以建立其他登录账户。

12.2.1　创建和修改登录账户

使用图形界面方式或 SQL 语句都能创建或修改登录账户。通常情况下，创建登录账户一般是一次性的，所以在图形界面下操作更方便，它集成了使用 SQL 语句的多个环节。在创建登录账户时，需要指出该账户的登录是使用 Windows 身份验证还是使用 SQL Server 身份验证。如果使用 Windows 身份验证登录 SQL Server，则该登录账户必须是 Windows 的系统账户。

1. 使用 SQL Server Management Studio 创建使用 Windows 身份验证的登录账户

使用 Windows 身份验证的登录账户是 Windows 系统账户到 SQL Server 登录账户的映射。这种映射有两种形式：一种是将一个系统账户映射到一个登录账户；另一种是将一个登录账户组映射到一个登录账户，这一点是采用 Windows 身份验证的特色，所以在创建新的登录账户时系统账户有账户和账户组两种选择。

在 SQL Server 中创建使用 Windows 身份验证的登录账户"THEONE-PC\Guest"的步骤如下。

（1）在 SQL Server Management Studio 的"对象资源管理器"中展开服务器，再展开"安全性"，然后右击"登录"或右侧窗格中的任意处，在弹出的快捷菜单中选择"新建登录"命令，弹出"登录名-新建"对话框，如图 12.2 所示。

（2）选择"常规"选项，并选中"Windows 身份验证"单选，单击"登录名"文本框旁的"搜索"按钮，弹出如图 12.3 所示的"选择用户或组"对话框。

（3）单击"对象类型"按钮，弹出"对象类型"对话框，如图 12.4 所示，选中其中的"组"和"用户"复选框，然后单击"确定"按钮返回"选择用户或组"对话框。

（4）在"选择用户或组"对话框中单击"高级"按钮，再单击"立即查找"按钮，这时该对话框中会显示 Windows 系统中的所有账户和组，如图 12.5 所示。

（5）如果希望 Guest 系统账户组映射为一个登录账户，则在名称列表中找到名为 Guest 的账户组，选中后单击"确定"按钮返回"登录名-新建"对话框。

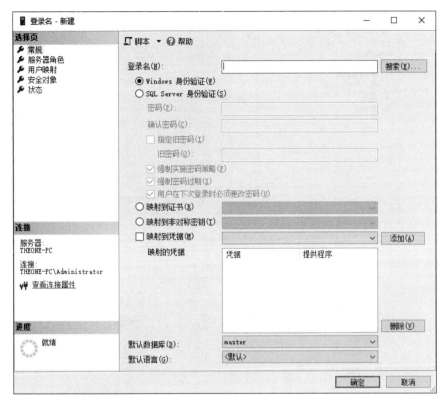

图 12.2　"登录名-新建"对话框

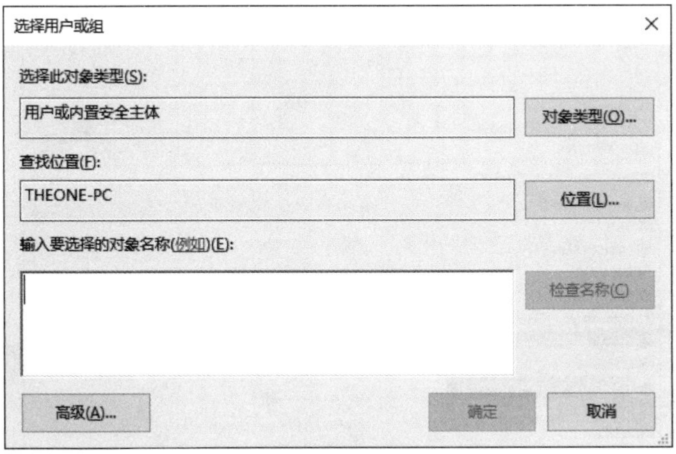

图 12.3　"选择用户或组"对话框

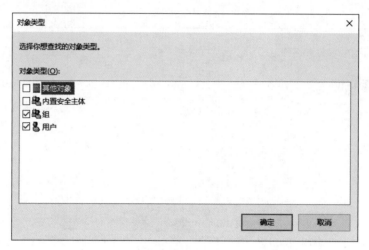

图 12.4 "对象类型"对话框

图 12.5 Windows 系统中的所有账户和组

　　(6) 在"登录名-新建"对话框中,用户可以注意到"登录名称"文本框中显示为
THEONE-PC\Guest,如图 12.6 所示。其中,THEONE-PC 代表使用的计算机名(根据

不同环境会显示不同的内容），"\"后是在 Windows 下创建的系统账户组名 Guest。当然，用户也可以采用直接输入的方式。

图 12.6 "登录名-新建"对话框

注意：在"登录名"文本框中，如果填写的名称在系统账户组或账户中找不到，则显示出错信息。

（7）依次选择"服务器角色""用户映射"等选项，选择要指定给 THEONE-PC\Guest 登录的服务器角色和所使用的数据库等，各项设置完成后单击"确定"按钮。

在 SQL Server Management Studio 的"对象资源管理器"中指定"服务器角色"和"用户映射"的操作界面如图 12.7 和图 12.8 所示。在"登录属性"对话框中选择"服务器角色"选项，可以将固定的服务器角色指定给新建的登录；选择"用户映射"选项，将进入数据库访问的设置，在该设置中可以指定登录名到数据库用户名的映射，指定该用户以什么数据库角色来访问相应的数据库。

通过"登录属性"对话框同样可以修改登录账户的属性，具体方法和创建登录时相同。

2. 使用 SQL Server Management Studio 创建使用 SQL Server 身份验证的登录账户

SQL Server 身份验证的登录账户是由 SQL Server 自身负责身份验证的，不要求有对应的系统账户，这也是许多大型数据库采用的方式，程序员通常更喜欢采用这种方式。创建 SQL Server 身份验证的登录账户 student 的步骤如下。

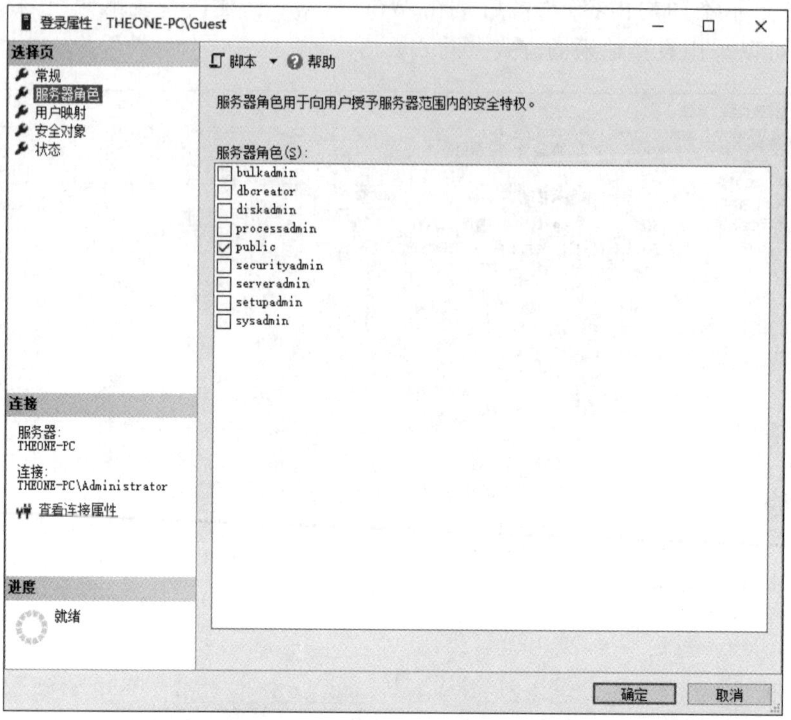

图 12.7 "服务器角色"界面

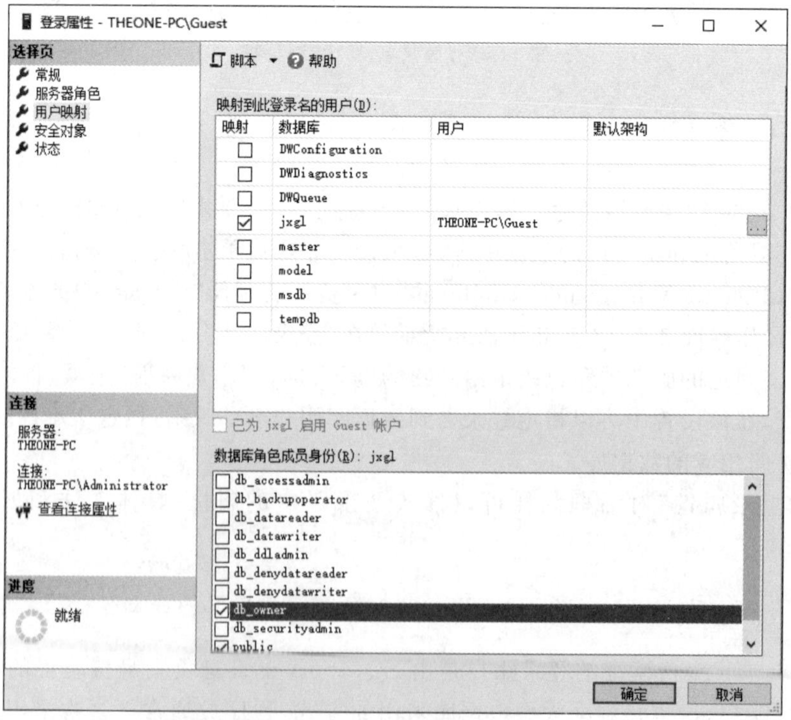

图 12.8 "用户映射"界面

（1）在 SQL Server Management Studio 的"对象资源管理器"中展开服务器,再展开"安全性",右击"登录"或右侧窗格中的任意处,在弹出的快捷菜单中选择"新建登录"命令。

（2）出现"登录名-新建"对话框,选择"常规"选项,选中"SQL Server 身份验证"单选按钮,在"登录名"文本框中输入新建登录的名称 student,在"密码"文本框中输入登录密码,如图 12.9 所示。

图 12.9　"新建 SQL Server 身份验证的登录账户"界面

（3）分别选择"服务器角色"和"用户映射"选项,指定服务器角色和访问的数据库及数据库角色,并单击"确定"按钮,这样就创建了一个使用 SQL Server 身份验证的登录名。

同样,修改 SQL Server 身份验证的登录的方法也是使用"登录属性"对话框,与Windows 不同的是,SQL Server 身份验证的登录名和密码的指定与修改都是在这里完成的。

3. 使用 SQL 语句创建两种登录账户

除了可以使用图形界面的方式创建登录账户外,还可以使用 SQL 语句创建 SQLServer 登录账户。使用系统存储过程 sp_addlogin 创建使用 SQL Server 身份验证的登录账户的基本语法格式如下:

```
EXECUTE sp_addlogin '登录名', '登录密码', '默认数据库', '默认语言'
```

其中,登录名不能含有反斜线"\"、保留的登录名(如 sa 或 public)或者已经存在的登录名,也不能是空字符串或 NULL 值。

在 sp_addlogin 中,除登录名以外,其余参数均为可选项。如果不指定登录密码,则登录密码为 NULL;如果不指定默认数据库,则使用系统数据库 master;如果不指定默认语言,则使用服务器当前的默认语言。

执行系统存储过程 sp_addlogin 时必须具有相应的权限,只有 sysadmin 和 securityadmin 固定服务器角色的成员才可以执行该存储过程。

【例 12.1】 创建一个名为 stu04,使用 SQL Server 身份验证的登录账户,其密码为 stu04、默认数据库为 jxgl,使用系统默认语言。

运行以下命令:

```
EXECUTE sp_addlogin 'stu04','stu04','jxgl'
```

可以使用系统存储过程 sp_grantlogin 将一个 Windows 系统账户映射为一个使用 Windows 身份验证的 SQL Server 登录账户,其语法格式如下:

```
EXECUTE sp_grantlogin '登录账户'
```

这里的登录名是要映射的 Windows 系统账户名或账户组名,必须使用"域名\用户"的格式。执行该系统存储过程同样需要具有相应的权限,只有 sysadmin 和 securityadmin 固定服务器角色的成员才可以执行该存储过程。

12.2.2　禁止和删除登录账户

禁止登录账户是暂时停止用户的使用权利,需要时可以恢复;删除登录账户则是彻底地将用户从服务器中移除,是不能恢复的。禁止和删除登录账户均可以采用图形界面方式和命令方式来完成。

1. 使用 SQL Server Management Studio 禁止登录账户

(1) 在 SQL Server Management Studio 的"对象资源管理器"中展开服务器结点,在目标服务器下展开"安全性"结点,单击"登录"按钮。

(2) 在"登录"的详细列表中右击要禁止的登录账户,在弹出的快捷菜单中选择"属性"命令,弹出"登录名-新建"对话框。

(3) 选择"状态"选项,如图 12.10 所示,然后根据要求在"设置"的"是否允许连接到数据库引擎"下选择"拒绝"单选按钮,在"登录名"下选择"禁用"单选按钮,单击"确定"按钮,使所做的设置生效。

2. 使用 SQL Server Management Studio 删除登录账户

(1) 在 SQL Server Management Studio 的"对象资源管理器"中展开服务器结点,在目标服务器下展开"安全性"结点,单击"登录"按钮。

(2) 在"登录"的详细列表中右击要删除的登录账户,在弹出的快捷菜单中选择"删

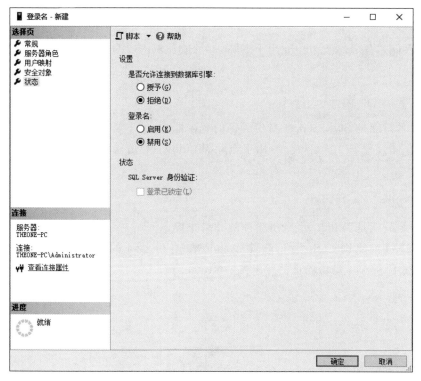

图 12.10　使用 SQL Server Management Studio 禁止登录账户

除"命令或直接按 Delete 键。

（3）在弹出的"删除对象"对话框中单击"确定"按钮确认删除。

3. 使用 SQL 语句禁止 Windows 身份验证的登录账户

系统存储过程 sp_denylogin 可以暂时禁止一个 Windows 身份验证的登录账户，语法格式如下：

```
EXECUTE sp_denylogin '登录账户'
```

其中，登录名是一个 Windows 用户或用户组的名称。

注意：该存储过程只能用于禁止 Windows 身份验证的登录账户，不能用于禁止 SQL Server 身份验证的登录账户。

【例 12.2】　使用 SQL 语句禁止 Windows 身份验证的登录账户 THEONE-PC\Guest。

运行以下命令：

```
EXECUTE sp_denylogin 'THEONE-PC\Guest'
```

执行该语句后，将显示消息"命令已成功完成。"同时从 THEONE-PC\Guest 的属性中会看到已经拒绝该用户连接到数据库引擎。

使用 sp_grantlogin 可以恢复 Windows 用户的访问权。

4. 使用 SQL 语句删除登录账户

系统存储过程 sp_droplogin 用于删除一个 SQL Server 身份验证的登录账户,其语法格式如下:

```
EXECUTE sp_droplogin '登录名'
```

其中,登录名只能是 SQL Server 身份验证的登录账户。

系统存储过程 sp_revokelogin 用于删除 Windows 身份验证的登录账户,其语法格式如下:

```
EXECUTE sp_revokelogin '登录名'
```

其中,登录名只能是 Windows 身份验证的登录账户。

【例 12.3】 使用 SQL 语句删除 Windows 身份验证的登录账户 THEONE-PC\Guest 和 SQL Server 身份验证的登录账户 stu04。

```
EXECUTE sp_droplogin 'stu04'
EXECUTE sp_revokelogin 'THEONE-PC\Guest'
```

12.2.3 服务器角色

固定的服务器角色是在服务器安全模式中定义的管理员组,它们的管理工作与数据库无关。SQL Server 在安装后给定了几个固定的服务器角色,具有固定的权限,用户可以在这些角色中添加登录账户以获得相应的管理权限。固定服务器角色的内容及说明如图 12.11 和图 12.12 所示。

名称	描述
bulkadmin	可以执行大容量插入操作。
dbcreator	可以创建和更改数据库。
diskadmin	可以管理磁盘文件。
processadmin	可以管理运行在 SQL Server 中的进程。
securityadmin	可以管理服务器的登录。
serveradmin	可以配置服务器范围的设置。
setupadmin	可以管理扩展的存储过程。
sysadmin	可以执行 SQL Server 安装中的任何操作。

图 12.11　固定服务器角色　　　　图 12.12　固定服务器角色说明

设置登录指定服务器角色的操作在 12.1 节已经介绍过,是通过"登录属性"对话框中的"服务器角色"选项指定的,也可以通过指定的服务器角色属性的"添加"按钮来实现。这里将说明使用系统存储过程 sp_addsrvrolemember 指定服务器角色的操作以及使用系统存储过程 sp_dropsrvrolemember 取消服务器角色的操作。

每个服务器角色代表在服务器上操作的一定的权限,具有这样角色的登录账户成为与该角色相关联的一个登录账户组。为登录账户指定服务器角色,在实现上就是将该登录名添加到相应的角色组中。与此相对应,取消登录账户的一个角色就是从该角色的组中删除该登录账户。

【例 12.4】　使用 SQL 语句为 Windows 身份验证的登录账户 THEONE-PC\Guest 和 SQL Server 身份验证的登录账户 stu04 指定磁盘管理员的服务器角色 diskadmin,完成后取消该角色。其中,THEONE-PC 为计算机名,针对不同计算机会有所不同。

运行以下命令:

```
EXECUTE sp_addsrvrolemember 'THEONE-PC\Guest','diskadmin'
EXECUTE sp_addsrvrolemember 'stu04','diskadmin'
EXECUTE sp_dropsrvrolemember 'THEONE-PC\Guest','diskadmin'
EXECUTE sp_dropsrvrolemember 'stu04','diskadmin'
```

12.3　数据库的安全性

数据库的安
全性

一般情况下,用户登录 SQL Server 后还不具备访问数据库的条件,如果用户要访问数据库,管理员还必须在要访问的数据库中为其映射一个数据库用户。数据库的安全性主要是靠管理数据库用户账号来控制的。

12.3.1　添加数据库用户

添加数据库用户有多种方式。在创建和修改登录账户时,可以在"登录属性"对话框的"用户映射"选项下建立登录名到指定数据库的映射,即在要访问的数据库中建立用户名,同时给该用户指定相应的数据库角色,如图 12.8 所示。

在数据库的管理界面中也可以添加数据库用户。

1. 使用 SQL Server Management Studio 添加数据库用户

(1) 在 SQL Server Management Studio 的"对象资源管理器"中依次展开"数据库"→jxgl→"安全性"→"用户"。

(2) 右击"用户"结点,在弹出的快捷菜单中选择"新建用户"命令,弹出"数据库用户-新建"对话框,如图 12.13 所示。输入用户名,然后输入登录名,或单击"登录名"右侧的 ⋯ 按钮,弹出"查找对象"对话框,如图 12.14 所示。选择要授权访问数据库的 SQL Server 登录账户,单击"确定"按钮后返回"数据库用户-新建"对话框。

(3) 在"拥有的框架"中指定用户所使用的框架,在"成员身份"中为用户指定相应的数据库角色。单击"确定"按钮关闭对话框,完成数据库用户的添加和角色的指定。

2. 使用 sp_grantdbaccess 添加数据库用户

使用系统存储过程 sp_grantdbaccess 可以为一个登录账户在当前数据库中映射一个或多个数据库用户,使它具有默认的数据库角色 public。执行这个存储过程的语法格式

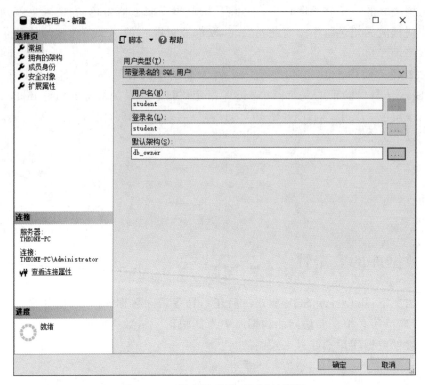

图 12.13 "数据库用户-新建"对话框

图 12.14 "查找对象"对话框

如下:

```
EXECUTE sp_grantdbaccess '登录名', '用户名'
```

其中,登录名可以是 Windows 身份验证的登录名,也可以是 SQL Server 身份验证的登录名。用户名是在该数据库中使用的,如果没有指定,则直接使用登录名。使用该存储过程只能向当前数据库中添加用户登录账户的用户名,不能添加 sa 的用户名。

【例 12.5】 使用 SQL 语句在数据库 jxgl 中分别为 Windows 身份验证的登录账户

THEONE-PC\Guest 和 SQL Server 身份验证的登录账户 stu04 建立用户名 teacher
和 stu04。

由于登录账户 stu04 的登录名和用户名相同，可以不用指定，运行以下命令：

```
USE jxgl
GO
EXECUTE sp_grantdbaccess  'THEONE-PC\Guest ','teacher'
EXECUTE sp_grantdbaccess  'stu04'
GO
```

12.3.2 修改数据库用户

修改数据库用户主要是修改它的访问权限，通过数据库角色可以有效地管理数据库
用户的访问权限。创建数据库用户可以指定角色，也能修改指定给用户的角色。

同样，可以通过 SQL 语句修改用户的角色。实现该功能的系统存储过程是使用 sp_
addrolemember 指定数据库角色，使用系统存储过程 sp_droprolemember 取消数据库角
色。固定的数据库角色如表 12.1 所示。

表 12.1 固定的数据库角色

固定的数据库角色	说　　明
db_owner	在数据库中有全部权限
db_accessadmin	可以添加或删除用户
db_securityadmin	可以管理全部权限、对象所有权、角色和角色成员
db_ddladmin	可以发出 ALL DDL，但不能发出 GRANT、REVOKE 或 DENY 语句
db_backupoperator	可以发出 DBCC、CHECKPOINT 和 BACKUP 语句
db_datareader	可以选择数据库内任何用户表中的所有数据
db_datawriter	可以更改数据库内任何用户表中的所有数据
db_denydatareader	不能选择数据库内任何用户表中的所有数据
db_denydatawriter	不能更改数据库内任何用户表中的所有数据
public	数据库中的每个用户都属于 public 数据库角色。如果没有给用户专门授予对某个对象的权限，它们使用指派给 public 角色的权限

【例 12.6】 使用 SQL 语句为数据库用户 THEONE-PC\Guest 指定固定的数据库角
色 db_ accessadmin，完成后取消该角色。

运行以下命令：

```
USE jxgl
GO
```

```
EXECUTE sp_addrolemember  'db_accessadmin', 'THEONE-PC\Guest'
GO
EXECUTE sp_droprolemember  'db_accessadmin', 'THEONE-PC\Guest'
GO
```

12.3.3　删除数据库用户

从当前数据库中删除一个数据库用户，就删除了一个登录账户到当前数据库中的映射。

1. 使用 SQL Server Management Studio 删除数据库用户

（1）在 SQL Server Management Studio 的"对象资源管理器"中依次展开"数据库"→"安全性"→"用户"，右击要删除的用户名称结点，在弹出的快捷菜单中选择"删除"命令或直接按 Delete 键。

（2）在弹出的提示对话框中单击"确定"按钮确认删除。

2. 使用 sp_revokedbaccess 删除数据库用户

【例 12.7】　使用 SQL 语句删除用户 stu04。

运行以下命令：

```
USE jxgl
GO
EXECUTE sp_revokedbaccess 'stu04'
GO
```

数据库用户
角色

12.4　数据库用户角色

数据库用户角色在 SQL Server 中联系着两个集合：一个是权限的集合；另一个是数据库用户的集合。由于角色代表一组权限，因此具有相应角色的用户具有该角色的权限。另外，一个角色也代表了一组具有同样权限的用户，所以在 SQL Server 中为用户指定角色就是将该用户添加到相应角色组中。通过角色简化了直接向数据库用户分配权限的烦琐操作，对于用户数目多、安全策略复杂的数据库系统能够简化安全管理工作。

数据库角色分为固定的数据库角色和用户自定义的数据库角色。固定的数据库角色预定义了数据库的安全管理权限和对数据库对象的访问权限；用户自定义的数据库角色由管理员创建并且定义对数据库对象的访问权限。

12.4.1　固定数据库角色

每个数据库都有一系列固定的数据库角色，用户不能添加、删除或修改固定的数据库角色。数据库中角色只在其对应的数据库内起作用,表 12.1 给出了数据库中固定数据库角色的信息。

12.4.2 用户自定义的数据库角色

当固定的数据库角色不能满足用户的需要时,可以通过执行 SQL 语句来添加数据库角色。用户自定义的数据库角色有两种:标准角色和应用程序角色。标准角色是指可以通过操作界面或应用程序访问的角色,应用程序角色只能通过应用程序访问使用。这里只讨论标准角色。

1. 使用 SQL Server Management Studio 创建数据库角色

(1) 在 SQL Server Management Studio 的"对象资源管理器"中依次展开到"数据库"结点,选中要使用的数据库。

(2) 在目标数据库的"安全性"选项中右击"角色",在弹出的快捷菜单中选择"新建"→"新建数据库角色"命令,弹出"数据库角色-新建"对话框,如图 12.15 所示。

图 12.15 "数据库角色-新建"对话框

(3) 在"角色名称"文本框中输入新角色的名称,这里输入 role1。

(4) 在"此角色拥有的架构"中指定角色拥有的架构,还可以单击"添加"按钮为角色添加用户或其他角色成员,如图 12.16 所示。

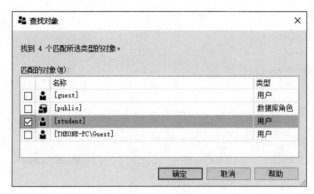

图 12.16 "查找对象"对话框

（5）完成设置后，单击"确定"按钮完成创建。

创建角色时只是建立了一个角色名，此时不能指定角色的权限，但可以添加具有该角色的数据库用户。下一步首先要给该角色指定权限，具体过程见 12.5 节。

2. 使用 SQL Server Management Studio 删除数据库角色

（1）在 SQL Server Management Studio 的"对象资源管理器"中依次展开到目标数据库。

（2）在目标数据库下单击"角色"结点，在角色详细列表中右击要删除的数据库角色，在弹出的快捷菜单中选择"删除"命令。

（3）在弹出的提示对话框中单击"确定"按钮确认删除。

3. 使用 sp_addrole 创建数据库角色

【例 12.8】 使用系统存储过程 sp_addrole 在 jxgl 数据库中添加名为 role2 的数据库角色。

运行以下命令：

```
USE jxgl
GO
EXECUTE sp_addrole 'role2'
GO
```

4. 使用 sp_droprole 删除数据库角色

【例 12.9】 使用系统存储过程 sp_droprole 在 jxgl 数据库中删除名为 role2 的数据库角色。

运行以下命令：

```
USE jxgl
GO
EXECUTE sp_droprole 'role2'
```

GO

注意：在删除角色时，如果角色中有成员，则会产生删除失败的错误，为保证操作的成功运行，首先要删除角色中的所有成员。

12.4.3　增加和删除数据库角色成员

建立角色的目的就是要将具有相同权限的数据库用户组织到一起，同时也是将一组权限用一个角色来表示。实际上，将用户增加到相应的角色组中就是给该用户指定了该角色的权限。相应地，从角色组中删除某个用户就是取消该用户的相对于该角色的权限。关于角色权限的指定将在 12.5 节介绍。

1. 使用 SQL Server Management Studio 增加或删除数据库角色成员

（1）在 SQL Server Management Studio 的"对象资源管理器"中依次展开到要管理的数据库。

（2）在目标数据库中单击"角色"结点，然后在详细列表中双击要增加或删除成员的数据库角色，或右击角色名称并在弹出的快捷菜单中选择"属性"命令。

（3）在弹出的"数据库角色属性"对话框中执行下列操作：如果要添加新的数据库用户成为该角色的成员，可单击"添加"按钮，然后在"选择数据库用户或角色"对话框中单击"浏览"按钮，弹出"查找对象"对话框，选择一个或多个数据库用户，将其添加到数据库角色中，如图 12.17 所示；如果要删除一个成员，可以在"数据库角色属性"对话框的成员列表中选中该成员，然后单击"删除"按钮。

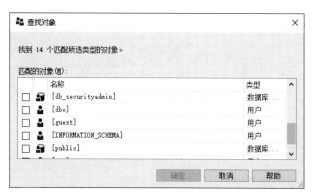

图 12.17　为角色添加用户

（4）依次单击"确定"按钮，关闭"数据库角色属性"对话框。

2. 用 SQL 语句增加或删除数据库角色成员

使用系统存储过程 sp_addrolemember 将数据库用户添加为角色成员，使用系统存储过程 sp_droprolemember 将数据库用户从角色成员中删除（这两个系统存储过程在例 12.6 中已使用过），两个存储过程的语法格式如下：

```
EXECUTE sp_addrolemember '数据库角色名', '用户名'
EXECUTE sp_droprolemember '数据库角色名', '用户名'
```

权限

12.5 权限

权限管理是 SQL Server 安全管理的最后一关，访问权限指明了用户可以获得哪些数据库对象的使用权，以及用户能够对这些对象执行何种操作。将一个登录名映射为一个用户名，并将用户名添加到某种数据库角色中，其实都是为了对数据库的访问权限进行设置，以便让各用户能够进行适合其工作职能的操作。

12.5.1 权限概述

权限管理是指将安全对象的权限授予主体、取消或禁止主体对安全对象的权限。SQL Server 通过验证主体是否已获得适当的权限来控制主体对安全对象执行的操作。

1. 主体

主体是可以请求 SQL Server 资源的个体、组和过程。主体的分类如表 12.2 所示。

表 12.2　主体的分类

主　　体	内　　容
Windows 级别的主体	Windows 域名登录名、Windows 本地登录名
SQL Server 级别的主体	SQL Server 登录名
数据库级别的主体	数据库用户、数据库角色、应用程序角色

2. 安全对象

安全对象是 SQL Server Database Engine 授权系统控制对其进行访问的资源，每个 SQL Server 安全对象都有可以授予主体的关联权限，如表 12.3 所示。

表 12.3　安全对象内容

安全对象	内　　容
服务器	端点、登录账户、数据库
数据库	用户、角色、应用程序角色、程序集、消息类型、路由、服务、远程服务绑定、全文索引、证书、非对称密钥、约定、架构
架构	类型、XML 架构集合、对象
对象	聚合、约束、函数、过程、队列、统计信息、同义词、表、视图

3. 架构

架构是形成单个命名空间的数据库实体的集合。命名空间是一个集合，其中每个元素的名称都是唯一的。在 SQL Server 中,架构独立于创建它们的数据库用户存在,可以在不更改架构名称的情况下转让架构的所有权。

完全限定的对象包括 4 部分,即 server、.database、.schema、.object。

SQL Server 还引入了默认架构的概念,用于解析未使用其完全限定名称引用的对象的名称。在 SQL Server 中每个用户都有一个默认架构,用于指定服务器在解析对象的名称时将要搜索的第一个架构。如果未定义默认架构,则数据库用户将把 dbo 作为其默认架构。

4. 权限

在 SQL Server 中,能够授予的安全对象和权限的组合有 181 种。GRANT、DENY、REVOKE 语句的格式和具体的安全对象有关,读者在使用时请参阅联机丛书,主要安全对象权限如表 12.4 所示。

表 12.4　主要安全对象权限

安 全 对 象	权　　　限
数据库	BACKUP DATABASE、BACKUP LOG、CREATE DATABASE、CREATE FUNCTION、CREATE PROCEDURE、CREATE RULE、CREATE TABLE、CREATE VIEW
标量函数	EXECUTE、REFERENCES
表值函数、表、视图	DELETE、INSERT、UPDATE、SELECT、REFERENCES
存储过程	DELETE、EXECUTE、INSERT、SELECT、UPDATE

12.5.2　权限的管理

在权限的管理中,因为隐含权限是由系统预定义的,这种权限是不需要设置也不能够进行设置的,所以权限的管理实际上是指对访问对象权限和执行语句权限的设置。权限可以通过数据库用户或数据库角色进行管理。权限管理的内容包括以下 3 方面。

(1) 授予权限:允许某个用户或角色对一个对象执行某种操作或语句。使用 SQL 语句 GRANT 实现该功能,在图形界面下用在复选框中选择对号(☑)实现该功能。

(2) 拒绝访问:拒绝某个用户或角色对一个对象执行某种操作,即使该用户或角色曾经被授予了这种操作的权限,或者由于继承获得了这种权限,仍然不允许执行相应的操作。使用 SQL 语句 DENY 实现该功能,在图形界面下用在复选框中选择叉号(☒)实现该功能。

(3) 取消权限:不允许用户或角色对一个对象执行某种操作或语句。不允许和拒绝是不同的,不允许执行某个操作可以通过间接授予权限来获得相应的权限,而拒绝执行某种操作,间接授权无法起作用,只有通过直接授权才能改变。取消授权可以使用 SQL 语句 REVOKE 实现,在图形界面下用在复选框中选择空白(☐)实现该功能。

当 3 种权限出现冲突时,拒绝访问起作用。

1. 使用 SQL Server Management Studio 管理用户权限

(1) 在 SQL Server Management Studio 的"对象资源管理器"中依次展开到要管理的数据库,例如 jxgl。

(2) 在目标数据库中选择指定的表,例如"学生信息"表,在表上右击,在快捷菜单中选择"属性"命令,弹出"表属性-学生信息"对话框,如图 12.18 所示。然后选择"权限"选项,单击"搜索"按钮,弹出"选择用户或角色"对话框,如图 12.19 所示,再单击"浏览"按钮,弹出"查找对象"对话框,选择要添加的用户或角色,如图 12.20 所示。

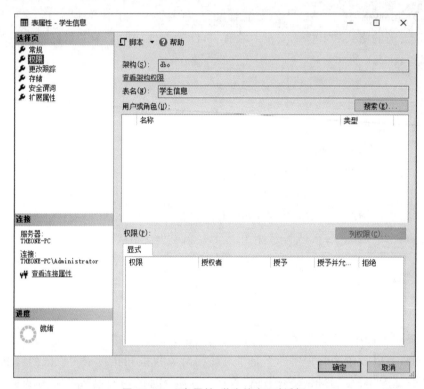

图 12.18 "表属性-学生信息"对话框

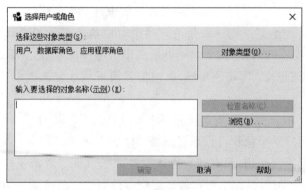

图 12.19 "选择用户或角色"对话框

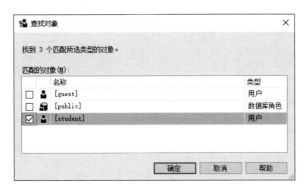

图 12.20 "查找对象"对话框

（3）单击"确定"按钮返回"表属性-学生信息"对话框，这时在对话框的下方会出现对于表的各种操作的权限，如图 12.21 所示。

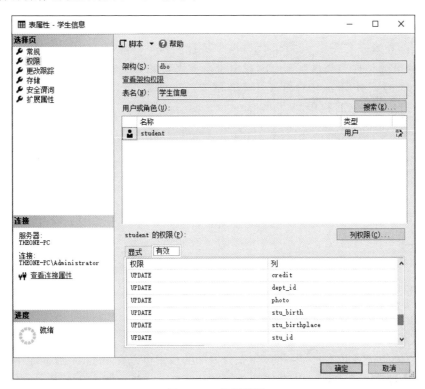

图 12.21 权限管理

（4）选择需要设置权限的用户或角色，例如授予用户 test 对"学生信息"表的插入（INSERT）和查询（SELECT）权限，拒绝其对表的删除权限。

（5）如果允许用户具有查询权限，则列权限可用，单击"列权限"按钮，弹出列权限设置对话框，可以选定对表中的哪些列具有查询的权限。

（6）各项设置完成后，单击"确定"按钮关闭对话框。

2. 使用 T-SQL 语句管理用户权限

在 SQL Server 中使用 GRANT、DENY、REVOKE 这 3 个命令来管理权限。各语句的语法格式如下。

（1）授予。

```
GRANT {ALL|语句名称 [,...n]} TO 用户/角色 [,...n]
```

（2）拒绝。

```
DENY {ALL|语句名称 [,...n]} TO 用户/角色 [,...n]
```

（3）取消。

```
REVOKE {ALL|语句名称 [,...n]} FROM 用户/角色 [,...n]
```

其中，ALL 指所有权限。

注意：对于非数据库内部操作的语句，一定要在 master 数据库中先建好用户或角色后才能执行，并且一定要在 master 数据库中执行。例如创建数据库语句的执行权限，数据库内部操作的语句无此限制，另外，授权者本身也要具有能够授权的权限。

【例 12.10】 使用 GRANT 语句给用户 stu04 授予 CREATE DATABASE 和 BACKUP DATABASE 权限。

运行以下命令：

```
USE master                     --在 master 数据库中建立数据库用户
EXECUTE sp_grantdbaccess 'stu04'
GRANT CREATE DATABASE,BACKUP DATABASE TO stu04
GO                             --为该用户授予数据库建立等权限
USE jxgl                       --回到工作数据库
GRANT CREATE TABLE,CREATE VIEW  TO stu04
GO
```

【例 12.11】 使用 REVOKE 语句取消用户 stu04 的 CREATE VIEW 权限。
运行以下命令：

```
REVOKE CREATE VIEW FROM stu04
```

同一权限的授予并不是唯一的，建立数据库的权限可以在 master 数据库中为登录名建立用户，如例 12.10，也可以直接给登录名指定一个建立数据库的固定服务器角色 dbcreator。对于数据库内部对象操作的管理，使用权限管理灵活性更大。

12.6 实训项目：SQL Server 的安全管理

1. 实训目的

（1）理解登录账户、数据库用户和数据库权限的作用。
（2）掌握服务器安全管理的主要方法。

（3）掌握数据库角色的管理和应用。

2. 实训内容

（1）练习使用 SQL Server Management Studio 和命令创建和管理登录账户的方法。

（2）练习使用 SQL Server Management Studio 和命令创建和管理数据库用户的方法。

（3）练习使用 SQL Server Management Studio 和命令创建和管理角色的方法。

（4）练习使用 SQL Server Management Studio 和命令管理数据库权限的方法。

3. 实训过程

（1）使用 SQL 语句为 Windows 身份验证的登录账户 JSJ\test 和 SQL Server 身份验证的登录账户 stu05 指定服务器管理的服务器角色 serveradmin，完成指定操作后再取消该角色。

运行以下命令：

```
EXECUTE sp_addsrvrolemember 'JSJ\test','serveradmin'
EXECUTE sp_addsrvrolemember 'stu05','serveradmin'
GO
EXECUTE sp_dropsrvrolemember 'JSJ\test','serveradmin'
EXECUTE sp_dropsrvrolemember 'stu05', 'serveradmin'
GO
```

（2）使用 SQL 语句为 Windows 身份验证的登录账户 JSJ\test 和 SQL Server 身份验证的登录账户 stu05 在数据库 marketing 中分别建立用户 WinUser 和 SQLUser。

```
USE marketing
GO
EXECUTE sp_grantdbaccess  'JSJ\test','WinUser'
EXECUTE sp_grantdbaccess  'stu05','SQLUser'
GO
```

（3）使用系统存储过程 sp_addrole 在数据库 marketing 中添加名为 role2 的数据库角色；使用系统存储过程 sp_addrolemember 将一些数据库用户添加为角色成员。

```
USE marketing
GO
EXECUTE sp_addrole 'role2'
GO
EXECUTE sp_addrolemember 'role2','SQLUser'
GO
```

（4）使用 GRANT 给用户 stu05 授予 CREATE DATABASE 的权限。

```
USE master
GO
```

```
EXECUTE sp_grantdbaccess 'stu05'
GRANT CREATE DATABASE  TO stu05
GO
```

（5）取消用户 stu05 的 CREATE DATABASE 权限，并从数据库中将该用户删除。

```
USE master
REVOKE CREATE DATABASE  FROM  stu05
GO
EXECUTE sp_revokedbaccess  'stu05'
GO
```

（6）使用 SQL Server Management Studio 的"对象资源管理器"创建一个使用 SQL Server 身份验证的登录账户 mySQL，并在数据库 marketing 中建立同名用户，授予该用户服务器角色 dbcreator 及数据库角色 db_datareader 和 db_datawriter。再利用 SQL Server Management Studio 的"对象资源管理器"创建一个数据库角色 myROLE，授予该角色对数据库中所有表的查询和修改权限，并将用户 mySQL 添加为该角色的成员。

4. 实训总结

通过本次上机实训，要求读者掌握服务器登录、数据库用户及角色的创建与使用方法，掌握对数据库权限的使用方法，从而更加明确数据库的安全管理要求及实现方法。

本 章 小 结

本章主要介绍了 SQL Server 提供的安全管理措施，SQL Server 通过服务器登录身份验证、数据库用户账号及数据库对象操作权限 3 方面实现数据库的安全管理。读者应重点掌握以下内容。

（1）SQL Server 身份验证的两种方法。

（2）各种固定服务器角色的权限及其成员的添加与删除。

（3）数据库用户、数据库角色的组织与权限的管理。

习　　题

（1）SQL Server 的安全模型分为哪 3 层结构？

（2）说明固定服务器角色、数据库角色与登录账户、数据库用户的对应关系及其特点。

（3）如果一个 SQL Server 服务器仅采用 Windows 方式进行身份验证，在 Windows 操作系统中没有 sa 用户，是否可以使用 sa 登录该 SQL Server 服务器？

（4）完全限定的对象名称包含哪几部分？

第 13 章　SQL Server 开发与编程

多层结构的应用开发已经在多个领域的项目中得到了广泛的应用,作为结构底层的数据库系统,SQL Server 2019 以其与 Windows 操作系统无缝连接的独特优势被大量应用于各种中小型信息系统项目中。SQL Server 本身并不提供进行客户端开发的工具,它可以和当前的所有通用开发工具结合,进行系统开发。本章主要介绍使用 Visual C♯ 与 SQL Server 相结合进行联合开发的基本方法。

通过学习本章,读者应掌握以下内容:

* ADO.NET 的使用;
* ADO.NET 与 SQL Server 的连接;
* 一个简单应用系统的开发。

13.1　ADO.NET 简介

ADO(ActiveX Data Object)对象是继开放式数据库互连(Open Database Connectivity,ODBC)架构之后微软公司主推的数据存取技术,ADO 对象是程序开发平台用来和对象链接嵌入数据库(Object Linking and Embedding Database,OLE DB)沟通的媒介。

ADO.NET 是一组包含在.NET 框架中的类库,用于.NET 应用程序各种数据存储之间的通信。它是微软公司为大型分布式环境设计的,采用 XML 作为数据交换格式,任何遵循此标准的程序都可以用它进行数据处理和通信,而与操作系统和实现语言无关。

13.1.1　ADO.NET 对象模型

ADO.NET 的类由两部分组成:.NET 数据提供程序(Data Provider)和数据集(DataSet)。数据提供程序负责与数据源的物理连接,数据集则表示实际的数据,这两部分都可以与数据的使用程序(例如 Windows 应用程序和 Web 应用程序)进行通信。ADO.NET 对象模型如图 13.1 所示。

由图 13.1 可知,ADO.NET 对象模型中有 5 个主要的组件,分别是 Connection 对象、Command 对象、DataReader 对象、DataAdapter 对象和 DataSet 对象。这些组件中负责建立连接和数据操作的部分被称为数据操作组件,由 Connection 对象、Command 对象、DataReader 对象及 DataAdapter 对象组成。数据操作组件主要作为 DataSet 对象和数据源之间的"桥梁",负责将数据源中的数据取出后放入 DataSet 对象中,以及将数据返回数据源的工作。

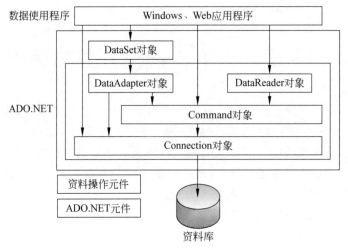

图 13.1　ADO.NET 对象模型

13.1.2　.NET 数据提供程序

ADO.NET 的.NET 数据提供程序是 ADO.NET 的核心组成部分，本节首先介绍 .NET 数据提供程序的核心对象（见表 13.1），然后详细介绍 ADO.NET 为不同的数据库 设计的两套类库，以及如何选择合适的.NET 数据提供程序。

表 13.1　组成.NET 数据提供程序的 4 个核心对象

对　　象	说　　明
Connection	建立与特定数据库的连接
Command	对数据源执行命令
DataReader	从数据源中读取只读的数据流
DataAdapter	用数据源填充 DataSet 并解析更新

1..NET 数据提供程序概述

.NET 数据提供程序是 ADO.NET 的一个组件，它在应用程序和数据源之间起着"桥 梁"的作用，用于从数据源中检索数据并且使对该数据的更改与数据源保持一致。.NET 数据提供程序包含一些类，这些类用于连接到数据源，在数据源处执行命令，返回数据源 的查询结果；.NET 数据提供程序还包含一些其他的类，可用于将数据源的结果填充到数 据集并将数据集的更改返回组数据源等。

.NET 数据提供程序用于连接到数据库、执行命令和检索结果。可以直接处理检索 到的结果，或将其放入 ADO.NET 的 DataSet 对象，以便与来自多个数据源的数据组合在 一起，以特殊方式向用户公开。.NET 数据提供程序在设计上是轻量的，它在数据源和代 码之间创建了一个最小层，以便在不以功能为代价的前提下提高应用程序的性能。

1）Connection 对象

Connection 对象的作用主要是建立应用程序和数据库之间的连接，不利用 Connection 对象将数据库打开，是无法从数据库中获取数据的。该对象位于 ADO.NET 的最底层，用户可以自己创建这个对象，也可以由其他对象自动产生。

2）Command 对象

Command 对象主要用来对数据库发出一些指令，例如可以对数据库下达查询、添加、修改、删除数据等指令，以及呼叫存在于数据库中的预存程序等。该对象架构在 Connection 对象上，也就是 Command 对象是透过连接到数据源的 Connection 对象来下命令的，所以 Connection 连接到哪个数据库，Command 对象的命令就下到哪里。

3）DataAdapter 对象

DataAdapter 对象主要是在数据源以及 DataSet 之间执行数据传输的工作，它可以通过 Command 对象下达命令，将取得的数据放入 DataSet 对象中。该对象架构在 Command 对象上，提供了许多配合 DataSet 使用的功能。

4）DataReader 对象

当只需要顺序读取数据而不需要其他操作时，可以使用 DataReader 对象。DataReader 对象一次一笔向下顺序地读取数据源中的数据，而且这些数据是只读的，不允许进行其他的操作。因为 DataReader 在读取数据时限制了每次只读取一笔，而且只读，所以使用起来不但节省资源而且效率高，同时还可以降低网络的负载。

.NET 框架主要包括 SQL Server .NET 数据提供程序（用于 SQL Server 7.0 或更高版本）和 OLE DB .NET 数据提供程序。

针对不同的数据库，ADO.NET 提供了两套类库。

（1）第一套类库专门用来存取 SQL Server 数据库。

（2）第二套类库可以存取所有基于 OLE DB 提供的数据库，如 SQL Server、Access、Oracle 等。

具体的对象名称如表 13.2 所示。

表 13.2　两种数据提供程序的对象

对象	SQL 对象	OLE DB 对象
Connection	SqlConnection	OleDbConnection
Command	SqlCommand	OleDbCommand
DataReader	SqlDataReader	OleDbDataReader
DataAdapter	SqlDataAdapter	OleDbDataAdapter

2. SQL Server .NET 数据提供程序

SQL Server .NET 数据提供程序使用它自己的协议来与 SQL Server 进行通信。由于它经过了优化，可以直接访问 SQL Server 而不用添加 OLE DB 或 ODBC 层，因此它是轻量的，并具有良好的性能。图 13.2 将 SQL Server .NET 数据提供程序和 OLE DB

.NET 数据提供程序进行了对比。OLE DB .NET 数据提供程序通过 OLE DB 服务组件和数据源的数据进行通信。

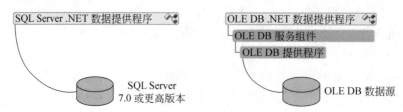

图 13.2　SQL Server .NET 数据提供程序和 OLE DB .NET 数据提供程序的比较

要使用 SQL Server .NET 数据提供程序，必须具有对 Microsoft SQL Server 的访问权。SQL Server .NET 数据提供程序类位于 System.Data.SqlClient 命名空间。

3. OLE DB .NET 数据提供程序

OLE DB .NET 数据提供程序通过 COM Interop(COM 与 .NET 之间的纽带)使用本机 OLE DB 启用数据访问。OLE DB .NET 数据提供程序支持手动和自动事务。对于自动事务，OLE DB .NET 数据提供程序会自动在事务中登记，并从 Windows 组件服务中获取事务详细信息。

若要使用 OLE DB. NET 数据提供程序，所使用的 OLE DB 提供程序必须支持 OLE DB.NET 数据提供程序所使用的 OLE DB 接口中列出的 OLE DB 接口。

13.1.3　数据集

数据集(DataSet)可以视为一个缓存区(Cache)，可以把从数据库中所查询到的数据保留起来，甚至可以将整个数据库显示出来。DataSet 的能力不只是可以储存多个表，它还可以透过 DataAdapter 对象取得一些例如主键等的数据表结构，并可以记录数据表间的关联。DataSet 对象可以说是 ADO.NET 中重量级的对象，这个对象架构在 DataAdapter 对象上，本身不具备和数据源通信的能力，正如前面所说的 DataAdapter 对象是 DataSet 对象和数据源之间的"桥梁"，即与数据源沟通是由 DataAdapter 对象来完成的。

DataSet 记录内存中的数据，类似于一个简化的关系数据库，可以包括表、数据行、数据列以及表与表之间的关系。创建一个 DataSet 后，它就可以单独存在，不一定要连接到一个具体的数据库，因为 DataSet 本身是脱机数据，所有的数据都可以脱机使用，只有需要将经过编辑的数据返回到数据库时才需要连接到数据库。

DataSet 是 ADO.NET 结构的主要组件，它具有以下特点。

(1) 独立于数据源。

(2) 使用 XML 格式。

(3) 类型化与非类型化数据集。

DataSet 对象由 DataTableCollection 对象和 DataRelationCollection 对象组成，而

DataTableCollection 对象和 DataRelationCollection 对象又包含其他对象。DataSet 对象的组成结构如图 13.3 所示。

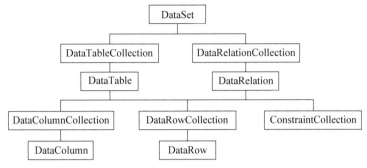

图 13.3　DataSet 对象的组成结构

由图 13.3 可以看出，DataTableCollection（数据表的集合）对象包含若干 DataTable（数据表）对象，而 DataTable 对象又由 3 个集合构成，即 DataColumnCollection（数据表的列的集合）、DataRowCollection（数据表的行的集合）和 ConstraintCollection（约束集合）。

DataRelationCollection（数据关系集合）对象包含若干 DataRelation（数据关系）对象，通过它可以浏览数据表的层次结构。

13.1.4　数据集的核心对象

13.1.3 节介绍了数据集，它是 System.Data 命名空间的一部分，包含很多子类，下面简单介绍一下这些类，具体的使用方法将在后面项目实例中介绍。

1. DataSet

DataSet 对象可以看作一个暂时存放在内存中的数据库，它可以包含一些 DataTable 和 DataView 等对象。它和其他的数据控件一起使用，存储 Command 对象和 DataAdapter 和 DataView 等对象。DataSet 实际上是返回数据的层次式视图，利用 DataSet 对象的属性与集合可以取得总体关系及各个表、行和列。

2. DataTable

DataTable 对象表示 DataSet 对象中的每个表，而每个表之间的关联是通过 DataRelation 对象来建立的。DataTable 中的每行数据就是一个 DataRow 对象，每个字段就是一个 DataColumn 对象，数据限制由 Constraint 对象来表示。

3. DataRow

DataRow 对象用来操作各个数据行，它可以看成一个数据的缓冲区，可以添加、删除和修改记录，并将更改保存到 Recordset 中，然后用 SQL 语句将更新后的数据返回给服务器（数据库）。

4. DataColumn

DataColumn 对象类似于 DataRow 对象，它用来获取列的信息，也可以用它取得模式信息和数据。

5. DataRelation

DataRelation 对象运行于客户端，用来建立 DataTable 之间的关系。可以用它来保证执行完整性约束（Integrity Constraint）规则、级联（Cascade）数据修改以及在相关的数据表（DataTable）之间操纵数据。

13.2　访问数据

.NET Framework 提供了很多的数据控件，使用这些控件能够方便地访问数据库。本节首先介绍 SqlConnection 类和 SqlDataAdapter 类，然后介绍两个常用的数据控件，即 DataGrid 控件和 DataGridView 控件。

13.2.1　SqlConnection 类

SqlConnection 类位于 System.Data.SqlClient 命名空间中，是一个不可继承的类。它用于建立应用程序与数据库的连接。SqlConnection 类最重要的属性为 ConnectionString 属性，它是可读写 string 类型的，包含数据提供者或服务提供者打开数据源的连接所需要的特定信息，下面是一个数据库连接字符串示例。

```
"server=THEONE-PC;database=SelectCourse;integrated security=SSPI"
```

其中，server 表示运行 SQL Server 的计算机名，在实际使用过程中要用实际的计算机名来取代，如果连接的是本地服务器，也可以直接用 localhost 代替服务器名；database 表示所使用的数据库名，这里用选课系统数据库 SelectCourse；设置 integrated security 为 SSPI，表明希望采用集成的 Windows 身份验证方式。

Connection 用于与数据库"对话"，并由特定提供程序的类（如 SqlConnection）表示。尽管 SqlConnection 类是针对 SQL Server 的，但是这个类的许多属性、方法与事件和 OleDbConnection 及 OdbcConnection 等类相似。

说明：使用不同的 Connection 对象需要导入不同的命名空间。OleDbConnection 对象的命名空间为 System.Data.OleDb；SqlConnection 对象的命名空间为 System.Data.SqlClient；OdbcConnection 对象的命名空间为 System.Data.Odbc。

1. 使用 SqlConnection 对象

使用 SqlConnection 对象可以连接到 SQL Server 数据库。可以用 SqlConnection() 构造函数生成一个新的 SqlConnection 对象来实现。这个函数是重载的，即可以调用构造函数的不同版本。SqlConnection 的构造函数如表 13.3 所示。

表 13.3　SqlConnection 的构造函数

构 造 函 数	说　　　明
SqlConnection()	初始化 SqlConnection 类的新实例
SqlConnection(String)	如果给定包含连接字符串的字符串,则初始化 SqlConnection 类的新实例

接下来介绍一下使用集成的 Windows 身份验证和使用 SQL Server 身份验证两种方式来连接数据库的方法。

(1) Windows 身份验证。

使用集成的 Windows 身份验证方式的实例如下:

```
String ConnectionString=
"server=THEONE-PC;database=SelectCourse;integrated security=SSPI";
```

在上述代码中,设置了一个针对 SQL Server 数据库的连接字符串,其具体的含义在前面已经介绍过。

(2) SQL Server 身份验证。

使用集成的 SQL Server 身份验证方式的实例如下:

```
String ConnectionString=
"server=THEONE-PC;database=SelectCourse;uid=sa;pwd=sa";
```

在上述程序代码中,采用了使用已知的用户名和密码验证进行数据库的登录。uid 为指定的数据库用户名,pwd 为指定的用户口令。为了安全起见,一般不要在代码中包括用户名和口令,而采用前面的集成的 Windows 身份验证方式或者对 Web.Config 文件中的连接字符串加密的方式提高程序的安全性。

下面介绍一下使用程序代码将数据库连接字符串传入 SqlConnection() 构造函数的方法,例如:

```
String ConnectionString=
"server=THEONE-PC;database=SelectCourse;integrated security=SSPI";
SqlConnection mySqlConnection=new SqlConnection(ConnectionString);
```

或者写成

```
SqlConnection mySqlConnection=new SqlConnection
("server=THEONE-PC;database=SelectCourse;integrated security=SSPI");
```

在前面的范例中,通过使用 new 关键字生成了一个新的 SqlConnection 对象,并且将其命名为 mySqlConnection。因此也可以设置该对象的 ConnectionString 属性,为其指定一个特定的数据库连接字符串,这和将数据库连接字符串传入 SqlConnection() 构造函数的功能是一样的。

例如:

```
SqlConnection mySqlConnection=new SqlConnection();
mySqlConnection. ConnectionString=
    "server=THEONE-PC;database=SelectCourse;integrated security=SSPI"
```

2. 打开和关闭数据库连接

在生成 SqlConnection 对象并将其 ConnectionString 属性设置为数据库连接的相应细节之后，就可以打开数据库连接。为此可以调用 SqlConnection 对象的 Open()方法。其方法如下：

```
mySqlConnection.open();
```

完成数据库的连接后，可以调用 SqlConnection 对象的 Close()方法关闭数据库连接。

```
mySqlConnection.close();
```

13.2.2 SqlDataAdapter 类

SqlDataAdapter 类位于 System. Data. SqlClient 命名空间中，也是一个不可继承的类。它用于填充 DataSet 和更新 SQL Server 数据库的一组数据命令和一个数据库连接。

SqlDataAdapter 是 DataSet 和 SQL Server 之间的桥接器，用于检索和保存数据。SqlDataAdapter 通过对数据源使用适当的 T-SQL 语句映射 Fill（它可更改 DataSet 中的数据以匹配数据源中的数据）和 Update（它可更改数据源中的数据以匹配 DataSet 中的数据）来提供这一桥接。

当 SqlDataAdapter 填充 DataSet 时，它为返回的数据创建必需的表和列（如果这些表和列尚不存在）。但是，除非 MissingSchemaAction 属性设置为 AddWithKey，否则这个隐式创建的架构中不包括主键信息。用户也可以使用 FillSchema，让 SqlDataAdapter 创建 DataSet 的架构，并在用数据填充它之前就将主键信息包括进去。

SqlDataAdapter 与 SqlConnection 和 SqlCommand 一起使用，以便在连接到 SQL Server 数据库时提高性能。

SqlDataAdapter 还包括 SelectCommand、InsertCommand、DeleteCommand 和 UpdateCommand 等属性，以便于数据的加载和更新。

各属性及其说明如下。

（1）SelectCommand。SelectCommand 用于获取或设置一个 T-SQL 语句或存储过程，用于在数据源中选择记录。

（2）InsertCommand。InsertCommand 用于获取或设置一个 T-SQL 语句或存储过程，以在数据源中插入新记录。

（3）DeleteCommand。DeleteCommand 用于获取或设置一个 T-SQL 语句或存储过程，以从数据集删除记录。

（4）UpdateCommand。UpdateCommand 用于获取或设置一个 T-SQL 语句或存储过程，用于更新数据源中的记录。

13.2.3 DataGrid 控件

Windows 窗体 DataGrid 控件用于在一系列行和列中显示数据。最简单的情况是将网格绑定到只有一个表的数据源。在这种情况下，数据在简单行和列中的显示方式与在电子表格中相同。

1. 将数据绑定到控件

为使 DataGrid 控件正常工作，应该在设计时使用 DataSource 和 DataMember 属性，或在运行时使用 SetDataBinding 方法，将该控件绑定到数据源。此绑定可以使 DataGrid 指向实例化的数据源对象，如 DataSet 或 DataTable。DataGrid 控件显示对数据执行的操作的结果。大部分数据特定的操作都是通过数据源而不是 DataGrid 来执行的。

如果通过任何机制更新绑定数据集内的数据，则 DataGrid 控件会反映所做的更改。如果数据网格及其表样式和列样式的 ReadOnly 属性设置为 false，则该数据集内的数据可以通过 DataGrid 控件进行更新。

在 DataGrid 中，一次只能显示一个表。如果在表之间定义了父子关系，则用户可以在相关表之间移动，以选择要在 DataGrid 控件中显示的表。

对于 DataGrid，有效的数据源包括 DataTable 类、DataView 类、DataSet 类和 DataViewManager 类。如果源是数据集，则该数据集可能是窗体中的一个对象或者是由 XML Web Services 传递给窗体的对象，可以绑定到类型化或非类型化数据集。

2. 表样式和列样式

建立 DataGrid 控件的默认格式后，即可自定义在数据网格内显示某些表时使用的颜色，这一点是通过创建 DataGridTableStyle 类的实例来实现的。表样式指定了特定表的格式设置，该设置与 DataGrid 控件本身的默认格式设置不同。每个表一次只能定义一个表样式。有时，用户需要让特定数据表中某一特定列的外观不同于其余列，此时可以使用 GridColumnStyle 属性创建一组自定义列样式。

列样式与数据集中的列相关，如同表样式与数据表相关一样。和一次只能为每个表定义一种表样式一样，在特定的表样式中只能为每个列定义一种列样式，这种关系是在列的 MappingName 属性中定义的。

因为用户通过为列分配一个列样式来指定在数据网格中包含哪些列，而以前没有为列分配列样式，所以用户可以将没有显示在网格中的数据列包含在数据集中。但是，由于数据列包含在数据集中，因此可以通过编程方式编辑未显示的数据。

可应用于 DataGrid 控件的格式设置包括边框样式、网格线样式、字体、标题属性、数据对齐和行间的交替背景色等。

13.2.4 DataGridView 控件

1. 使用 DataGridView 控件

使用 DataGridView 控件，可以显示和编辑来自多种不同类型的数据源的表格数据。将数据绑定到 DataGridView 控件非常简单和直观，在大多数情况下，只需设置 DataSource 属性即可。在绑定到包含多个列表或表的数据源时，也只需将 DataMember 属性设置为指定要绑定的列表或表的字符串。

DataGridView 控件具有极高的可配置性和可扩展性，它提供了大量的属性、方法和事件，可以用来对该控件的外观和行为进行自定义。当需要在 Windows 窗体应用程序中显示表格数据时，应当首先考虑使用 DataGridView 控件，然后再考虑使用其他控件（例如 DataGrid）。若要以小型网格显示只读值，或者使用户能够编辑有数百万条记录的表，DataGridView 控件是最佳的选择，它将为用户提供可以方便地进行编程以及有效利用内存的解决方案。

2. DataGrid 与 DataGridView 的区别

DataGridView 控件是用来替换 DataGrid 控件的新控件。DataGridView 控件提供了 DataGrid 控件中所没有的许多基本功能和高级功能。另外，DataGridView 控件的结构使得它比 DataGrid 控件更容易扩展和自定义。

表 13.4 列出了在 DataGrid 控件中没有提供，但 DataGridView 控件提供了的 4 个主要新功能。

表 13.4　DataGridView 控件的主要新功能

功　　能	说　　明
多种列类型	与 DataGrid 控件相比，DataGridView 控件提供了更多的内置类型。这些列类型能满足大多数常见方案的需要，而且比 DataGrid 控件中的列类型更容易扩展或替换
多种数据显示方式	DataGrid 控件仅限于显示外部数据源的数据。而 DataGridView 控件可显示存储在控件中的未绑定数据、来自绑定数据源的数据或者同时显示绑定数据和未绑定数据，也可以在 DataGridView 控件中实现虚拟模式以提供自定义数据管理
用于自定义数据显示的多种方式	DataGridView 控件提供了许多属性和事件，可以使用它们指定数据的格式设置方式和显示方式。例如，可以根据单元格、行和列中包含的数据更改其外观，或者将一种数据类型的数据替换为另一种类型的等效数据
用于更改单元格、行、列、标头外观和行为的多个选项	DataGridView 控件能够以多种方式使用各个网格组件。例如，冻结行和列以阻止其滚动；隐藏行、列和标头；更改调整行、列和标头大小的方式等

13.3　学生选课系统

下面介绍如何在 Visual C♯ 环境下使用 ADO.NET 和 SQL Server 2019 设计一个学生选课系统,其中详细介绍了如何建立数据库的连接、编写数据读取方法和数据更新方法,使用这些方法建立应用程序与 SQL Server 2019 数据库的连接,并通过应用程序完成对数据的添加、删除、修改和查询等操作。

13.3.1　学生选课系统简介

学生选课系统是学校教务系统中不可缺少的一个子系统,它涉及学生、课程等信息的结合。下面介绍的学生选课系统包括以下 4 个模块。

1. 登录模块

登录模块提供用户登录界面,用户输入正确的用户名和用户密码后,则可进入系统主窗口(即导航页面),从而可以选择进入相应的子系统。

2. 学生信息管理模块

学生信息管理模块主要用于管理学生的基本信息,包括学号、姓名、性别、年龄和所在系,能对学生信息进行添加、删除和修改等操作。

3. 课程信息管理模块

课程信息管理模块主要用于管理课程信息,包括课程号、课程名、学分和学时,能对课程信息进行添加、删除和修改等操作。

4. 选课信息管理模块

选课信息管理模块主要用于管理学生选课信息,包括选课学生的学号、所选课程的课程号和该课程的考试成绩,并提供了学生选课和选课信息查询功能。

13.3.2　数据库设计

下面介绍各数据表的结构。

1. 系统用户表

根据前面的分析,学生选课系统数据库(SelectCourse)中包含系统用户表(tbl_User)、学生信息表(tbl_Student)、课程信息表(tbl_Course)和选课信息表(tbl_SC)4 个数据表。表的结构、表的字段的数据类型及相关说明如下。

系统用户表用于存放系统用户的相关数据,其结构如表 13.5 所示。

表 13.5　系统用户表

列　名	说　明	数 据 类 型	约　　束
userName	用户名	字符串,长度为 16	主键
userPassword	用户密码	字符串,长度为 16	非空
userPurview	权限	字符串,长度为 8	取值"超级用户""管理员""一般用户"

2. 学生信息表

学生信息表结构如表 13.6 所示。

表 13.6　学生信息表

列　名	说　明	数 据 类 型	约　　束
Sno	学号	字符串,长度为 10	主码
Sname	姓名	字符串,长度为 8	非空
Ssex	性别	字符串,长度为 2	取值"男""女"
Sage	年龄	整数	—
Sdept	所在系	字符串,长度为 20	—

3. 课程信息表

课程信息表结构如表 13.7 所示。

表 13.7　课程信息表

列　名	说　明	数 据 类 型	约束
Cno	课程号	字符串,长度为 10	主码
Cname	课程名	字符串,长度为 20	非空
Ccredit	学分	整数	—
Csemester	学期	整数	—
Cperiod	学时	整数	—

4. 选课信息表

选课信息表结构如表 13.8 所示。

表 13.8　选课信息表

列　名	说　明	数 据 类 型	约　　束
Sno	学号	字符串,长度为 10	主码,引用 tbl_Student 的外码
Cno	课程号	字符串,长度为 10	主码,引用 tbl_Course 的外码
grade	成绩	整数	取值 0~100

13.3.3　创建数据库和表

首先利用前面所学的知识建立数据库和表,数据库和表的创建方法这里不再详细介绍,创建完成后,再将各表中主键及外键关系设置好,结果如图 13.4 所示。

图 13.4　SelectCourse 数据库和表

tbl_SC 中的学生的学号(Sno)必须存在于 tbl_Student 中,同样课程号(Cno)也必须存在于 tbl_Course 中,所以需要为这几个数据表建立关系,在 SQL Server 2019 中,可以使用关系图来创建表与表之间的关系,表间关系如图 13.5 所示。

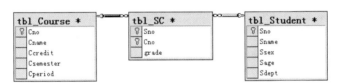

图 13.5　SelectCourse 数据表间关系图

13.3.4　公共类

考虑到系统的各个模块(登录、学生信息管理、课程信息管理、选课信息管理)都需要访问数据库,因此最好的方法是编写一些访问数据库的方法,如返回数据集的公共查询方法,执行数据操作的公共方法,并把它们放在一个公共的类 DataBase 中,然后在各模块中调用这些方法来实现对数据库的访问。

同样,在用户登录时可能需要记录一些关于用户的信息,例如用户名、用户权限等,因此也需要使用到一些公共的静态变量,把这些变量放置在一个名为 ClassShared 的类中。

1. 添加 DataBase 公共类

首先为系统添加一个名为 DataBase 的公共类,用于存放访问数据库的公共方法。添加公共类的方法和步骤如下。

（1）选择"项目"→"添加类"菜单项，将弹出"添加新项"对话框，保留默认的选择，在"名称"文本框中输入 DataBase。

（2）单击"添加"按钮，则类 DataBase 已经被添加到项目中，并自动切换到该类的代码窗口。

（3）DataBase 类默认的访问修饰符为空，而该类应该是公共的，因此需要给其添加访问修饰符 public，如图 13.6 所示。

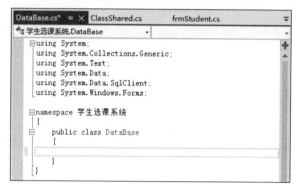

图 13.6　DataBase 类的代码窗口

2. 编写公共方法

前面为项目添加了一个 DataBase 公共类，该类用于存放访问数据库的公共方法，这里介绍如何编写这些公共方法。

因为在这些方法中需要使用到 SqlConnection、SqlDataAdapter、DataSet 和 MessageBox，所以首先应当引入以下命名空间：

```
Using System.Data;
Using System.Data.SqlClient;
Using System.Windows.Froms;
```

然后为 DataBase 类声明公共变量：

```
Public SqlConnection dataConnection=new SqlConnection();
Public SqlDataAdapter dataAdapter;
Public DataSet dataset=new DataSet();
//定义数据库连接字符串，随具体环境而定，应根据内容自行调整
String connStr=
"server=THEONE-PC;database=SelectCourse;integrated security=SSPI";
```

1）公共查询方法 GetDataFromDB

GetDataFromDB 是一个返回数据集的公共查询方法，如果正常访问则返回查询结果，否则返回 null。其代码如下：

```
public DataSet GetDataFromDB(string sqlStr)
    {
        try
```

```
    {
        dataConnection.ConnectionString=connStr;        // 设置连接字符串
        dataAdapter=new SqlDataAdapter(sqlStr, dataConnection);
        dataSet.Clear();
        dataAdapter.Fill(dataSet);                       // 填充数据集
        dataConnection.Close();                          // 关闭连接
    }
    catch(Exception ex)
    {
        MessageBox.Show(ex.Message);
        dataConnection.Close();
    }
    if (dataSet.Tables[0].Rows.Count!=0)
    {
        return dataSet;                         // 若找到相应的数据,则返回数据集
    }
    else
    {
        return null;                            // 若没有找到相应的数据,返回空值
    }
}
```

2) 公共数据操作方法 UpdateDB

公共数据操作方法 UpdateDB 用于对数据进行添加、修改和删除操作,若操作成功则返回 true,否则返回 false,其代码如下:

```
public bool UpdateDB(string sqlStr)
    {
        SqlConnection sqlConn=new SqlConnection(connStr);
        try
        {
            SqlCommand cmdTable=new SqlCommand(sqlStr, sqlConn);
            // 设置 Command 对象的 CommandType 属性
            cmdTable.CommandType=CommandType.Text;
            sqlConn.Open();
            cmdTable.ExecuteNonQuery();          // 执行 SQL 语句
            return true;
        }
        catch (Exception ex)
        {
            MessageBox.Show(ex.Message);
            return false;
        }
        finally
        {
            sqlConn.Close();
        }
```

3. 添加 ClassShared 公共类

类似于添加 DataBase 公共类，为项目添加一个名为 ClassShared 的公共类，用来存放一些公共的静态变量，以在窗体之间传递数据。添加的 ClassShared 公共类代码窗口如图 13.7 所示。

```
frmStudent.cs        frmMain.cs [设计]          ClassShared.cs  ▪ ×  ▾
学生选课系统.ClassShared          ▾   userInfo                    ▾
using System;
using System.Collections.Generic;
using System.Text;

namespace 学生选课系统
{
    public class ClassShared
    {
        // 数组 "userInfo" 用于记录登录的用户名和用户权限
        public static string[] userInfo = new string[2];
    }
}
```

图 13.7　ClassShared 类的代码窗口

13.3.5　系统登录与主窗体

登录是每个成功项目中不可缺少的模块，好的登录模块可以保证系统的可靠性和安全性。这里首先为"学生选课系统"制作了一个简单的登录模块，登录成功后，应当进入系统的主窗体。

1. "登录"界面设计

新建一个 Windows 应用程序，命名为"学生选课系统"，使用 GroupBox、Label、TextBox、Button 控件将出现的默认窗体 Form1 设计成如图 13.8 所示。

接下来设置各对象的属性。窗体及窗体上的 GroupBox、Label、TextBox、Button 控件属性设置如表 13.9 所示。

图 13.8　"登录"界面

表 13.9　窗体及窗体上各控件属性设置（"登录"界面）

控 件 类 型	控 件 名 称	属　　性	设 置 结 果
Form	Form1	Name	frmLogin
		Text	用户登录
		StartPosition	CenterScreen
		MaximizeBox	false
		FormBorderStyle	FixedSingle
GroupBox	GroupBox1	Text	清空

续表

控件类型	控件名称	属　　性	设　置　结　果
Label	Label1	Text	用户名
	Label2	Text	用户密码
TextBox	TextBox1	Name	txtUserName
	TextBox2	Name	txtUserPassword
		PasswordChar	*
Button	Button1	Name	btnOk
		Text	登录
	Button2	Name	btnClose
		Text	取消

2. "主窗体"界面设计

在系统"登录"界面中,单击"登录"按钮验证用户名和用户密码,若正确则进入系统主界面;否则弹出错误提示,并等待用户的重新输入。单击"取消"按钮则关闭"登录"界面,退出系统。

因为登录代码中包含了显示系统主界面的代码,所以在编写代码之前需要为应用程序添加一个名为 frmMain 的窗体。添加窗体的方法:选择"项目"→"添加 Windows 窗体"菜单,弹出"添加新项"对话框,保留默认的选择,并在"名称"文本框中输入 frmMain,如图 13.9 所示。

图 13.9　添加 Windows 窗体

然后单击"添加"按钮,则新的窗体 frmMain 已被添加到项目中。接下来使用 Label、GroupBox、Button 控件将"主窗体"界面设计成如图 13.10 所示。

图 13.10 "主窗体"界面

接着设置各对象的属性，窗体及窗体上的 Label、GroupBox、Button 控件的属性设置如表 13.10 所示。

表 13.10 窗体及窗体上各控件属性设置（"主窗体"界面）

控 件 类 型	控 件 名 称	属　　性	设 置 结 果
Form	Form1	Name	frmMain
		Text	学生选课系统
		StartPosition	CenterScreen
		MaximizeBox	false
		FormBorderStyle	FixedSingle
Label	Label1	Text	欢迎使用学生选课系统
GroupBox	GroupBox1	Text	请选择需要进入的子系统
Button	Button1	Name	btnStudent
		Text	学生信息管理
	Button2	Name	btnCourse
		Text	课程信息管理
	Button3	Name	btnSC
		Text	选课信息管理
	Button4	Name	btnClose
		Text	退出本系统

3. 登录代码

接下来编写登录模块代码。"登录"按钮用于验证输入的用户名和用户密码，若正确则进入系统主界面，否则弹出错误提示，并等待用户重新输入。登录时，需要记录登录的用户名和用户权限，因此在 ClassShared 公共类中声明公共静态成员，声明后 ClassShared 公共类的代码如下：

```
using System;
using System.Collections.Generic;
using System.Text;

namespace 学生选课系统
{
    public class ClassShared
    {
        // 数组 userInfo用于记录登录的用户名和用户权限
        public static string[] userInfo=new string[2];
    }
}
```

切换到 frmLogin 窗体设计器，双击"登录"按钮，编写其单击事件代码如下：

```
private void btnOk_Click(object sender, EventArgs e)
    {
        try
        {
            DataSet ds=new DataSet();
            DataBase db=new DataBase();
            string sqlStr=
                "select userPassword,userPurview from tbl_User where UserName='"
                    +txtUserName.Text.Trim() +"'";
            ds=db.GetDataFromDB(sqlStr);
            if (ds.Tables[0].Rows[0].ItemArray[0].ToString()==
                    txtUserPassword.Text.Trim())
            {
                frmMain ob_FrmMain=new frmMain();
                ClassShared.userInfo[0]=txtUserName.Text.Trim();
                ClassShared.userInfo[1]=
                ds.Tables[0].Rows[0].ItemArray[1].ToString();
                ob_FrmMain.Show();
                this.Hide();
            }
            else
            {
                MessageBox.Show("用户名或密码错误,请重新输入!");
                txtUserName.Text="";
                txtUserPassword.Text="";
                txtUserName.Focus();
            }
        }
        catch
        {
            MessageBox.Show("用户名或密码错误", "错误");
```

```
        }
    }
```

系统运行时单击"登录"界面中的"取消"按钮,则关闭"登录"界面,退出系统,因此应当编写其单击事件代码如下:

```
private void btnClose_Click(object sender, EventArgs e)
{
    Application.Exit();
}
```

4. 主窗体代码

下面介绍主窗体的功能实现与编码,主窗体即导航界面,是用户进入各子系统(学生信息管理、课程信息管理和选课信息管理)的入口。

1) 添加窗体

用户登录成功后,进入系统的主界面,通过选择主界面上的按钮进入相应的子系统,因此需要为系统添加 3 个新的窗体,分别用于学生信息管理、课程信息管理和选课信息管理,其名称分别为 frmStudent、frmCourse、frmSC,其添加方法和步骤类似于前面介绍的主窗体的添加过程,这里不再重复介绍。

2) 编写代码

当主窗体载入时,将前面用公共静态数组 userInfo[]保存的用户登录信息作为其标题显示在标题栏中;进入主窗体后,用户单击上面的按钮可以进入相应的子系统;并且,当用户单击主窗体的关闭按钮时,应当终止应用程序的运行。因此应当编写主窗体 frmMain 的代码如下:

```
public partial class frmMain : Form
{
    public frmMain()
    {
        InitializeComponent();
    }
    private void frmMain_Load(object sender, EventArgs e)
    {
        this.Text=ClassShared.userInfo[0] +"—" +ClassShared.userInfo[1];
    }
    private void btnStudent_Click(object sender, EventArgs e)
    {
        frmStudent ob_FrmStudent=new frmStudent();
        ob_FrmStudent.Show();
    }
    private void btnCourse_Click(object sender, EventArgs e)
    {
        frmCourse ob_FrmCourse=new frmCourse();
        ob_FrmCourse.Show();
```

```
    }
    private void btnSC_Click(object sender, EventArgs e)
    {
        frmSC ob_FrmSC=new frmSC();
        ob_FrmSC.Show();
    }
    private void btnClose_Click(object sender, EventArgs e)
    {
        Application.Exit();
    }
    private void frmMain_FormClosed(object sender, FormClosedEventArgs e)
    {
        Application.Exit();
    }
}
```

5. 学生信息管理

学生信息管理模块主要用于管理学生的一些基本信息,包括学号、姓名、出生时间等。要求能对这些信息进行添加、删除和修改操作。下面介绍学生信息管理模块实现的方法和步骤。

1) 用户界面设计

打开前面添加的 frmStudent 窗体,使用 Panel、Label、TextBox、ComboBox、Button 和 DataGridView 控件将"学生信息管理"窗口设计成如图 13.11 所示。

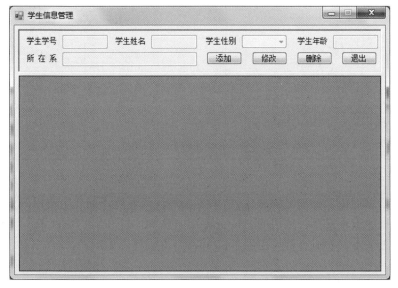

图 13.11 "学生信息管理"窗口

窗体及窗体上各控件属性设置如表 13.11 所示。

表 13.11　窗体及窗体上各控件属性设置("学生信息管理"窗口)

控 件 类 型	控 件 名 称	属　　性	设 置 结 果
Form	Form1	Name	frmStudent
		Text	学生信息管理
		StartPosition	CenterScreen
		MaximizeBox	false
		FormBorderStyle	FixedSingle
TextBox	TextBox1	Name	txtNo
	TextBox2	Name	txtName
	TextBox3	Name	txtAge
	TextBox4	Name	txtDept
ComboBox	ComboBox1	Name	cmbSex
		Items	男、女
		DropDownStyle	DropDownList
Button	Button1	Name	btnAdd
		Text	添加
	Button2	Name	btnUpdata
		Text	修改
	Button3	Name	btnDelete
		Text	删除
	Button4	Name	btnClose
		Text	退出
DataGridView	DataGridView1	Name	dgrdvStudent
		ReadOnly	true
		CaptionVisible	false

2) 编写代码

这里介绍学生信息管理模块的代码,本模块的代码需要用到几个通用的方法,例如用于设置文本框和组合框是否可用的 ObjOpen()方法和 ObjClose()方法等。

用于设置文本框和组合框可用的 ObjOpen()方法代码如下:

```
void ObjOpen()
    {
        txtNo.Enabled=true;
        txtName.Enabled=true;
        txtAge.Enabled=true;
```

```
            cmbSex.Enabled=true;
            txtDept.Enabled=true;
            txtNo.Focus();
      }
```

用于设置文本框和组合框可用的 ObjClose() 方法代码如下：

```
void ObjClose()
      {
            txtNo.Enabled=false;
            txtName.Enabled=false;
            txtAge.Enabled=false;
            cmbSex.Enabled=false;
            txtDept.Enabled=false;
      }
```

用于清空文本框和组合框可用的 Clear() 方法代码如下：

```
void Clear()
      {
            txtNo.Text="";
            txtName.Text="";
            txtAge.Text="";
            cmbSex.SelectedIndex=-1;
            txtDept.Text="";
      }
```

在添加、删除或修改学生记录后，需要将更新后的数据重新从数据库中读取出来，因此，编写用于刷新数据的 RefreshData() 方法，其代码如下：

```
void RefreshData()
      {
            string comStr;
            DataBase db=new DataBase();
            DataSet ds=new DataSet ();
            comStr="select * from tbl_Student";
            ds=db.GetDataFromDB(comStr);
            if (ds==null)
                MessageBox.Show("没有任何学生记录!");
            else
                dgrdvStudent.DataSource=ds.Tables[0];
      }
```

当窗体载入时，应当将 SelectCourse 数据库的 tbl_Student 中的学生记录读取到相应的 DataGridView 控件(dgrdvStudent)中，完成数据的初始化，其代码如下：

```
private void frmStudent_Load(object sender, EventArgs e)
```

```
    {
        try
        {
            ObjClose();
            string sqlStr;
            DataBase db=new DataBase();
            DataSet ds=new DataSet();
            sqlStr="select * from tbl_Student";
            ds=db.GetDataFromDB(sqlStr);
            if (ds==null)
            {
                MessageBox.Show("没有任何学生记录!");
            }
            else
            {
                dgrdvStudent.DataSource=ds.Tables[0];
                //by zyf
                dgrdvStudent.Columns[0].HeaderText="学号";
                dgrdvStudent.Columns[1].HeaderText="姓名";
                dgrdvStudent.Columns[2].HeaderText="性别";
                dgrdvStudent.Columns[3].HeaderText="年龄";
                dgrdvStudent.Columns[4].HeaderText="所在系";
                //dgrdvStudent_CurrentCellChanged(sender, e);
                //dgrdvStudent_RowHeaderMouseClick(null, null);
            }
        }
        catch(Exception ex)
        {
            MessageBox.Show(ex.Message);
        }
    }
```

当用户在 DataGridView 控件的行标题的边界单击选择不同的学生记录时,应当将选中的学生的信息显示在相应的文本框中,该功能由 DataGridView 控件(dgrdvStudent)的 RowHeaderMouseClick 事件代码完成,具体代码如下:

```
Private void dgrdvStudent_RowHeaderMouseClick(objectsender,
DataGridViewCellMouseEventArgs e)
    {
        int n=this.dgrdvStudent.CurrentCell.RowIndex;
        txtNo.Text=this.dgrdvStudent[0, n].Value.ToString();
        txtName.Text=this.dgrdvStudent[1, n].Value.ToString();
        cmbSex.SelectedItem=this.dgrdvStudent[2, n].Value.ToString();
        txtAge.Text=this.dgrdvStudent[3, n].Value.ToString();
```

```
            txtDept.Text=this.dgrdvStudent[4, n].Value.ToString();
    }
```

　　用户单击"添加"按钮,则窗体上方的文本框和组合框都返回可用状态,同时该按钮上的文本变成"确定",填写完成要添加的学生信息后,单击"确定"按钮可将该学生信息添加到数据库中,最后该按钮的文本变回"添加",具体代码如下:

```
private void btnAdd_Click(object sender, EventArgs e)
    {
        try
        {
            if (btnAdd.Text.Trim()=="添加")
            {
                btnAdd.Text="确定";
                ObjOpen();
                Clear();
                btnUpdate.Enabled=false;
                btnDelete.Enabled=false;
                btnClose.Enabled=false;
                dgrdvStudent.Enabled=false;
            }
            else
            {
                btnAdd.Text="添加";
                //if (txtNo.Text.Trim()!=null && txtName.Text.Trim()!=null)
                if (txtNo.Text.Trim() !="" && txtName.Text.Trim() !="")
                {
                    string sqlStr;
                    sqlStr="insert into tbl_Student values ('" + txtNo.Text
                    .Trim() +"','" +txtName.Text.Trim() +"','" +cmbSex.Text
                    .Trim() +"','" +txtAge.Text.Trim() +"','" +txtDept.Text
                    .Trim() +"')";
                    DataBase db =new DataBase();
                    bool b;
                    b=db.UpdateDB(sqlStr);
                    if (b==true)
                    {
                        if (MessageBox.Show("添加成功!继续添加吗?", "添加学生",
                        MessageBoxButtons.YesNo, MessageBoxIcon.Question,
                        MessageBoxDefaultButton.Button1)==DialogResult.Yes)
                        {
                            Clear();
                            ObjOpen();
```

```
                        btnAdd.Text="确定";
                    }
                    else
                    {
                        ObjClose();
                        btnUpdate.Enabled=true;
                        btnDelete.Enabled=true;
                        btnClose.Enabled=true;
                        vdgrdvStudent.Enabled=true;
                    }
                }
                else
                {
                    goto exit;
                }
            }
            else
            {
                MessageBox.Show("学号与姓名不能为空!");
                txtNo.Focus();
                btnAdd.Text="确定";
            }
            RefreshData();
            txtNo.SelectAll();
        }
    }
    catch (Exception ex)
    {
        MessageBox.Show(ex.Message);
        Clear();
        ObjClose();
        dgrdvStudent.Enabled =false;
    }
exit: ;
}
```

选中一条学生记录后，该学生的信息就会显示在窗体上方对应的文本框中，单击"修改"按钮，则显示这些信息（学号除外）的控件变成可用状态，同时该按钮上的文本变成"确定"，用户可以修改这些信息，然后单击"确定"按钮将修改后的信息保存到数据库中，完成学生记录的修改功能，最后该按钮上的文本变回"修改"，具体代码如下：

```
private void btnUpdate_Click(object sender, EventArgs e)
{
```

```
        try
        {
            if (btnUpdate.Text.Trim()=="修改")
            {
                btnUpdate.Text="确定";
                btnAdd.Enabled=false;
                btnDelete.Enabled=false;
                btnClose.Enabled=false;
                txtName.Enabled=true;
                txtAge.Enabled=true;
                cmbSex.Enabled=true;
                txtDept.Enabled=true;
                txtName.Focus();
            }
            else
            {
                btnUpdate.Text="修改";
                btnAdd.Enabled=true;
                btnDelete.Enabled=true;
                btnClose.Enabled=true;
                ObjClose();
                string sqlStr;
                sqlStr="update tbl_Student set Sname='" +txtName.Text.Trim()
                +"',Ssex='" +cmbSex.Text.Trim() +"',Sage='" +
                txtAge.Text.Trim() +"',Sdept='" +txtDept.Text.Trim() +"' where
                Sno='" +txtNo.Text.Trim() +"'";
                DataBase db=new DataBase();
                db.UpdateDB(sqlStr);
                RefreshData();
            }
        }
        catch(Exception ex)
        {
            MessageBox.Show(ex.Message);
        }
    }
```

删除学生记录的功能由"删除"按钮的单击事件完成,用户选中一条学生记录后,可以单击"删除"按钮删除该学生记录,具体代码如下:

```
private void btnDelete_Click(object sender, EventArgs e)
{
    try
```

```
    {
        if (txtNo.Text.Trim()!="")
        {
            if (MessageBox.Show("确定要删除该学生吗?", "删除学生",
                MessageBoxButtons.YesNo, MessageBoxIcon.Question,
                MessageBoxDefaultButton.Button2)==DialogResult.Yes)
            {
                string sqlStr;
                sqlStr= "delete from tbl_Student where Sno = '" + txtNo.Text
                .Trim() +"'";
                DataBase db=new DataBase();
                db.UpdateDB(sqlStr);
                RefreshData();
            }
        }
        else
        {
            MessageBox.Show("没有可删除的记录!", "提示");
        }
    }
    catch (Exception ex)
    {
        MessageBox.Show(ex.Message);
    }
}
```

单击"退出"按钮，则退出学生信息管理子系统，最后编写"退出"按钮的单击事件代码如下：

```
private void btnClose_Click(object sender, EventArgs e)
{
    this.Hide();
}
```

6. 课程信息管理

课程信息管理模块主要用于管理课程的一些基本信息，包括课程号、课程名、课程学分、开课学期和该课程的总学时。要求能对这些信息进行添加、删除和修改操作。下面介绍课程信息管理模块实现的方法和步骤。

1）用户界面设计

打开前面添加的 frmCourse 窗体，使用 Panel、Label、TextBox、ComboBox、Button 和 DataGridView 控件将"课程信息管理"窗口设计成如图 13.12 所示。

窗体及窗体上各控件的属性设置如表 13.12 所示。

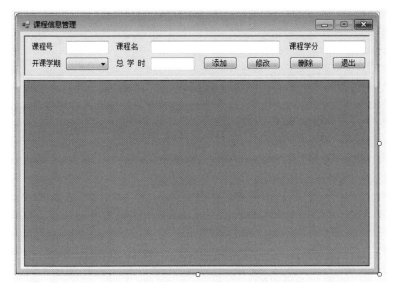

图 13.12 "课程信息管理"窗口

表 13.12 窗体及窗体上各控件属性设置("课程信息管理"窗口)

控 件 类 型	控 件 名 称	属　　性	设 置 结 果
Form	Form1	Name	frmCourse
		Text	课程信息管理
		StartPosition	CenterScreen
		MaximizeBox	false
		FormBorderStyle	FixedSingle
TextBox	TextBox1	Name	txtNo
	TextBox2	Name	txtName
	TextBox3	Name	txtCredit
	TextBox4	Name	txtPeriod
ComboBox	ComboBox1	Name	cmbSemester
		Items	1,2,…,8
		DropDownStyle	DropDownList
Button	Button1	Name	btnAdd
		Text	添加
	Button2	Name	btnUpdata
		Text	修改

续表

控 件 类 型	控 件 名 称	属 性	设 置 结 果
Button	Button3	Name	btnDelete
		Text	删除
	Button4	Name	btnClose
		Text	退出
DataGridView	DataGridView1	Name	dgrdvCourse
		ReadOnly	true
		CaptionVisible	false

2）编写代码

下面介绍课程信息管理模块的代码,本模块的代码需要用到几个通用的方法,例如用于设置文本框和组合框是否可用的 ObjOpen()方法和 ObjClose()方法,用于刷新数据的 RefreshData()方法等。

用于设置文本框和组合框可用的 ObjOpen()方法代码如下:

```
void ObjOpen()
{
    txtNo.Enabled=true;
    txtName.Enabled=true;
    txtCredit.Enabled=true;
    cmbSemester.Enabled=true;
    txtPeriod.Enabled=true;
    txtNo.Focus();
}
```

用于设置文本框和组合框不可用的 ObjClose()方法代码如下:

```
void ObjClose()
{
    txtNo.Enabled=false;
    txtName.Enabled=false;
    txtCredit.Enabled=false;
    cmbSemester.Enabled=false;
    txtPeriod.Enabled=false;
}
```

用于清空文本框和组合框可用的 Clear()方法代码如下:

```
void Clear()
{
    txtNo.Text="";
    txtName.Text="";
```

```
        txtCredit.Text="";
        cmbSemester.SelectedIndex=-1;
        txtPeriod.Text="";
}
```

在添加、删除和修改课程记录后，需要将更新后的数据重新从数据库读取出来，因此编写用于刷新数据的 RefreshData()方法，具体代码如下：

```
void RefreshData()
{
    string comStr;
    DataBase db=new DataBase();
    DataSet ds=new DataSet();
    comStr="select * from tbl_Course";
    ds=db.GetDataFromDB(comStr);
    if (ds==null)
        MessageBox.Show("没有任何课程记录!");
    else
        dgrdvCourse.DataSource=ds.Tables[0];
}
```

当窗体载入时，应当将 SelectCourse 数据库的 tbl_Course 中的课程记录读取到相应的 DataGridView 控件(dgrdvCourse)中，完成数据的初始化，具体代码如下：

```
private void frmCourse_Load(object sender, EventArgs e)
{
    try
    {
        ObjClose();
        string sqlStr;
        DataBase db=new DataBase();
        DataSet ds=new DataSet();
        sqlStr="select * from tbl_Course";
        ds=db.GetDataFromDB(sqlStr);
        if (ds==null)
        {
            MessageBox.Show("没有任何课程记录!");
        }
        else
        {
            dgrdvCourse.DataSource=ds.Tables[0];
            dgrdvCourse.Columns[0].HeaderText="课程号";
            dgrdvCourse.Columns[1].HeaderText="课程名";
            dgrdvCourse.Columns[2].HeaderText="课程学分";
            dgrdvCourse.Columns[3].HeaderText="开课学期";
            dgrdvCourse.Columns[4].HeaderText="总学时";
```

```
            //dgrdvCourse_CurrentCellChanged(sender, e);
        }
    }
    catch(Exception ex)
    {
        MessageBox.Show(ex.Message);
    }
}
```

当用户在 DataGridView 控件的行标题的边界处单击选择不同的课程记录时,应当将选中课程信息显示在相应的文本框中,该功能由 DataGridView 控件(dgrdvCourse)的 RowHeaderMouseClick 事件代码完成,具体代码如下:

```
private void dgrdvCourse_RowHeaderMouseClick(object sender, DataGridView-
CellMouseEventArgs e)
{
    int n=this.dgrdvCourse.CurrentCell.RowIndex;
    txtNo.Text=this.dgrdvCourse[0, n].Value.ToString();
    txtName.Text=this.dgrdvCourse[1, n].Value.ToString();
    txtCredit.Text=this.dgrdvCourse[2, n].Value.ToString();
    cmbSemester.SelectedItem=this.dgrdvCourse[3, n].Value.ToString();
    txtPeriod.Text=this.dgrdvCourse[4, n].Value.ToString();
}
```

用户单击"添加"按钮,则窗体上方的文本框和组合框都返回可用状态,同时该按钮上的文本变成"确定",填写完要添加的课程信息后,单击"确定"按钮可将该课程信息添加到数据库中,最后该按钮上的文本变回"添加",具体代码如下:

```
private void btnAdd_Click(object sender, EventArgs e)
{
    try
    {
        if (btnAdd.Text.Trim()=="添加")
        {
            btnAdd.Text="确定";
            ObjOpen();
            Clear();
            btnUpdate.Enabled=false;
            btnDelete.Enabled=false;
            btnClose.Enabled=false;
            dgrdvCourse.Enabled=false;
        }
        else
        {
            btnAdd.Text="添加";
```

```
    {
        string sqlStr;
        sqlStr= "insert into tbl_Course values ('" + txtNo.Text.Trim()
        +"','"+ txtName.Text.Trim() + "', '" + txtCredit.Text.Trim()
        +"', '" +cmbSemester.Text.Trim() +"','" +txtPeriod.Text.Trim()
        +"')";
        DataBase db=new DataBase();
        bool b;
        b=db.UpdateDB(sqlStr);
        if (b==true)
        {
            if (MessageBox.Show("添加成功!继续添加吗?", "添加课程",
            MessageBoxButtons.YesNo, MessageBoxIcon.Question,
            MessageBoxDefaultButton.Button1)==DialogResult.Yes)
            {
                Clear();
                ObjOpen();
                btnAdd.Text="确定";
            }
            else
            {
                ObjClose();
                btnUpdate.Enabled=true;
                btnDelete.Enabled=true;
                btnClose.Enabled=true;
                dgrdvCourse.Enabled=true;
            }
        }
        else
        {
            goto exit;
        }
    }
    else
    {
        MessageBox.Show("课程号与课程名不能为空!");
        txtNo.Focus();
        btnAdd.Text="确定";
    }
    RefreshData();
    txtNo.SelectAll();
    }
}
catch (Exception ex)
```

```
        {
            MessageBox.Show(ex.Message);
            Clear();
            ObjClose();
            dgrdvCourse.Enabled=false;
        }
exit: ;
    }
```

选中一条课程记录后,该课程的信息就会显示在窗体上方对应的文本框中,单击"修改"按钮,则显示这些信息(课程号除外)的控件变成可用状态,同时该按钮上的文本变成"确定",用户可以修改这些信息,然后单击"确定"按钮将修改后的信息保存到数据库中,完成课程记录的修改功能,最后该按钮上的文本变回"修改",具体代码如下:

```
private void btnUpdate_Click(object sender, EventArgs e)
{
    try
    {
        if (btnUpdate.Text.Trim()=="修改")
        {
            btnUpdate.Text="确定";
            btnAdd.Enabled=false;
            btnDelete.Enabled=false;
            btnClose.Enabled=false;
            txtName.Enabled=true;
            txtCredit.Enabled=true;
            cmbSemester.Enabled=true;
            txtPeriod.Enabled=true;
            txtName.Focus();
        }
        else
        {
            btnUpdate.Text="修改";
            btnAdd.Enabled=true;
            btnDelete.Enabled=true;
            btnClose.Enabled=true;
            ObjClose();
            string sqlStr;
            sqlStr= "update tbl_Course set Cname = '" + txtName.Text.Trim () +
            "',Ccredit='" +txtCredit.Text.Trim() +"',Csemester='" +
            cmbSemester.Text.Trim() +"',Cperiod='" +
            txtPeriod.Text.Trim()+"'where Cno='"+txtNo.Text.Trim() +"'";
            DataBase db=new DataBase();
            db.UpdateDB(sqlStr);
```

```
                RefreshData();
            }
        }
    catch (Exception ex)
    {
        MessageBox.Show(ex.Message);
    }
}
```

删除课程记录的功能由"删除"按钮的单击事件完成,用户选中一条课程记录后可以单击"删除"按钮删除该课程,具体代码如下:

```
private void btnDelete_Click(object sender, EventArgs e)
{
    try
    {
        if (txtNo.Text.Trim()!="")
        {
            if (MessageBox.Show("确定要删除该课程吗?", "删除课程",
                MessageBoxButtons.YesNo, MessageBoxIcon.Question,
                MessageBoxDefaultButton.Button2)==DialogResult.Yes)
            {
                string sqlStr;
                sqlStr = "delete from tbl_Course where Cno = '" + txtNo.Text
                    .Trim() +"'";
                DataBase db=new DataBase();
                db.UpdateDB(sqlStr);
                RefreshData();
            }
        }
        else
        {
            MessageBox.Show("没有可删除的记录!", "提示");
        }
    }
    catch (Exception ex)
    {
        MessageBox.Show(ex.Message);
    }
}
```

单击"退出"按钮,则退出课程信息管理子系统,最后编写"退出"按钮的单击事件代码如下:

```
private void btnClose_Click(object sender, EventArgs e)
{
```

```
        this.Hide();
    }
```

7. 选课信息管理

选课信息管理模块主要提供学生选课和选课信息查询功能。选课的操作方法是从学生列表和课程列表中选择相应的学生和课程，单击"选课"按钮实现。选课信息查询的操作方法是选择查询内容为学号或课程号，并输入相应的查询值，单击"查询"按钮实现。下面介绍选课信息管理模块的实现方法。

1）用户界面设计

打开前面添加的 frmSC 窗体，使用 Panel、Label、TextBox、ComboBox、Button 和 DataGridView 控件将"学生选课与选课信息查询"窗口设计成如图 13.13 所示。

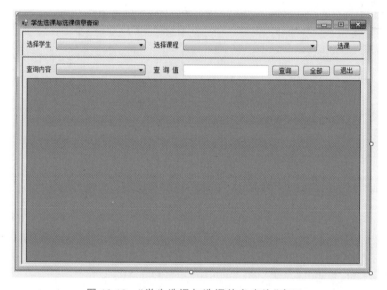

图 13.13　"学生选课与选课信息查询"窗口

窗体及窗体上各控件的属性设置如表 13.13 所示。

表 13.13　窗体及窗体上各控件属性设置（"学生选课与选课信息查询"窗口）

控 件 类 型	控 件 名 称	属　　　　性	设 置 结 果
Form	Form1	Name	frmSC
		Text	学生选课与选课信息查询
		StartPosition	CenterScreen
		MaximizeBox	false
		FormBorderStyle	FixedSingle
TextBox	TextBox1	Name	txtValue

续表

控 件 类 型	控 件 名 称	属　　性	设 置 结 果
ComboBox	ComboBox1	Name	cmbStudent
		DropDownStyle	DropDownList
	ComboBox2	Name	cmbCourse
		DropDownStyle	DropDownList
	ComboBox3	Name	cmbCondition
		Items	学号、课程号
		DropDownStyle	DropDownList
Button	Button1	Name	btnSelect
		Text	选课
	Button2	Name	btnFind
		Text	查询
	Button3	Name	btnAll
		Text	全部
	Button4	Name	btnClose
		Text	退出
DataGridView	DataGridView1	Name	dgrdvResult
		ReadOnly	true
		CaptionVisible	false

2）编写代码

在这里的代码编写中不采用前面 DataBase 模块中的数据库连接和读写函数，而是重新编写代码，但其方法本质上是一样的，这样做的目的是让读者更进一步地掌握 ADO .NET 数据库连接技术。

因为选课信息管理模块需要使用到 SqlConnection、SqlDataAdapter、DataSet 等数据组件，所以首先应当引入以下命名空间：

```
Using System.Data.SqlClient;
```

由于选课信息管理模块代码的多个方法中都需要用到同样的一些公共变量，因此在代码的通用段声明以下几个公共变量：

```
SqlConnection connection=new SqlConnection();
SqlDataAdapter adapter=new SqlDataAdapter();
String sqlStr,selectCondition;
String connStr=
"server=THEONE-PC;database=SelectCourse;integrated security=SSPI";
```

当用户单击"查询"或者"全部"按钮时,将在 DataGridView 控件(dgrdvResult)中显示选课信息,为了达到更好的显示效果,将各列的标题改成相应的中文。因此编写 SetHeaderText()方法,然后在修改 dgrdvResult 控件的 DataSource 属性后立即调用此方法,以达到修改列标题的效果,具体代码如下:

```
void SetHeaderText()
{
    dgrdvResult.Columns[0].HeaderText="学号";
    dgrdvResult.Columns[1].HeaderText="姓名";
    dgrdvResult.Columns[2].HeaderText="课程号";
    dgrdvResult.Columns[3].HeaderText="课程名";
    dgrdvResult.Columns[4].HeaderText="成绩";
}
```

窗体载入时,从 SelectCourse 数据库中的 tbl_Student 和 tbl_Course 数据表中读取所有的学生记录和课程记录,并追加到窗体相应的组合框中,这样用户可以在列表中选择学生和课程,以完成学生选课的功能,具体代码如下:

```
private void frmSC_Load(object sender, EventArgs e)
{
    try
    {
        DataBase db=new DataBase();
        DataSet dataSetStudent=new DataSet();
        sqlStr="select Sno,Sname from tbl_Student";
        dataSetStudent=db.GetDataFromDB(sqlStr);
        if (dataSetStudent.Tables[0].Rows.Count >0)
        {
            cmbStudent.Items.Clear();
            for (i=0; i <dataSetStudent.Tables[0].Rows.Count; i++)
            {
                cmbStudent.Items.Add
                (dataSetStudent.Tables[0].Rows[i].ItemArray[0].ToString()+" --"
                +dataSetStudent.Tables[0].Rows[i].ItemArray[1].ToString());
            }
        }
        DataBase db1=new DataBase();
        sqlStr="select Cno,Cname from tbl_Course";
        DataSet dataSetCourse=new DataSet();
        dataSetCourse=db1.GetDataFromDB(sqlStr);
        if (dataSetCourse.Tables[0].Rows.Count >0)
        {
            cmbCourse.Items.Clear();
```

```
        for (i=0; i <dataSetCourse.Tables[0].Rows.Count; i++)
        {
            cmbCourse.Items.Add
            (dataSetCourse.Tables[0].Rows[i].ItemArray[0].ToString() +" --"
            +dataSetCourse.Tables[0].Rows[i].ItemArray[1].ToString());
        }
    }
    catch (Exception ex)
    {
        MessageBox.Show(ex.Message);
    }
}
```

用户选择好学生和课程后，可以单击"选课"按钮将相应的选课信息添加到 tbl_SC 中，"选课"按钮的单击事件代码如下：

```
private void btnSelect_Click(object sender, EventArgs e)
{
    try
    {
        if (cmbStudent.SelectedIndex >=0 && cmbCourse.SelectedIndex >=0)
        {
            sqlStr= "insert into tbl_SC values('" + cmbStudent.Text.Trim()
.Substring(0, 8) +"','" +cmbCourse.Text.Trim().Substring(0, 6) +"',0)";
            DataBase db=new DataBase();
            bool dr=db.UpdateDB(sqlStr);
            if (dr==true)
                MessageBox.Show("选课成功!", "学生选课");
        }
        else
        {
            MessageBox.Show("请先选择学生和课程!");
        }
    }
    catch (Exception ex)
    {
        MessageBox.Show(ex.Message);
        cmbStudent.SelectedIndex=-1;
        cmbCourse.SelectedIndex=-1;
    }
}
```

本模块提供了简单的选课信息查询功能，可以按照学号和课程号进行查询。用户选

择查询条件,并输入查询值后,可以单击"查询"按钮查询到符合条件的选课信息,"查询"按钮的单击事件代码如下:

```
private void btnFind_Click(object sender, EventArgs e)
{
    try
    {
        if (cmbCondition.SelectedIndex ==-1 || txtValue.Text =="")
        {
            MessageBox.Show("请选择查询条件并输入查询值!");
        }
        else
        {
            sqlStr = " SELECT tbl_SC.Sno, tbl_Student. Sname, tbl_SC.Cno, tbl_
            Course.Cname," +"tbl_SC.grade FROM tbl_Student inner JOIN" +"(tbl_
            Course INNER JOIN tbl_SC ON tbl_Course.Cno= tbl_SC.Cno) ON" +"tbl_
            Student.Sno=tbl_SC.Sno where "+ selectCondition+" = '"+txtValue.Text.
            Trim() +"'";DataBase db=new DataBase();
            DataSet dataSetSelect=new DataSet();
            dataSetSelect=db.GetDataFromDB(sqlStr);
            if (dataSetSelect==null)
            {
                MessageBox.Show("没有符合条件的选课记录!");
                dgrdvResult.DataSource=null;
            }
            else
            {
                dgrdvResult.DataSource=dataSetSelect.Tables[0];
                SetHeaderText();
            }
        }
    }
    catch (Exception ex)
    {
        MessageBox.Show(ex.Message);
    }
}
```

在本模块中,也可以查询到所有的选课信息。单击"全部"按钮,则显示全部的选课信息,"全部"按钮的单击事件代码如下:

```
private void btnAll_Click(object sender, EventArgs e)
{
    try
    {
        sqlStr= " SELECT tbl_SC.Sno, tbl_Student. Sname, tbl_SC.Cno, tbl_Course.
```

```
            Cname, " + "tbl_SC.grade FROM tbl_Student inner JOIN" + "(tbl_Course INNER
            JOIN tbl_SC ON tbl_Course.Cno=tbl_SC.Cno) ON " + "tbl_Student.Sno = tbl_SC
            .Sno";
            DataBase db=new DataBase();
            DataSet dataSetAll=new DataSet();
            dataSetAll=db.GetDataFromDB(sqlStr);
            if (dataSetAll.Tables[0].Rows.Count==0)
            {
                MessageBox.Show("没有任何选课记录!");
            }
            else
            {
                dgrdvResult.DataSource=dataSetAll.Tables[0];
                SetHeaderText();
            }
        }
        catch (Exception ex)
        {
            MessageBox.Show(ex.Message);
        }
    }
```

当选择不同的查询条件时需要修改相应的查询语句,在本模块中使用前面声明的公共变量 selectCondition 来完成。因此应当编写组合框 cmbCondition 的 SelectedIndexChanged 事件代码如下:

```
private void cmbCondition_SelectedIndexChanged(object sender, EventArgs e)
{
    switch (cmbCondition.SelectedIndex)
    {
        case 0:
            selectCondition="tbl_SC.Sno";
            break;
        case 1:
            selectCondition="tbl_SC.Cno";
            break;
    }
}
```

单击"退出"按钮,则退出选课信息管理子系统,最后编写"退出"按钮的单击事件代码如下:

```
private void btnClose_Click(object sender, EventArgs e)
{
    this.Hide();
}
```

8. 运行结果

在完成前面各项设计后,下面详细地了解一下系统的运行界面。

1)登录

运行系统,首先出现的是"登录"界面,如图 13.8 所示。输入正确的用户名和密码后,单击"登录"按钮可以进入系统。

2)系统主界面

若输入的用户名和密码正确,则可以单击"登录"按钮进入"主窗体"界面,如图 13.10 所示。

可以看到,登录系统的用户名和用户权限已作为系统主窗体的标题显示在标题栏中。在主窗体上,用户可以选择其中的按钮进入相应的子系统或者退出系统。

3)学生信息管理

在系统"主窗体"界面单击"学生信息管理"按钮,进入学生信息管理子系统,单击"添加"按钮,如表 13.14 所示依次添加记录。

表 13.14 添加后的学生记录

学 号	姓 名	性 别	年 龄	所 在
1801010101	秦建兴	男	20	数学系
1801010102	张吉哲	男	20	数学系
1801020102	朱凡	男	20	计算机系
1801020103	沈柯辛	女	21	计算机系

添加完毕后的"学生信息管理"窗口如图 13.14 所示。

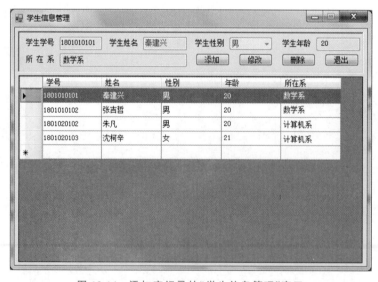

图 13.14 添加完记录的"学生信息管理"窗口

选中一条学生记录后,单击"修改"按钮可以在上面的文本框和组合框中修改学生的相关信息(学号除外),修改完毕后,如果修改后的数据正确,则单击"确定"按钮即可将修改的数据保存到数据表 tbl_Student 中。

单击"删除"按钮可以从 DataGridView 控件和数据表中删除选中的学生记录。

单击"退出"按钮返回,关闭"学生信息管理"窗口。

4) 课程信息管理

在系统"主窗体"界面单击"课程信息管理"按钮,进入课程信息管理子系统,单击"添加"按钮,类似添加一些课程记录,添加完毕后的"课程信息管理"窗口如图 13.15 所示。

图 13.15　添加完记录的"课程信息管理"窗口

选中一条课程记录后,单击"修改"按钮可以在上面的文本框和组合框中修改该课程的相关信息(课程号除外)。修改完毕后,如果修改后的数据正确,则单击"确定"按钮即可将修改后的数据保存到数据表 tbl_Course 中。

单击"删除"按钮可以从 DataGridView 控件和数据表中删除选中的课程记录。

单击"退出"按钮返回,关闭"课程信息管理"窗口。

5) 选课信息管理

在系统"主窗体"界面单击"选课信息管理"按钮,则进入选课信息管理子系统,即"学生选课与选课信息查询"窗口,如图 13.16 所示。

单击"选择学生"和"选择课程"组合框,可以看到前面添加的学生信息和课程信息都出现在相应的列表中。

在"选择学生"和"选择课程"组合框的下拉列表中分别选择"张吉哲"和"数据库原理",单击"选课"按钮,则弹出消息框提示选课成功,如图 13.17 所示;按照同样的方法为

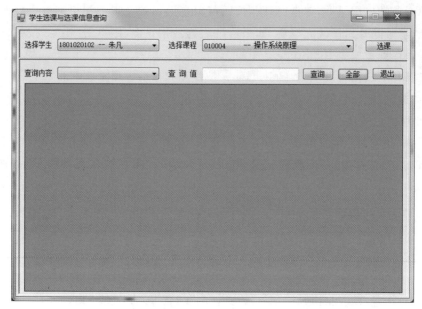

图 13.16　添加完记录的"学生选课与选课信息查询"窗口

学生选择其他的课程。

图 13.17　选课成功提示

本 章 小 结

本章首先简单介绍了 ADO.NET 的基本知识,重点讲解了 ADO.NET 访问数据的方法。并且采用 ADO.NET 数据对象模型,开发了一个模拟数据库应用程序"学生选课系统"。在编写实例的过程中分别介绍了使用不同方法实现.NET 对数据库的操作，以及调用 SQL Server 2019 存储过程的方法，重点介绍了代码实现的方法。

通过实例的介绍，读者可以初步掌握 VC♯ 与 SQL Server 2019 的系统开发的基本过程和简单方法，有兴趣的读者可以以此为基础进一步学习有关系统开发的实现方法和实现过程。

图书资源支持

感谢您一直以来对清华版图书的支持和爱护。为了配合本书的使用，本书提供配套的资源，有需求的读者请扫描下方的"书圈"微信公众号二维码，在图书专区下载，也可以拨打电话或发送电子邮件咨询。

如果您在使用本书的过程中遇到了什么问题，或者有相关图书出版计划，也请您发邮件告诉我们，以便我们更好地为您服务。

我们的联系方式：

地　　址：北京市海淀区双清路学研大厦 A 座 714

邮　　编：100084

电　　话：010-83470236　010-83470237

客服邮箱：2301891038@qq.com

QQ：2301891038（请写明您的单位和姓名）

资源下载：关注公众号"书圈"下载配套资源。

资源下载、样书申请

书圈

获取最新书目

观看课程直播